教育部　财政部职业院校教师素质提高计划职教师资培养资源开发项目

《电子信息工程》专业职教师资培养资源开发（VTNE021）

模拟电子技术基础

教育部　财政部　组编

侯勇严　李天利　编著

电子工业出版社

Publishing House of Electronics Industry

北京·BEIJING

内 容 简 介

本书是教育部、财政部职业院校教师素质提高计划职教师资培养资源开发项目研究成果之一。教材紧密结合职教师资本科电子信息工程专业教学对模拟电子技术基础知识的要求，内容主要包括常用半导体器件、基本放大电路分析、负反馈放大电路和集成运算放大器的应用、功率放大电路、直流稳压电源等。每章设置的实训项目均为日常生活中耳熟能详的电子技术实际应用案例，突出了电子技术的实践性和理论性紧密结合的理实一体化思想。例题、习题配置齐全，难易度适中。

本书将师范教育与专业教育相结合，突出"专业性、职业性、师范性"三性融合的培养目标，可以作为职教师资本科电子信息工程等专业及应用型大学各电子信息类专业《模拟电子技术基础》课程的教材或教学参考书，也可供有关技术人员参考。

图书在版编目（CIP）数据

模拟电子技术基础 / 侯勇严，李天利编著. —北京：电子工业出版社，2017.1
ISBN 978-7-121-30387-6

Ⅰ. ①模…　Ⅱ. ①侯…　②李…　Ⅲ. ①模拟电路－电子技术－高等职业教育－教材　Ⅳ. ①TN710

中国版本图书馆 CIP 数据核字（2016）第 277818 号

策划编辑：赵玉山
责任编辑：李　蕊
印　　刷：北京盛通数码印刷有限公司
装　　订：北京盛通数码印刷有限公司
出版发行：电子工业出版社
　　　　　北京市海淀区万寿路 173 信箱　邮编 100036
开　　本：787×1 092　1/16　印张：15　字数：384 千字
版　　次：2017 年 1 月第 1 版
印　　次：2024 年 1 月第 4 次印刷
定　　价：38.00 元

凡所购买电子工业出版社图书有缺损问题，请向购买书店调换。若书店售缺，请与本社发行部联系，联系及邮购电话：（010）88254888，88258888。

质量投诉请发邮件至 zlts@phei.com.cn，盗版侵权举报请发邮件至 dbqq@phei.com.cn。

本书咨询联系方式：（010）88254556，zhaoys@phei.com.cn。

教育部　财政部职业院校教师素质提高计划成果系列丛书

项目专家指导委员会

主　任：刘来泉

副主任：王宪成　郭春鸣

成　员：（按姓氏笔画排列）

刁哲军	王继平	王乐夫	邓泽民	石伟平	卢双盈	汤生玲	米　靖
刘正安	刘君义	孟庆国	沈　希	李仲阳	李栋学	李梦卿	吴全全
张元利	张建荣	周泽扬	姜大源	郭杰忠	夏金星	徐　流	徐　朔
曹　晔	崔世钢	韩亚兰					

教育部　财政部职业院校教师素质提高计划成果系列丛书

《电子信息工程》专业职教师资培养资源开发
（VTNE021）

项目牵头单位：陕西科技大学

项目负责人：党宏社

出版说明

《国家中长期教育改革和发展规划纲要（2010—2020 年）》颁布实施以来，我国职业教育进入加快构建现代职业教育体系、全面提高技能型人才培养质量的新阶段。加快发展现代职业教育，实现职业教育改革发展新跨越，对职业学校"双师型"教师队伍建设提出了更高的要求。为此，教育部明确提出，要以推动教师专业化为引领，以加强"双师型"教师队伍建设为重点，以创新制度和机制为动力，以完善培养培训体系为保障，以实施素质提高计划为抓手，统筹规划，突出重点，改革创新，狠抓落实，切实提升职业院校教师队伍整体素质和建设水平，加快建成一支师德高尚、素质优良、技艺精湛、结构合理、专兼结合的高素质专业化的"双师型"教师队伍，为建设具有中国特色、世界水平的现代职业教育体系提供强有力的师资保障。

目前，我国共有 60 余所高校正在开展职教师资培养，但由于教师培养标准的缺失和培养课程资源的匮乏，制约了"双师型"教师培养质量的提高。为完善教师培养标准和课程体系，教育部、财政部在"职业院校教师素质提高计划"框架内专门设置了职教师资培养资源开发项目。中央财政划拨 1.5 亿元，用于系统地开发本科专业职教师资培养标准、培养方案、核心课程和特色教材等系列资源，其中，包括 88 个专业项目、12 个资格考试制度开发等公共项目。该项目由 42 家开设职业技术师范专业的高等学校牵头，组织近千家科研院所、职业学校、行业企业共同研发，一大批专家学者、优秀校长、一线教师、企业工程技术人员参与其中。

经过三年的努力，培养资源开发项目取得了丰硕成果。一是开发了中等职业学校88 个专业（类）职教师资本科培养资源项目，内容包括专业教师标准、专业教师培养标准、评价方案，以及一系列专业课程大纲、主干课程教材及数字化资源；二是取得了6 项公共基础研究成果，内容包括职教师资培养模式、国际职教师资培养、教育理论课程、质量保障体系、教学资源中心建设和学习平台开发等；三是完成了 18 个专业大类职教师资资格标准及认证考试标准开发。上述成果共计 800 多种正式出版物。总体来说，培养资源开发项目实现了高效益：形成了一大批资源，填补了相关标准和资源的空白；凝聚了一支研发队伍，强化了教师培养的"校—企—校"协同；引领了一批高校的教学改革，带动了"双师型"教师的专业化培养。职教师资培养资源开发项目是支撑专业化培养的一项系统化、基础性工程，是加强职教教师培养培训一体化建设的关键环节，也是对职教师资培养培训基地教师专业化培养实践、教师教育研究能力的系统检阅。

自 2013 年项目立项开题以来，各项目承担单位、项目负责人及全体开发人员做了大量深入细致的工作，结合职教教师培养实践，研发出很多填补空白、体现科学性和前瞻性的成果，有力推进了"双师型"教师专门化培养向更深层次发展。同时，专家指导委员会的各位专家以及项目管理办公室的各位同志，克服了许多困难，按照两部对项目开发工作的总体要求，为实施项目管理、研发、检查等投入了大量时间和心血，也为各个项目提供了专业的咨询和指导，有力地保障了项目实施和成果质量。在此，我们一并表示衷心的感谢。

编写委员会
2016 年 3 月

本教材是作者承担的教育部、财政部职业院校教师素质提高计划职教师资培养资源开发项目（电子信息工程专业，VTNE021）的研究成果之一。教材紧密结合职教师资本科电子信息工程专业教学对模拟电子技术基础知识的要求，在内容的选择上，既保证了基本理论的系统性和完整性，又突出了理论和实践相结合的理实一体化思想，体现了职教师资"理论够用即可"的职业教育特色，注重对电子信息工程专业准中职专业教师的实践能力、应用能力的培养和综合素质的提高。

教材内容在保证基本概念和基本理论体系完整、系统、有序的同时，突出知识的新颖性和实用性。每章设置的实训项目均为一些在人们日常生活中耳熟能详的电子技术实际应用案例，突出了电子技术的实践性和理论性紧密结合的特点。例题和习题的选择尽可能贴近实际应用，尽量减少过于复杂的分析与计算，根据职教师资的学生学情特点，力求拓展其知识面，增加信息量。

教材内容主要包括常用半导体器件、基本放大电路分析、负反馈放大电路和集成运算放大器的应用、功率放大电路、直流稳压电源等。在各章节内容的选择上，突出重点，注重实践性和应用性。

在章节的安排上，首先介绍常用半导体器件；然后将分立元件放大电路放在一章中，包括晶体管放大电路、场效应管放大电路、负反馈放大电路等，重点讲解各单元电路的结构、原理、分析方法、应用及设计思路，为模拟电子技术的基本应用夯实基础；接着又介绍了各种集成电路的应用，包括集成运算放大器组成的信号运算与处理电路、信号产生电路和直流稳压电源等；最后简要介绍 Multisim 仿真软件在电子电路分析与设计中的应用。

全书详略处理得当，例题、习题配置齐全，难易度适中，使得读者在学习过程中，既能体验理论知识的学习，又可完成实践能力的养成，满足电子信息工程专业准中职专业教师对模拟电子技术基础知识方面"专业性、职业性、师范性"三性融合的培养目标。

本书的使用对象是职教师资本科电子信息工程等专业及应用型大学各电子信息类专业的学生，期望学生通过理论学习与实训环节，培养从半导体器件认识到典型电路设计性能测试的一看、二算、三选的能力。即能看懂典型电子设备的原理图，了解各部分的组成及工作原理，掌握对各个环节进行定性分析和定量估算的方法，初步具备对一般的电子电路设计能选定设计方案，确定器件，并能完成组装调试、测量等基本能力，为今后专业课程的学习和电子技术的应用打好基础。

本书由侯勇严确定编写架构和编写体例，并编写了第 2 章、第 3 章和第 4 章；由李天利编写第 1 章和第 7 章；由陈晓莉编写第 5 章；陈蓓和戴庆瑜编写了第 6 章和第 8 章。侯勇严负责全书的修改、补充和统稿。

本书在编写过程中，得到了电子工业出版社赵玉山老师的大力支持和鼓励，作者表示诚挚的感谢；项目组的多位同事参与了教材结构与呈现形式的讨论，提出了许多宝贵的意见和建议，也给予了不同形式的帮助和支持，在此一并表示衷心的感谢。

编著者

2016 年 3 月于陕西科技大学

目 录

第1章 半导体器件

学习指导

本章首先介绍半导体的特性，在此基础上介绍本征半导体、两种杂质半导体（P型半导体和N型半导体）的特性，应掌握PN结及其单向导电性，这些与二极管和三极管的特性有密切联系。

分析二极管电路时主要是确定它在不同工作条件下的模型。在学习本章时，必须理解半导体器件的工作原理、结构、伏安关系和主要参数，这样才能正确理解与应用。本章是全书的重要内容之一。

教学目标

（1）理解半导体中电子和空穴两种载流子，半导体的导电特性与温度、光照等环境因素密切相关。

（2）理解在纯净的半导体（本征半导体）中掺入不同杂质，可以得到两种杂质半导体：P型半导体和N型半导体。P型半导体中空穴是多数载流子，电子是少数载流子；N型半导体中电子是多数载流子，空穴是少数载流子。

（3）理解晶体二极管的构成。它是由一个PN结构成的，其最主要的特性是单向导电性，即加正向电压时二极管导通，加反向电压时二极管截止。该特性可由二极管特性曲线准确描述。选用二极管必须考虑最大整流电流、最高反向工作电压两个主要参数，高频工作时还应考虑最高工作频率。

（4）理解稳压二极管工作于反向击穿状态才能起稳压作用。这时，即使流过稳压二极管的电流在很大范围内变化，其两端的电压也几乎不变。为了保证反向电流不超过允许范围，必须在电路中串接限流电阻。

（5）理解三极管是一种电流控制器件，它有两个PN结，即发射结和集电结。三极管在发射结正偏、集电结反偏的条件下，具有电流放大作用；在发射结与集电结均反偏时，处于截止状态，相当于开关断开；在发射结和集电结均正偏时，处于饱和状态，相当于开关闭合。三极管的放大功能和开关功能在实际电路中都有广泛的应用。

（6）理解三极管的特性曲线反映了三极管各极之间电流与电压的关系。

（7）理解场效应管是一种电压控制器件，理解场效应管的特性曲线反映了场效应管各极之间电流与电压的关系。

1.1 半导体基础知识

书器本号半 章1第

1. 半导体的概念

物质按导电能力的强弱可分为导体、绝缘体和半导体三大类。半导体的导电能力介于导体和绝缘体之间。硅（Si）和锗（Ge）是最常用的半导体材料。

半导体之所以得到广泛的应用，是因为它的导电能力随着掺入杂质及温度、光照等条件的变化会发生很大的变化。人们正是利用它的这些特点制成了多种性能的电子元件，如半导体二极管、半导体三极管、场效应管、集成电路、热敏元件、光敏元件等。由于用作半导体材料的硅和锗必须是原子排列完全一致的单晶体，所以半导体管通常也称为晶体管。

2. 本征半导体

本征半导体即纯净的单晶半导体，其内部存在数量相等的两种载流子：一种是自由电子；另一种是自由电子逸出后形成的空穴。自由电子带负电，空穴带正电。在常温下，这两种载流子的数量都很少，所以本征半导体的导电性能很差。当温度升高或光照强度增强时，载流子数量增多，本征半导体的导电性也随之增强。

3. 杂质半导体

在纯净半导体（本征半导体）中掺入微量合适的杂质元素，可使半导体的导电能力大大增强。按掺入的杂质元素不同，杂质半导体可分为两类。

1）N 型半导体

N 型半导体又称为电子型半导体，其内部自由电子数量多于空穴数量，即自由电子是多数载流子（简称多子），空穴是少数载流子（简称少子）。例如，在单晶硅中掺入微量磷元素，可得到 N 型硅。"N"表示负电的意思，取自英文 negative（负的）第一个字母。

2）P 型半导体

P 型半导体又称为空穴型半导体，其内部空穴是多数载流子，自由电子是少数载流子。例如，在单晶硅中掺入微量硼元素，可得到 P 型硅。"P"表示正电的意思，取自英文 positive（正的）第一个字母。

在杂质半导体中，多数载流子起主要导电作用。由于多数载流子的数量取决于掺杂浓度，因而它受温度的影响较小；而少数载流子对温度非常敏感，这将影响半导体的性能。

4．PN 结

1）PN 结的形成

在一块完整的晶片上，通过一定的掺杂工艺，一边形成 P 型半导体，另一边形成 N 型半导体。

在交界面两侧形成了一个带异性电荷的离子层，称为空间电荷区，它产生了内电场，其方向是从 N 区指向 P 区，内电场的建立阻碍了多数载流子的扩散运动，随着内电场的加强，多子的扩散运动逐步减弱，直至停止，使交界面形成一个稳定的特殊的薄层，即 PN 结。因为在空间电荷区内多数载流子已扩散到另一方并被复合掉了，或者说消耗尽了，因此空间电荷区又称为耗尽层。

2）PN 结的单向导电特性

在 PN 结两端外加电压，称为给 PN 结以偏置电压。

（1）PN 结正向偏置。

给 PN 结加正向偏置电压，即 P 区接电源正极，N 区接电源负极，此时称 PN 结为正向偏置（简称正偏），如图 1.1 所示。由于外加电源产生的外电场的方向与 PN 结产生的内电场方向相反，削弱了内电场，使 PN 结变薄，因此有利于两区多数载流子向另一方扩散，形成正向电流，此时 PN 结处于正向导通状态。

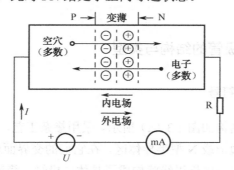

图 1.1 PN 结加正向电压

（2）PN 结反向偏置。

给 PN 结加反向偏置电压，即 N 区接电源正极，P 区接电源负极，称 PN 结反向偏置（简称反偏），如图 1.2 所示。

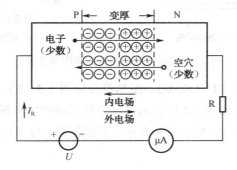

图 1.2 PN 结加反向电压

由于外加电场与内电场的方向一致，因而加强了内电场，使 PN 结加宽，阻碍了多子的扩散运动。在外电场的作用下，只有少数载流子形成的很微弱的电流，称为反向电流。

应当指出，少数载流子是由于热激发产生的，因而 PN 结的反向电流受温度影响很大。

综上所述，PN 结具有单向导电性，即加正向电压时导通，加反向电压时截止。

5．PN 结应用

应用 PN 结可以制作多种半导体器件，按照 PN 结的数量可以分为单 PN 结、双 PN 结及三 PN 结。

（1）用单 PN 结制作的半导体器件有普通二极管、稳压二极管、变容二极管、发光二极管、光电二极管、肖特基二极管等。

（2）用双 PN 结制作的半导体器件有双极型晶体管、结型场效应管等。

（3）用三 PN 结制作的半导体器件有晶闸管等。

1.2 半导体二极管

1.2.1 半导体二极管的结构与类型

1．二极管的结构和符号

晶体二极管的基本结构如图 1.3（a）所示。采用掺杂工艺，使硅或锗晶体的一边形成 P 型半导体区，另一边形成 N 型半导体区，在它们的交界面就形成了 PN 结。将 PN 结用外壳封装起来，并加上电极引线就构成了晶体二极管，简称二极管。从 P 区引出的电极为正极，从 N 区引出的电极为负极。通常在外壳上都印有标志以便区分正、负电极。

图 1.3 二极管的基本结构和图形符号

二极管的文字符号为 VD（或 V）。图形符号如图 1.3（b）所示，图中箭头指向为二极管正向电流的方向。如图 1.4 所示为几种常见二极管的外形。如图 1.5 所示为两种特殊的片状二极管封装形式，它具有体积小、形状规整、便于自动化装配等优点，目前得到广泛的应用。

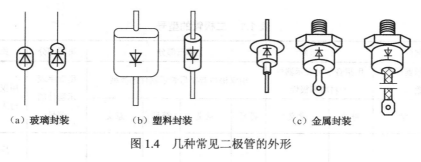

（a）玻璃封装　　　　（b）塑料封装　　　　　（c）金属封装

图 1.4　几种常见二极管的外形

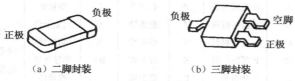

（a）二脚封装　　　　　　　（b）三脚封装

图 1.5　片状二极管封装形式

2．二极管的分类

（1）按所用材料不同，二极管可分为硅二极管和锗二极管两大类。硅管受温度影响较小，工作较为稳定。

（2）按制造工艺不同，二极管可分为点接触型、面接触型和平面型三种，如图 1.6 所示。

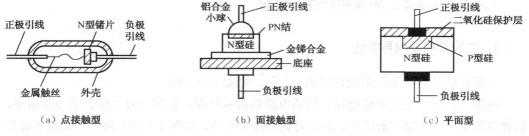

（a）点接触型　　　　　　　（b）面接触型　　　　　　　（c）平面型

图 1.6　二极管内部结构示意图

点接触型二极管的特点是：PN 结面积小，结电容小，允许通过的电流小，常用于高频电路和小功率整流电路。

面接触型二极管的特点是：PN 结面积大，结电容大，允许通过的电流大，但只能在低频下工作，通常仅用作整流管。

平面型二极管有两种：结面积较小的可作为脉冲数字电路中的开关管，结面积较大的可用于大功率整流电路。

（3）按用途分类，有普通二极管、整流二极管、稳压二极管、开关二极管、热敏二极管、发光二极管、光电二极管、变容二极管等。

3．二极管的型号

国产二极管的型号命名方法如表 1.1 所示。

表 1.1　二极管的型号

第一部分		第二部分		第三部分				第四部分	第五部分
用数字表示器件的电极数目		用拼音字母表示器件的材料和极性		用汉语拼音字母表示器件的类型				用数字表示器件的序号	用汉语拼音字母表示规格号
符号	意义	符号	意义	符号	意义	符号	意义	序号	
2	二极管	A B C D E	N型锗材料 P型锗材料 N型硅材料 P型硅材料 化合物	P Z W K L	普通管 整流管 稳压管 开关管 整流堆	C U N BT	参量管 光电器件 阻尼管 半导体特殊器件	反映二极管参数的差别	反映二极管承受反向击穿电压的高低,如A、B、C、D……,其中A承受的反向击穿电压最低,B稍高

国外晶体管型号命名方法与我国不同,例如,凡以"1N"开头的二极管都是美国制造或以美国专利在其他国家制造的产品,以"1S"开头的则为日本注册产品。后面数字为登记序号,通常数字越大,产品越新,如 1N4001、1N5408、1S1885 等。

1.2.2　半导体二极管的特性与参数

1. 二极管的单向导电性

二极管的单向导电性可通过如图 1.7 所示的实验来说明。

按图 1.7 (a) 连接实验电路,接通电源后指示灯亮,说明此时二极管的电阻很小,很容易导电。再将原二极管正、负极对调后接入电路,如图 1.7 (b) 所示,接通电源后指示灯不亮,说明此时二极管的电阻很大,几乎不导电。

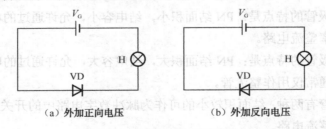

(a) 外加正向电压　　　　　　　(b) 外加反向电压

图 1.7　二极管单向导电实验

由实验可得出如下结论:

(1) 加正向电压时二极管导通。当二极管正极电位高于负极电位时,外加的电压称为正向电压,二极管处于正向偏置,简称正偏。二极管正偏时,内部呈现较小的电阻,可以有较大的电流通过,二极管的这种状态称为正向导通状态。

(2) 加反向电压时二极管截止。当二极管正极电位低于负极电位时,外加的电压称为反向电压，二极管处于反向偏置，简称反偏。二极管反偏时，内部呈现很大的电阻，几乎没有电流通过，二极管的这种状态称为反向截止状态。

二极管在加正向电压时导通，加反向电压时截止，这就是二极管的单向导电性。

2．二极管的伏安特性曲线

加在二极管两端的电压和流过二极管的电流之间的关系称为二极管的伏安特性，利用晶体管特性图示仪可以很方便地测出二极管的伏安特性曲线，如图1.8所示。

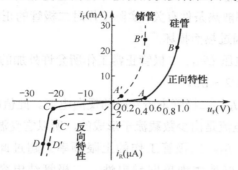

图1.8　二极管的伏安特性曲线

1）正向特性

二极管的正向伏安特性曲线如图1.8中第一象限所示。

在起始阶段（OA），外加正向电压很小，二极管呈现的电阻很大，正向电流几乎为零，曲线OA段称为死区。使二极管开始导通的临界电压称为开启电压，通常用U_{on}表示，一般硅二极管的开启电压约为0.5V，锗二极管的开启电压约为0.2V。

当正向电压超过开启电压后，电流随电压的上升迅速增大，二极管电阻变得很小，进入正向导通状态。AB段曲线较陡直，电压与电流的关系近似为线性，AB段称为导通区。导通后二极管两端的正向电压称为正向压降（或管压降），这个电压比较稳定，几乎不随流过的电流大小而变化。一般硅二极管的正向压降约为0.7V，锗二极管的正向压降约为0.3V。

2）反向特性

二极管的反向特性曲线如图1.8中第三象限所示。

在起始的一段范围内（OC），只有很小的反向电流，称反向饱和电流或反向漏电流。OC段称反向截止区。一般硅二极管的反向电流在几十微安以下，锗管则可达几百微安。在实际应用中，反向电流越小，二极管的质量越好。

当反向电压增大到超过某一值时（图中C点），反向电流急剧增大，这一现象称为反向击穿，所对应的电压称为反向击穿电压，用U_{BR}表示。如果没有适当的限流措施，二极管在反向击穿后很可能因电流过大而损坏，因此，除稳压管外，加在二极管上的反向电压不允许超过击穿电压。

3）温度对二极管伏安特性的影响

二极管是温度的敏感器件，温度的变化对其伏安特性的影响主要表现为：随着温度的升高，其正向特性曲线左移，即正向压降减小；反向特性曲线下移，即反向电流增大。一般在室温附近，温度每升高 1℃，其正向压降减小 2～2.5mV；温度每升高 10℃，反向电流大约增大 1 倍。

3．二极管的主要参数

为定量描述二极管的性能，常采用以下主要参数。

（1）最大整流电流 I_{FM}。二极管长期运行时允许通过的最大正向平均电流。它的数值与 PN 结的面积和外部散热条件有关。实际工作时二极管的正向平均电流不得超过此值，否则二极管可能会因过热而损坏。

（2）最高反向工作电压 U_{RM}。二极管正常工作所允许外加的最高反向电压。通常取二极管反向击穿电压的 1/2～1/3。

（3）反向饱和电流 I_R。二极管未击穿时的反向电流。此值越小，二极管的单向导电性能越好。由于反向电流是由少数载流子形成的，所以它受温度的影响很大。

（4）最高工作频率 f_M。二极管工作的上限频率。超过此值时，由于结电容的作用，二极管将不能很好地体现单向导电性。二极管结电容越大，则最高工作频率越低。一般小电流二极管的 f_M 高达几百兆赫兹，而大电流整流管的 f_M 只有几千赫兹。

二极管的参数可以从二极管器件手册中查到，这些参数是选用器件和设计电路的重要依据。不同类型的二极管，其参数内容和参数值是不同的，即使是同一型号的管子，它们的参数值也存在很大差异。此外，在查阅参数时还应注意它们的测试条件，当使用条件与测试条件不同时，参数也会发生变化。

当设备中的二极管损坏时，最好换上同型号的新管。如实在没有同型号管，可选用三项主要参数 I_{FM}、U_{RM}、f_M 满足要求的其他型号的二极管代用。代用管只要能满足电路要求即可，并非一定要比原管各项指标都高才行。应注意硅管与锗管在特性上是有差异的，一般不宜互相替换。

1.2.3 二极管应用

1．整流

整流二极管的主要功能是将交流电转换成脉动直流电，应用较多的有 2CZ、2DZ 等系列。如图 1.9（a）所示为最简单的单相半波整流电路。

当变压器二次侧交流电压 u_2 为正半周时，设 A 端为正，B 端为负，二极管 VD 承受正向电压而导通，电流自上而下流过负载 R_L，若忽略二极管的正向压降，可认为 R_L 上的电压 u_o 与 u_2 几乎相等，即 $u_o=u_2$；当 u_2 为负半周时，B 端为正，A 端为负，二极管 VD 承受反向电压而截止，负载 R_L 上无电流通过，$u_o=0$。

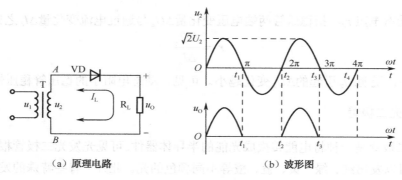

（a）原理电路 （b）波形图

图1.9 单相半波整流电路

由图1.9（b）中 u_o 的波形可见，在输入电压为单相正弦波时，负载 R_L 上只得到正弦波的半个波，故称为单相半波整流电路。负载 R_L 上的半波脉动直流电压平均值可按下式估算：

$$U_o=0.45U_2$$

式中，U_2 为变压器二次侧电压有效值。

2. 稳压

稳压二极管又称齐纳二极管，简称稳压管。它是一种用特殊工艺制造的面接触型硅二极管，在电路中能起稳定电压的作用。稳压管的图形符号、外形和伏安特性曲线如图1.10所示。

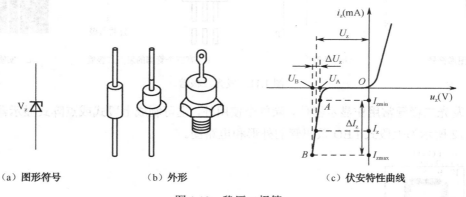

（a）图形符号 （b）外形 （c）伏安特性曲线

图1.10 稳压二极管

稳压管的正向特性与普通硅二极管相同，但是它的反向击穿特性更陡直。稳压管通常工作于反向击穿区，只要击穿后反向电流不超过极限值，稳压管就不会发生热击穿损坏。为此，必须在电路中串接限流电阻。稳压管反向击穿后，当流过稳压管的电流在很大范围内变化时，管子两端的电压几乎不变，从而可以获得一个稳定的电压。稳压二极管的类型很多，主要有2CW、2DW系列。

稳压管的主要参数有：

（1）稳定电压 U_z，即稳压管的反向击穿电压。

（2）稳定电流 I_z，指稳压管在稳定电压下的工作电流。

（3）动态电阻 r_z，指稳压管两端电压变化量 ΔU_z 与通过电流变化量 ΔI_z 之比，即

$$r_z = \frac{\Delta U_z}{\Delta I_z} \qquad (1\text{-}1)$$

r_z 越小，说明 ΔI_z 引起的 ΔU_z 变化越小。可见，动态电阻小的稳压管稳压性能好。

3．发光二极管

发光二极管是一种将电能转换成光能的半导体器件。可见光发光二极管根据所用材料不同，可以发出红、绿、黄、蓝、橙等不同颜色的光。此外，有些特殊的发光二极管还可以发出不可见光或激光。发光二极管的伏安特性与普通二极管相似，但正向导通电压稍大，为 1.5～2.5V。

发光二极管常用 LED 表示，常用型号有 2EF31、2EF201 等。发光二极管图形符号和外形如图 1.11 所示。一般管脚引线较长者为正极，较短者为负极。如管帽上有凸起标志，则靠近凸起标志的管脚为负极。有的发光二极管有三个管脚，根据管脚电压情况可发出不同颜色的光。

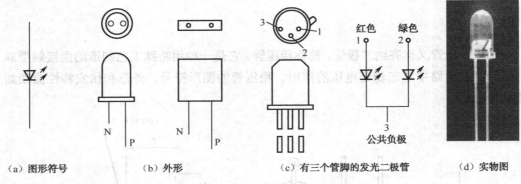

（a）图形符号　　　（b）外形　　　（c）有三个管脚的发光二极管　　　（d）实物图

图 1.11　发光二极管

发光二极管常用作显示器件，除单个使用外，也可制成七段式或点阵式显示器。如图 1.12 所示为七段式 LED 数码管的外形和电路图。

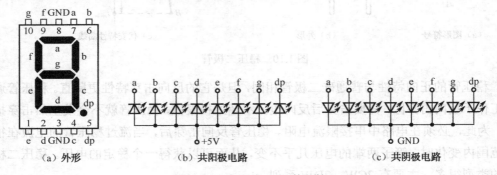

（a）外形　　　（b）共阳极电路　　　（c）共阴极电路

图 1.12　七段式 LED 数码管

用 500 型万用表测试发光二极管，应选 R×10k 挡。当测得正向电阻小于 50kΩ，反向电阻大于 200kΩ 时均为正常。

如果用 368 型万用表，由于该表 R×1～R×1k 挡都是使用 3V 电池，所以可用这几个挡测量。若二极管发光，则管子是好的，并且与黑表笔相接的是发光二极管的正极。用数字式万用表测量时，可将发光二极管的两个管脚分别插入 h_{FE} 插座的 C、E 检测孔。若二极管发光，则在 NPN 挡插入 C 孔的管脚是正极。若二极管插入后不发光，对调管脚后再插入仍不发光，则说明管子已坏。

4. 光电二极管

光电二极管又称光敏二极管。它的基本结构也是一个 PN 结，但是它的 PN 结接触面积较大，可以通过管壳上一个窗口接收入射光。光电二极管的图形符号和外形如图 1.13 所示。光电二极管工作在反偏状态，当无光照时，反向电流很小，称为暗电流；当有光照时，反向电流增大，称为光电流。光电流不仅与入射光的强度有关，而且与入射光的波长有关。如果制成受光面积大的光电二极管，则可作为一种能源，称为光电池。

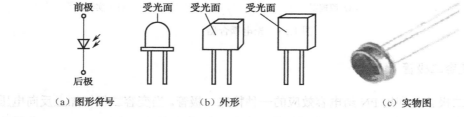

（a）图形符号 （b）外形 （c）实物图

图 1.13　光电二极管

光电二极管的型号通常有 2CU、2AU、2DU 等系列，光电池的型号有 2CR、2DR 等系列。

如图 1.14 所示为远红外线遥控电路示意图，图（a）为发射电路，图（b）为接收电路。

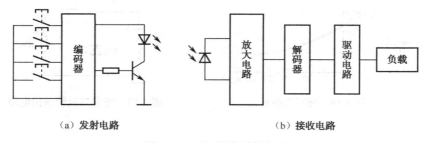

（a）发射电路 （b）接收电路

图 1.14　远红外线遥控电路

当按下发射电路中某一按钮时，编码器电路产生调制的脉冲信号，并由发光二极管转换成光脉冲信号发射出去。接收电路中的光电二极管将光脉冲信号转换为电信号，经放大、解码后，由驱动电路驱动负载做出相应的动作。

检测光电二极管可用万用表的 R×1k 挡测量它的反向电阻，要求无光照时电阻大，有光照时电阻小。若有、无光照时电阻差别很小，则表明光电二极管质量不好。

5. 光电耦合器

光电耦合器是由发光器件（如发光二极管）和光敏器件（如光电二极管、光电三极管）组合而成的一种器件，其内部电路如图 1.15 所示。将电信号加到器件的输入端，发光二极管 VD_1 发光，光电二极管（或光电三极管）VD_2 受到光照后输出光电流。这样，通过"电–光–电"的转换，就将电信号从输入端传送到输出端。由于输入与输出之间是用光进行耦合的，所以具有良好的电隔离性能和抗干扰性能，并可作为光电开关器件，应用相当广泛。

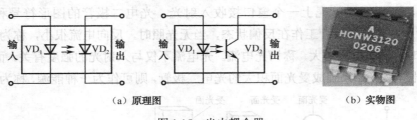

（a）原理图   （b）实物图

图 1.15　光电耦合器

6. 变容二极管

变容二极管是利用 PN 结电容效应的一种特殊二极管。当变容二极管加上反向电压时，其结电容会随反向电压的大小而变化。变容二极管的图形符号和它的 $C\text{-}u_R$ 关系曲线如图 1.16 所示。

如图 1.17 所示是变容二极管的一个应用电路。当调节电位器 RP 时，加在变容二极管上的电压发生变化，其电容量相应改变，从而使振荡回路的谐振频率也随之改变。

变容二极管的型号有 2AC、2CC、2CE 等系列。

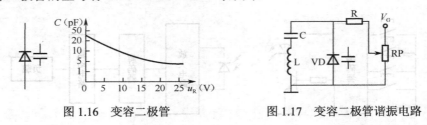

图 1.16　变容二极管   图 1.17　变容二极管谐振电路

1.3　半导体三极管

1.3.1　三极管的结构、符号和类型

1. 三极管的结构和符号

在一块极薄的硅或锗基片上经过特殊的加工工艺制作出两个 PN 结构成三层半导

体，对应的三层半导体分别为发射区、基区和集电区，从三个区引出的三个电极分别为发射极、基极和集电极，分别用符号 E（e）、B（b）和 C（c）表示。发射区与基区之间的 PN 结称为发射结，集电区与基区之间的 PN 结称为集电结。

需要说明的是，虽然发射区和集电区半导体类型一样，但发射区掺杂浓度比集电区高；在几何尺寸上，集电区面积比发射区大，所以它们并不对称，发射极和集电极不可对调。

按照两个 PN 结的组合方式不同，三极管分为 NPN 型和 PNP 型两大类，其结构和图形符号如图 1.18 所示。三极管的文字符号用 VT 表示（有的文献也用 V 表示），图形符号中，箭头方向表示发射结正向偏置时发射极电流的方向。发射极箭头朝外的是 NPN 型三极管，发射极箭头朝里的是 PNP 型三极管。

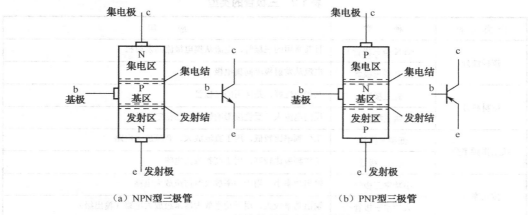

（a）NPN型三极管　　　　　　　　　　　　（b）PNP型三极管

图 1.18　三极管的结构和图形符号

三极管的功率大小不同，它们的体积和封装形式也不一样。常见的国产三极管外形如图 1.19 所示。

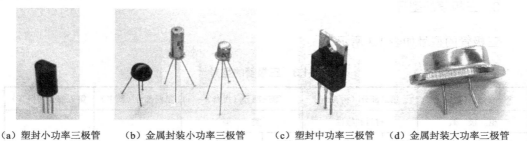

（a）塑封小功率三极管　　（b）金属封装小功率三极管　　（c）塑封中功率三极管　　（d）金属封装大功率三极管

图 1.19　常见国产三极管的外形

目前微型片状三极管应用很广，通常额定功率在 100～200mW 的小功率三极管采用 SOT-23 形式封装，如图 1.20（a）所示；大功率三极管采用 SOT-89 形式封装，如图 1.20（b）所示，其中 2 脚和 4 脚内部相连作为集电极，使用时可任接一脚。

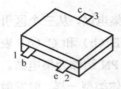
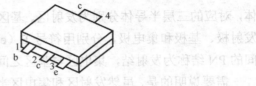

（a）SOT-23封装　　　　（b）SOT-89封装

图 1.20　片状三极管

2. 三极管的类型

按不同的分类方法三极管可分为多种，如表 1.2 所示。

表 1.2　三极管的类型

分 类 方 法	种　　类	应　　用
按极性分	NPN 型三极管	目前常用的三极管，电流从集电极流向发射极
	PNP 型三极管	电流从发射极流向集电极
按材料分	硅三极管	热稳定性好，是常用的三极管
	锗三极管	反向电流大，受温度影响较大，热稳定性差
按工作频率分	低频三极管	工作频率比较低，用于直流放大、音频放大电路
	高频三极管	工作频率比较高，用于高频放大电路
按功率分	小功率三极管	输出功率小，用于功率放大器前级放大电路
	大功率三极管	输出功率较大，用于功率放大器末级放大电路（输出级）
按用途分	放大管	应用在模拟电路中
	开关管	应用在数字电路中

3. 三极管的型号

三极管的型号如表 1.3 所示。

表 1.3　三极管的型号

第一部分（数字）		第二部分（拼音）		第三部分（拼音）		第四部分（数字）	第五部分（拼音）
电　极　数		材料和极性		类　　型			
符号	意义	符号	意义	符号	意义		
3	三极管	A	PNP 型锗材料	X	低频小功率管	序号	规格号
		B	NPN 型锗材料	G	高频小功率管		
		C	PNP 型硅材料	D	低频大功率管		
		D	NPN 型硅材料	A	高频大功率管		
				K	开关管		

1.3.2 三极管的电流放大作用

1. 三极管的工作电压

三极管要实现放大作用，必须满足一定的外部条件，即发射结加正向电压，集电结加反向电压。由于 NPN 型和 PNP 型三极管极性不同，所以外加电压的极性也不同，如图 1.21 所示。

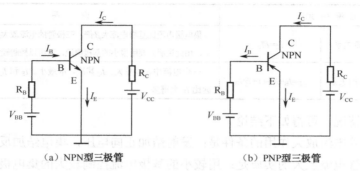

(a) NPN型三极管　　　　　　　(b) PNP型三极管

图 1.21　三极管的工作电压

对于 NPN 型三极管，C、B、E 三个电极的电位必须符合 $U_C > U_B > U_E$；对于 PNP 型三极管，电源的极性与 NPN 型相反，应符合 $U_C < U_B < U_E$。

2. 三极管的电流放大作用

以 NPN 型三极管为例，实验电路如图 1.22 所示。电路接通后，三极管各电极都有电流通过，即流入基极的电流 I_B、流入集电极的电流 I_C 和流出发射极的电流 I_E。

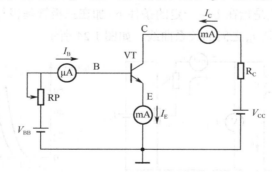

图 1.22　三极管电流分配实验电路

通过调节电位器 RP 的阻值，调节基极的偏压，可调节基极电流 I_B 的大小。每取一个 I_B 值，从毫安表可读取集电极电流 I_C 和发射极电流 I_E 的值，实验数据见表 1.4。

表 1.4　三极管的电流放大作用

	1	2	3	4	5	6
I_B（mA）	0	0.01	0.02	0.03	0.04	0.05

	1	2	3	4	5	6
I_C（mA）	0.01	0.056	1.14	1.74	2.33	2.91
I_E（mA）	0.01	0.057	1.16	1.77	2.37	2.96

通过实验数据的分析，三极管三个电极电流具有如表 1.5 所示的关系。

表 1.5　三极管三个电极电流关系

电 流 关 系		说　明
集电极与基极电流关系	$I_C = \beta I_B$	集电极电流比基极电流大 β 倍，三极管的电流放大系数 β 一般大于几十，由此说明只要用很小的基极电流，就可以控制较大的集电极电流
三个电极电流之间的关系	$I_E = I_B + I_C = (1+\beta)I_B$	三个电流中，I_E 最大，I_C 其次，I_B 最小。I_E 和 I_C 相差不大，它们远比 I_B 大得多

综合以上情况，可得如下结论。

（1）三极管电流放大作用的条件是：发射结加正向电压，集电结加反向电压。

（2）三极管电流放大的实质是：用较小的基极电流控制较大的集电极电流。

1.3.3　三极管的共发射极特性曲线

三极管各极上的电压和电流之间的关系，也可以通过伏安特性曲线直观地描述。三极管的特性曲线主要有输入特性曲线和输出特性曲线两种，可以用晶体管特性图示仪直接观察，也可通过如图 1.23 所示的实验电路来测试。

1. 输入特性

三极管的输入特性是指在 U_{CE} 一定的条件下，加在三极管基极与发射极之间的电压 u_{BE} 和它产生的基极电流 i_B 之间的关系曲线，如图 1.24 所示。

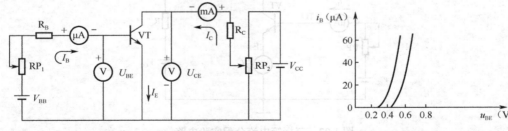

图 1.23　三极管特性曲线测试电路　　　　图 1.24　三极管的输入特性曲线

三极管的输入特性曲线与二极管的正向特性曲线相似，当发射结上所加正向电压 U_{BE} 小于死区电压时不产生 I_B，当发射结的正向电压 U_{BE} 大于死区电压时产生 I_B，这时三极管处于放大状态，发射结两端电压 U_{BE}，硅管为 0.7V，锗管为 0.3V。

2. 输出特性

输出特性是指在 I_B 一定的条件下，集电极与发射极之间的电压 u_{CE} 与集电极电流 i_C

之间的关系曲线，如图 1.25 所示。

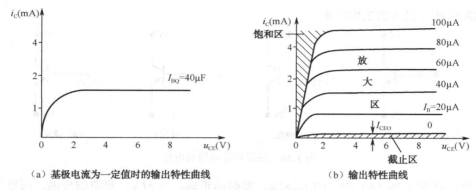

（a）基极电流为一定值时的输出特性曲线　　　　（b）输出特性曲线

图 1.25　三极管的输出特性曲线

每条曲线可分为线性上升、弯曲、平坦三部分，如图 1.25（a）所示。对应不同 I_B 值可得不同的曲线，从而形成曲线簇。各条曲线上升部分很陡，几乎重合，平直部分则按 I_B 值由小到大从下往上排列，I_B 的取值间隔均匀，相应的特性曲线在平坦部分也均匀，且与横轴平行，如图 1.25（b）所示。

三极管的输出特性曲线分为三个区域，不同的区域对应着三极管的三种不同工作状态，如表 1.6 所示。在模拟电子电路中，三极管一般工作在放大状态，作为放大管使用；在数字电子电路中，三极管常作为开关管使用，工作于饱和与截止状态。

表 1.6　输出特性曲线的三个区域

	截 止 区	放 大 区	饱 和 区
范围	$I_B=0$ 曲线以下区域，几乎与横轴重合	平坦部分线性区，几乎与横轴平行	曲线上升和弯曲部分
特征	$I_B=0$，$I_C=I_{CEO}\approx0$	（1）当 I_B 一定时，I_C 的大小与 U_{CE} 基本无关（但 U_{CE} 的大小随 I_C 的大小而变化），具有恒流特性。 （2）I_C 受 I_B 控制，具有电流放大作用，$I_C=\beta I_B$，$\Delta I_C=\beta\Delta I_B$	（1）各电极电流都很大，I_C 不再受 I_B 控制。 （2）三极管饱和时的 U_{CE} 值称为饱和管压降，记作 U_{CES}，小功率硅管的 U_{CES} 约为 0.3V，锗管的 U_{CES} 约为 0.1V
条件	发射结反偏（或零偏），集电结反偏	发射结正偏，集电结反偏	发射结正偏，集电结正偏（或零偏）
工作状态	截止状态 集电极与发射极之间的等效电阻很大，相当于开路（开关断开）	放大状态 集电极与发射极之间的等效电阻线性可变，相当于一个可变电阻，电阻的大小受基极电流大小控制。基极电流大，集电极与发射极间的等效电阻小，反之则大	饱和状态 集电极与发射极之间的等效电阻很小，相当于短路（开关闭合）

【例1.3.1】已知三极管接在相应的电路中测得三极管各电极的电位如图1.26所示，试判断这些三极管的工作状态。

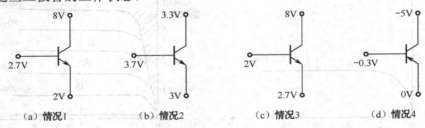

图1.26　三极管各电极的电位

解：在图1.26（a）中，因 $U_B>U_E$，发射结正偏，$U_C>U_B$，集电结反偏，所以三极管工作在放大状态。

在图1.26（b）中，因 $U_B>U_E$，发射结正偏，$U_C<U_B$，集电结正偏，所以三极管工作在饱和状态。

在图1.26（c）中，因 $U_B<U_E$，发射结反偏，$U_C>U_B$，集电结正偏，所以三极管工作在截止状态。

在图1.26（d）中，三极管为PNP型三极管，因 $U_B<U_E$，发射结正偏，$U_C<U_B$，集电结反偏，所以三极管工作在放大状态。

【例1.3.2】若有一个三极管工作在放大状态，测得各电极对地电位分别为 $U_1=2.7V$，$U_2=4V$，$U_3=2V$。试判断三极管的管型、材料及三个管脚对应的电极。

解：根据放大条件分析，三个管脚中 U_1 介于 U_2 和 U_3 之间，所以第一步可判断管脚1为基极。第二步判断材料，U_1 与 U_2 之差既不等于0.7V，也不等于0.3V，而 U_1 与 U_3 之差等于0.7V，所以该三极管为硅管，并可知管脚3为发射极，管脚2为集电极。又因 $U_2>U_1>U_3$，所以该三极管为NPN型三极管。

1.3.4　三极管的主要参数

三极管的参数反映了三极管的性能和安全运用范围,是正确使用和合理选择管子的依据。表1.7介绍了三极管的几个主要参数。

表1.7　三极管的主要参数

类型	参　数	符　号	说　明	选　管
电流放大系数	共射极直流电流放大系数	h_{FE}	三极管集电极电流与基极电流的比值，即 $h_{FE}=I_C/I_B$，反映三极管的直流放大能力	同一个三极管，在相同的工作条件下 $h_{FE}\approx\beta$，应用中不再区分，均用 β 来表示。β 太小，放大作用差；β 太大，性能不稳定，通常选用 β 在30～100之间的管子
	共射极交流电流放大系数	β	三极管集电极电流的变化量与基极电流的变化量之比，即 $\beta=\Delta I_C/\Delta I_B$，反映三极管的交流放大能力	

类型	参 数	符 号	说 明	选 管
极间反向电流	集电极-基极间的反向电流	I_{CBO}	发射极开路时，C-B 极间的反向电流	I_{CBO} 越小，集电结的单向导电性越好
	集电极-发射极间反向饱和电流	I_{CEO}	基极开路时（$I_B=0$），C-E 极间的反向电流，又称"穿透电流"	$I_{CEO}=(1+\beta)I_{CBO}$，反映三极管的稳定性。选管子时应选反向饱和电流小的管子
极限参数	集电极最大允许电流	I_{CM}	集电极电流过大时，三极管的 β 值要降低，一般规定 β 值下降到正常值 2/3 时的集电极电流为集电极最大允许电流	选用时，应满足 $I_{CM} \geq I_C$，否则管子易损坏
	集电极-发射极间的反向击穿电压	$U_{(BR)CEO}$	基极开路时，加在 C 与 E 极间的最大允许电压	选用时，应满足 $U_{(BR)CEO} \geq U_{CE}$，否则易造成管子击穿
	集电极最大允许耗散功率	P_{CM}	集电极消耗功率的最大限额。根据三极管的最高温度和散热条件来规定最大允许耗散功率 P_{CM}，要求 $P_{CM} \geq I_C U_{CE}$。P_{CM} 的大小与环境温度有密切关系，温度升高，则 P_{CM} 减小。对于大功率管，常在管子上加散热器或散热片，从而提高 P_{CM}	选用时，应满足 $P_{CM} \geq I_C U_{CE}$，否则管子会因过热而损坏

例如，低频小功率三极管 3CX200B，其 β 在 55～400 之间，$I_{CM}=300\text{mA}$，$U_{(BR)CEO}=18\text{V}$，$P_{CM}=300\text{mW}$。

根据三个极限参数 I_{CM}、$U_{(BR)CEO}$、P_{CM} 可以从输出特性曲线确定三极管的安全工作区，如图 1.27 所示。三极管工作时必须保证工作在安全区内，并留有一定余量。

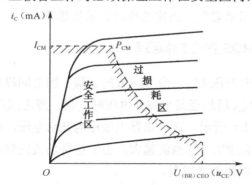

图 1.27 三极管集电极最大损耗曲线

1.4 场 效 应 管

场效应管按其结构的不同分为结型和绝缘栅型两大类，其中绝缘栅型由于制造工艺简单，便于实现集成化，应用更为广泛。场效应管常用 FET 表示。

1.4.1 绝缘栅场效应管

1. 结构和符号

绝缘栅场效应管简称 MOS 管，可用 MOSFET 表示。它分增强型（EMOS）和耗尽型（DMOS）两类，各类又有 P 沟道（PMOS）和 N 沟道（NMOS）两种。

以 N 沟道绝缘栅场效应管为例，其结构和图形符号如图 1.28 所示。

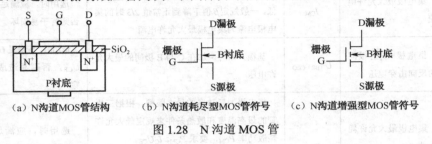

（a）N 沟道 MOS 管结构　　　（b）N 沟道耗尽型 MOS 管符号　　　（c）N 沟道增强型 MOS 管符号

图 1.28　N 沟道 MOS 管

N 沟道绝缘栅场效应管是以一块掺杂浓度较低的 P 型硅片作为衬底，在上面制作出两个高浓度 N 型区（图 1.28（a）中 N^+ 区），各引出两个电极：源极 S 和漏极 D。在硅片表面制作一层 SiO_2 绝缘层，绝缘层上再制作一层金属膜作为栅极 G。由于栅极与其他电极及硅片之间是绝缘的，所以称绝缘栅场效应管。又由于它是由金属-氧化物-半导体（Metal-Oxide-Semiconductor）所组成，故简称 MOS 场效应管。

场效应管的 S、G、D 极对应晶体三极管的 e、b、c 极。B 表示衬底（有时也用 U 表示），一般与源极 S 相连。衬底箭头向内表示为 N 沟道，反之为 P 沟道。D 极和 S 极之间为三段断续线时表示增强型，为连续线时表示耗尽型。

2. N 沟道增强型 MOS 管的工作原理

在漏、源极间加正向电压 U_{DS}，当 $U_{GS}=0$ 时，漏、源之间没有导电沟道，$i_D=0$，如图 1.29（a）所示。当 U_{GS} 增加至某个临界电压时，漏、源之间形成导电沟道，产生漏极电流 i_D，如图 1.29（b）所示，这个临界电压称为开启电压，用 U_T 表示。显然，继续加大 U_{GS}，导电沟道会越宽，i_D 也就越大。由于这种场效应管是依靠加上电压 u_{GS} 后才产生导电沟道的，所以称为增强型。

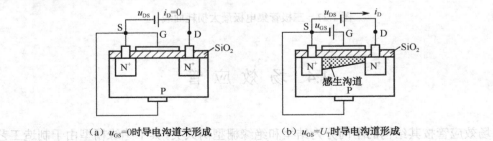

（a）$u_{GS}=0$ 时导电沟道未形成　　　（b）$u_{GS}=U_T$ 时导电沟道形成

图 1.29　N 沟道增强型 MOS 管工作原理

3．N 沟道增强型 MOS 管的特性曲线

（1）转移特性曲线。它是指漏、源电压 U_{DS} 为定值时，漏极电流 i_D 与栅、源电压 U_{GS} 之间的关系曲线，如图 1.30（a）所示。

当 $u_{GS}<U_T$ 时，$i_D=0$；当 $u_{GS}>U_T$ 时，i_D 随 U_{GS} 的增大而增大。在较小的范围内，可以认为 U_{GS} 和 i_D 呈线性关系，通过 U_{GS} 大小的变化，即电场的变化，可以控制 i_D 的变化。

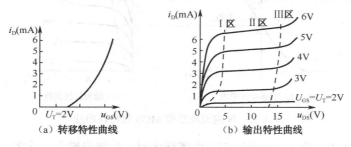

图 1.30　N 沟道增强型 MOS 管特性曲线

（2）输出特性曲线。它是指栅、源电压 U_{GS} 为定值时，漏极电流 i_D 与漏、源电压 U_{DS} 的关系曲线，如图 1.30（b）所示。按场效应管的工作特性可将输出特性分为 3 个区域。

① 可变电阻区（Ⅰ区）。U_{DS} 相对较小，i_D 随 U_{DS} 增大而增大，U_{GS} 增大，曲线变陡，说明输出电阻随 U_{GS} 的变化而变化，故称为可变电阻区。

② 放大区或饱和区（Ⅱ区），又称恒流区。漏极电流基本不随 U_{DS} 的变化而变化，只随 U_{GS} 的增大而增大，体现了 U_{GS} 对 i_D 的控制作用。

③ 击穿区（Ⅲ区）。当 U_{DS} 增大到一定值时，场效应管内 PN 结被击穿，i_D 突然增大，如无限流措施，管子将损坏。

4．P 沟道增强型 MOS 管

如果在制作 MOS 管时采用 N 型硅作为衬底，漏源极为 P 型，则导电沟道为 P 型。P 沟道增强型 MOS 管的结构及图形符号如图 1.31 所示。正常工作时，U_{DS} 和 U_{GS} 都必须为负值。

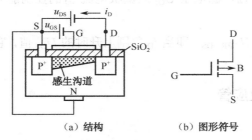

图 1.31　P 沟道增强型 MOS 管

5．耗尽型 MOS 管

耗尽型 MOS 管在结构上与增强型 MOS 管相似，其不同点仅在于衬底靠近栅极附

近存在着原导电沟道，因此，只要加上 U_{DS} 电压，即使 $U_{GS}=0$，管子也能导通，形成 i_D。其图形符号中 D 极与 S 极间用实线相连（增强型为断续线），即表明当 $U_{GS}=0$ 时导电沟道已形成。

以 N 沟道耗尽型 MOS 管为例，其转移特性和输出特性如图 1.32 所示。

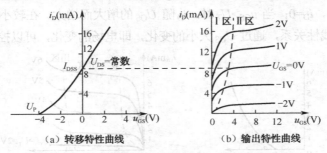

（a）转移特性曲线 　　　　（b）输出特性曲线

图 1.32　N 沟道耗尽型 MOS 管特性曲线

由图 1.32 可见，当 U_{DS} 一定，U_{GS} 由零增大时，i_D 相应增大；反之，当 U_{GS} 由零向负值方向增大时，i_D 相应减小，$i_D=0$ 时所对应的 U_{GS} 称为夹断电压，用 U_P 表示。实际上，夹断电压也可理解为导电沟道开始形成时的开启电压。

6. 主要参数

（1）开启电压 U_T。当 U_{DS} 为定值时，使增强型场效应管开始导通时的 U_{GS} 值。N 沟道管的 U_T 为正值，P 沟道管的 U_T 为负值。

（2）夹断电压 U_P。当 U_{DS} 为定值时，使耗尽型场效应管 i_D 减小到近似为零时的 u_{GS} 值。N 沟道管的 U_P 为负值，P 沟道管的 U_P 为正值。

（3）饱和漏极电流 I_{DSS}。当 $u_{GS}=0$，且 $u_{DS}>U_P$ 时，耗尽型场效应管所对应的漏极电流。

（4）跨导 g_m。当 U_{DS} 为定值时，i_D 的变化量与 u_{GS} 的变化量之比，即

$$g_m = \frac{\Delta I_D}{\Delta U_{GS}}$$

g_m 值的大小反映了栅、源电压 U_{GS} 对漏极电流 i_D 的控制能力，其单位是 S（西门子）或 mS。

（5）漏极击穿电压 $U_{(BR)DS}$。即当 i_D 急剧上升时的 U_{DS} 值，它是漏、源极间所允许加的最大电压。

1.4.2　结型场效应管

1. 结构和符号

结型场效应管（JFET）也可分 P 沟道和 N 沟道两种，其结构和图形符号如图 1.33 所示。结型场效应管所采用的是耗尽型工作方式，即当 $u_{GS}=0$ 时，$i_D\neq0$。

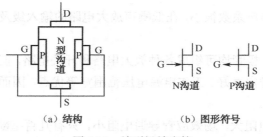

（a）结构　　　　　　（b）图形符号

图 1.33　结型场效应管

2．特性曲线

（1）转移特性曲线。如图 1.34（a）所示，当栅、源电压 $u_{GS}=0$ 时，漏极电流为 I_{DSS}（漏极饱和电流）；u_{GS} 负压越高，导电沟道越窄，电阻增大，i_D 减小；当 u_{GS} 达到夹断电压 U_p 时，$i_D=0$。

（2）输出特性曲线。如图 1.34（b）所示，也可分为可变电阻区、放大区和击穿区。

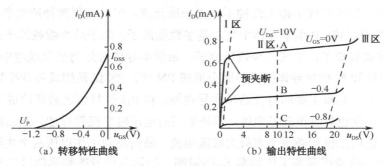

（a）转移特性曲线　　　　　　（b）输出特性曲线

图 1.34　N 沟道结型场效应管特性曲线

1.5　场效应管与三极管的应用特点

（1）场效应管的源极 S、栅极 G、漏极 D 分别对应于三极管的发射极 E、基极 B、集电极 C，它们的作用相似。

（2）场效应管是电压控制电流器件，由 u_{GS} 控制 i_D，其放大系数 g_m 一般较小，因此场效应管的放大能力较差；三极管是电流控制电流器件，由 i_B（或 i_E）控制 i_C。

（3）场效应管栅极几乎不吸取电流；而三极管工作时基极总要吸取一定的电流。因此场效应管的栅极输入电阻比三极管的输入电阻高。

（4）场效应管由多子参与导电；三极管有多子和少子两种载流子参与导电，而少子浓度受温度、辐射等因素影响较大，因而场效应管比晶体管的温度稳定性好、抗辐射能力强。在环境条件（温度等）变化很大的情况下应选用场效应管。

（5）场效应管在源极金属与衬底连在一起时，源极和漏极可以互换使用，且特性变化不大；而三极管的集电极与发射极互换使用时，其特性差异很大，β 值将减小很多。

（6）场效应管的噪声系数很小，在低噪声放大电路的输入级及要求信噪比较高的电路中要选用场效应管。

（7）场效应管和三极管均可组成各种放大电路和开关电路，但由于前者制造工艺简单且具有耗电少、热稳定性好、工作电源电压范围宽等优点，因而被广泛用于大规模和超大规模集成电路中。

（8）三极管导通电阻大，场效应管导通电阻小，只有几百毫欧姆，目前广泛使用的模拟电子开关，一般使用的都是场效应管工艺，其效率是比较高的。

复习与思考

最常用的半导体材料有硅和锗。半导体中有自由电子和空穴两种载流子参与导电。半导体的导电特性与温度、光照等环境因素密切相关。

在纯净的本征半导体中掺入两种不同的杂质元素，可以得到两种杂质半导体：P 型半导体和 N 型半导体。P 型半导体中空穴是多数载流子，电子是少数载流子；N 型半导体中电子是多数载流子，空穴是少数载流子。杂质半导体对外仍然呈现电中性。

P 型半导体和 N 型半导体的交界面会形成 PN 结，PN 结是构成各种半导体器件的共同的物理基础，其最主要的特性是单向导电性。将 PN 结封装之后就构成了半导体二极管，所以二极管也具有单向导电性，即外加正向电压时二极管导通，外加反向电压时二极管截止。选用二极管必须考虑最大整流电流、最高反向工作电压两个主要参数，另外高频工作时还应考虑最高工作频率 f_M 的限制。当输入信号的频率超过二极管的最高工作频率 f_M 时，二极管将失去单向导电性。

利用二极管的单向导电性可以组成各种整流、限幅、检波、开关电路。

稳压二极管是特殊的二极管，其正常工作区域是反向击穿区。稳压管反向击穿以后，流过稳压管的电流可以在很大范围内变化，但稳压管两端的电压几乎不变，起到了稳定电压的作用。为了避免稳压管反向击穿之后反向电流过大、超过允许的范围而导致稳压管被烧毁，稳压管使用时必须配合适当阻值的限流电阻。

发光二极管可以将电信号转换为光信号，光电二极管则将光信号转换为电信号，光电耦合器则可实现"电-光-电"的转换。变容二极管的结电容随外加反向电压的大小而变化。

双极型三极管是一种电流控制电流型器件，它有两个 PN 结，即发射结和集电结。三极管在发射结正偏、集电结反偏的条件下，具有电流放大作用；当发射结与集电结均反偏时，处于截止状态；当发射结和集电结均正偏时，处于饱和状态；三极管的饱和与截止相当于开关的闭合与断开。三极管的放大功能和开关特性在实际电路中都有广泛的应用。

在三极管的主要参数中，β 表示三极管的电流放大能力，I_{CBO}、I_{CEO} 表明三极管的温度稳定性，它们是衡量三极管性能优劣的主要指标；而 I_{CM}、P_{CM}、$U_{(BR)CEO}$ 规定了三极管的安全工作范围，是使用中必须遵守的极限参数。

场效应管是一种电压控制电流型器件，具有输入电阻高、噪声低、适合集成化等优点，常用于放大器的输入级。在大规模和超大规模集成电路中广泛采用场效应管。

场效应管利用栅、源极间电压 u_{GS} 控制漏极电流 i_D。场效应管的基本特性主要有转移特性和输出特性。跨导 g_m 是表征场效应管输入电压对输出电流控制能力的重要参数。

场效应管种类较多，分类如下：

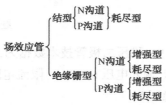

思考：为什么场效应管的温度稳定性优于双极型三极管？

习 题 1

1.1 在如题图 1.1 所示各电路中，试判断各图中的二极管是导通还是截止，并求出 AB 两端电压 V_{AB}。设二极管是理想的。

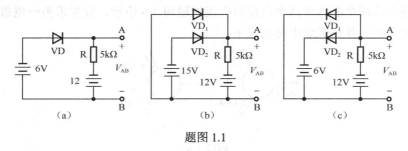

题图 1.1

1.2 如题图 1.2 所示电路中，哪几个灯泡可能发亮?

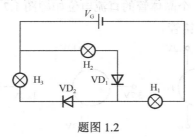

题图 1.2

1.3 测量电流时，为保护线圈式电表的表头不致因接错直流电源极性或通过电流太大而损坏，常在表头处串联或并联一个二极管，如题图 1.3 所示。试分别说明为什么这两种接法的二极管都能对表头起保护作用。

1.4 如题图 1.4 所示两个电路中，设 VD_1、VD_2 均为理想二极管（即正向导通时其正向压降为零，反向截止时其反向电流为零的二极管）。试判断电路中二极管是导通还是截止，并求 U_{AB} 和 U_{CD}。

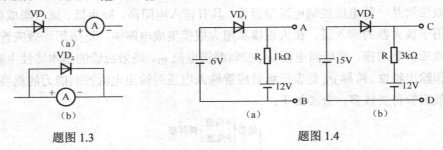

题图 1.3 题图 1.4

1.5 如题图 1.5 所示电路中，稳压二极管技术数据为：稳压值 $U_z=10\text{V}$，$I_{zmax}=12\text{mA}$，$I_{zmin}=2\text{mA}$，负载电阻 $R_L=2\text{k}\Omega$，输入电压 $u_i=12\text{V}$，限流电阻 $R=200\,\Omega$。若负载电阻变化范围为 $1.5\sim4\text{k}\Omega$，是否还能稳压？

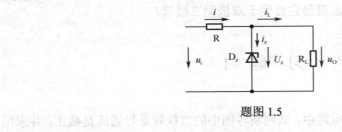

题图 1.5

1.6 如题图 1.6 所示，已知两个晶体管的电流放大系数 β 分别为 50 和 100，现测得放大电路中这两个晶体管两个电极的电流如题图 1.6 所示。分别求另一电极的电流，标出其实际方向，并在圆圈中画出管子。

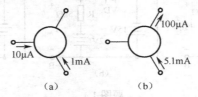

题图 1.6

1.7 测得放大电路中 3 个晶体管的直流电位如题图 1.7 所示。在圆圈中画出管子，并分别说明它们是硅管还是锗管。

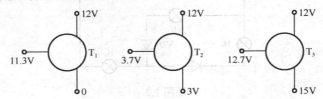

题图 1.7

1.8 如题图 1.8 所示是某晶体管的输出特性曲线，在 $U_{CE}=6\text{V}$ 时，Q_1 点 $I_B=40\mu\text{A}$，$I_C=1.5\text{mA}$；Q_2 点 $I_B=60\mu\text{A}$，$I_C=2.3\text{mA}$。求晶体管的 β 值。

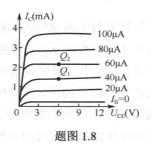

题图 1.8

1.9 三极管电路如题图 1.9 所示，已知 $\beta=50$，$U_{CC}=12V$，$R_B=70k\Omega$，$R_C=6k\Omega$，问当 U_{BB} 分别等于$-2V$、$2V$、$5V$时，晶体管的静态工作点 Q 位于哪个区？

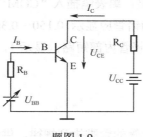

题图 1.9

1.10 已知放大电路中一只 N 沟道场效应管的三个极①、②、③的电位分别为 4V、8V、12V，管子工作在恒流区。试判断它可能是哪种管子（结型管、MOS 管、增强型、耗尽型），并说明 ①、②、③与 G、S、D 的对应关系。

1.11 分别判断如题图 1.10 所示各电路中的场效应管是否有可能工作在恒流区。

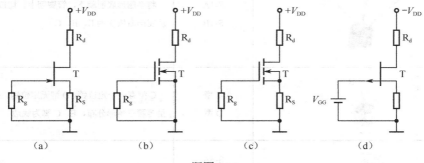

题图 1.10

实 训 项 目

项目 1 二极管与三极管的识别与测试

1. 二极管的简易测试

将万用表拨到 R×100 或 R×1k 电阻挡，并将两表笔短接调零。注意，此时万用表的红表笔与表内电池的负极相连，黑表笔与表内电池的正极相连。将红、黑两支表笔跨接在二极管的两端，若测得阻值较小（几千欧以下），再将红、黑表笔对调后接在二极管两端，测得的阻值较大（几百千欧），说明二极管质量良好，测得阻值较小的那一次黑表笔所接为二极管的正极。如果测得二极管的正、反向电阻都很小（接近零），说明二极管内部已短路；如果测得二极管的正、反向电阻都很大，说明二极管内部已开路。

应注意的是，由于二极管正向特性曲线起始段的非线性，用 R×100 和 R×1k 挡时测得的正向电阻读数是不一样的。

如果是用数字式万用表测量二极管，应将量程选择开关拨至"▶┤"挡，红表笔插入"V·Ω"插孔，接二极管正极；黑表笔插入"COM"插孔，接二极管负极。此时显示的是二极管的正向压降，若为锗管应显示 0.150～0.300V；若为硅管应显示 0.550～0.700V。如果显示 000，表示二极管内部短路；显示 1，表示二极管内部开路。

2. 三极管的简易测试

1）管脚识别

如项目表 1 所示为常见三极管的管脚排列规律，供参考。

项目表 1　常见三极管的管脚分布规律

外形示意图	封装名称	说　　明
E　B　C	S-1A S-1B	将半圆形底面朝下，管脚朝上，切口朝自己，从左向右依次为 E、B、C
E　B　C	C 型 D 型	C 型有一个定位销，D 型无定位销。三根管脚呈等腰三角形分布，E、C 脚为底边
B　E　C	S-6A S-6B S-7 S-8	将印有型号的一面朝向自己，且将管脚朝下，从左向右依次为 B、C 和 E
B　E	F 型	将管脚朝上，且管脚靠近上安装孔，左面的一根是 B 极，右边的一根是 E 极，底板为 C 极

2）用万用表检测三极管

将万用表置 R×100 或 R×1k 挡，黑表笔接三极管任一管脚，用红表笔分别接触其余两个管脚，如果两次测得的阻值均较小（或均较大），则黑表笔所接管脚为基极。两次测得阻值均较小的是 NPN 型管，两次测得阻值均较大的是 PNP 型管。如果两次测得的阻值相差很大，则应调换黑表笔所接管脚再测，直到找出基极为止。

在确定基极后，如果是 NPN 型管，可将红、黑表笔分别接在两个未知电极上，表针应指向无穷大处，再用手把基极和黑表笔所接管脚一起捏紧（注意两极不能相碰，即相当于接入一个电阻），记下此时万用表测得的阻值。然后对调，用同样方法再测得一个阻值。比较两次结果，读数较小的一次黑表笔所接的管脚为集电极，红表笔所接为发射极。若两次测试表针均不动，则表明三极管已失去放大能力。

PNP 管测试方法相似，但在测试时，应用手同时捏紧基极和红表笔所接管脚。按上述步骤测两次阻值，则读数较小的一次红表笔所接管脚为集电极，黑表笔所接管脚为发射极。

如果是用数字式万用表测量三极管，可先用"$\dashv\vdash$"挡，通过测量 PN 结的正向压降确定三极管的管脚和管型，发射结正向压降大，集电结正向压降小，然后再选择"NPN"或"PNP"挡，把三极管的管脚插入相应插孔，即可显示 h_{FE} 值。

项目 2　并联式稳压电路的制作与调试

1. 电路原理

项目图 1 是并联式硅稳压管稳压电路。其中 VD_1 是稳压二极管，R_1 是限流电阻，R_2 是负载。由于 VD_1 与 R_2 是并联，所以称并联稳压电路。此电路必须接在整流滤波电路之后，上端为正下端为负。由于稳压管 VD_1 反向击穿时两端的电压总保持固定值，所以在一定条件下 R_2 两端的电压值也能够保持稳定。

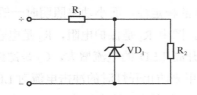

项目图 1　并联式硅稳压管稳压电路

2. 元件选择

已知负载电压 U_{R1} 和负载电流 I_{R1} 时，应按如下步骤设计硅稳压管稳压电源。

1）初选稳压管 VD_1

一般情况下，可以按照 $U_{D1}=U_{R2}$ 和 $I_{D1}\approx(I_{R2})_{max}$ 来初步选定稳压管 VD_1，如果负载有可能开路则应选择 $(I_{D1})_{max}\approx(2\sim3)(I_{R2})_{max}$，这是因为当负载开路时所有电流全部都会流过 VD_1，所以 I_{D1} 应该适当选择大一点。

2）选定输入电压

一般可选择 $U_I=(2\sim3)U_{R2}$。

3）选定限流电阻 R_1

$$R_1=(U_1-U_{R2})/(I_{D1}+I_{R2})$$

但是需要考虑两种极限情况。

当 U_1 最大，且负载开路时（即 $I_{R2}=0$），流过 VD_1 的电流最大。为了不超过 VD_1 的最大允许电流$(I_{D1})_{max}$，需要有足够大的电流电阻，否则会烧坏 VD_1。则 R_1 需要满足：

$$R_1>((U_1)_{max}-U_{R2})/(I_{D1})_{max}$$

当 U_1 最小，且负载电流最大时，流过 VD_1 的电流最小。为了保证此时 VD_1 能够工作在击穿区起到稳压的作用，要有一定的电流流过 VD_1，一般取 5～10mA。则 R_1 需要满足：

$$R_1<((U_1)_{min}-U_{R2})/(I_{D1}+(I_{R2})_{min})$$

限流电阻 R_1 的值应该在上面两个公式的范围内选择。

项目 3　LED 节能灯电路的制作与调试

1．38 个 LED 灯的制作电路图

项目图 2 是一款 LED 灯杯的实用电路图，该灯使用 220V 电源供电，220V 交流电经 C_1 降压电容降压后经全桥整流再通过 C_2 滤波后经限流电阻 R_3 给串联的 38 颗 LED 提供电源。LED 的额定电流约为 20mA，但是在制作节能灯的时候要考虑多方面的因素对 LED 的影响，包括光衰和发热的问题。在做的时候因为 LED 的安装密度比较高，热量不容易散出，LED 的温度对光衰和寿命影响很大。如果散热不好很容易产生光衰，因为 LED 的特性是温度升高电流就会增大，所以一般在做大功率照明时散热的问题是最重要的，它将影响到 LED 的稳定性，而小功率照明时一般都采取自散热方式，所以在电路设计时电流不宜过大。图中 R_1 是保护电阻，R_2 是电容 C_1 的泄放电阻，R_3 是限流电阻防止电压升高和温度升高 LED 的电流增大，C_2 是滤波电容，实际在 LED 电路中可以不用滤波电路，C_2 是用来防止开灯时的冲击电流对 LED 的损害，开灯的瞬间因为 C_1 的存在会有一个很大的充电电流，该电流流过 LED 将会对 LED 产生损伤，有了 C_2，开灯的充电电流被 C_2 吸收起到了开灯防冲击保护。

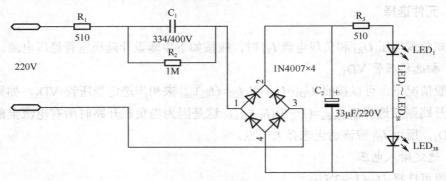

项目图 2　LED 灯杯的实用电路图

2．电路板图 PCB

制作或购买成品板。

3．选择 LED

LED 要选用高亮度的，散光的要亮度 1200mcd 以上，聚光型的要亮度在 20000mcd 以上的。电压 3.0～3.6V，电流 20mA。一般 LED 的脚都很长，为了方便焊接先用尖嘴钳或斜口钳预剪脚，留有 3mm 的管脚就可以。

4．焊接

装好了 LED 后将电路板焊接面朝上就可以进行焊接了，焊接要用 30W 的烙铁并接地线，焊接温度控制在 240℃以内，时间不能超过 2s。

5．电源

电源可使用电池或自己动手组装的稳压电源。

6．组装

7．注意事项

因为 LED 对静电是非常敏感的，静电很容易对 LED 造成损害，轻则性能下降，重则造成 LED 反向击穿短路，所以在接触 LED 时一定要做好静电防护，佩戴防静电手环，使用防静电烙铁，普通烙铁一定要接地线。有条件的还需要使用防静电台垫。

第 2 章　基本放大电路

学习指导

放大电路是模拟电子技术应用中最基本的电路,其主要功能是将输入信号不失真地放大。它在各种电子设备中应用极广,是现代通信、自动控制、电子测量、生物电子等设备中不可缺少的组成部分。其种类和分类方法也很多,例如,按用途不同可分为电压放大电路、电流放大电路和功率放大电路;按工作信号频率的高低可分为低频放大电路、中频放大电路、高频放大电路和直流放大电路等;按输入信号的强弱又可分为小信号放大电路和大信号放大电路。

本章主要讨论基本放大电路的性能指标、类型、工作原理、参数估算和应用电路。

教学目标

通过本章的学习,完成以下目标。

(1)理解放大电路的组成原则、分析方法及其性能指标。

(2)掌握分压式偏置电路、共集电极放大电路和共基极放大电路的静态分析、动态分析方法,掌握各种放大电路的特点及应用。

(3)了解放大电路的耦合方式及阻容耦合和直接耦合放大电路的优缺点;了解放大电路频率特性的概念;了解影响放大电路低频特性和高频特性的因素。

(4)了解场效应管放大电路的结构、工作原理;掌握共源极和共漏极放大电路的分析与应用。

(5)了解负反馈的基本概念和基本类型,定性地掌握交流负反馈对放大电路性能的影响。

2.1　放大电路的主要性能指标

放大电路的基本功能是将微弱的电压信号或电流信号放大到所需要的幅度,以推动电子设备的终端执行元件(如扬声器、继电器、仪表等)动作或显示。衡量一个放大电路性能的优劣是它的性能指标。

放大电路的性能指标很多,而且根据电路的用途不同有不同的侧重。这里仅介绍其中几项主要的性能指标。

1. 放大倍数

对信号而言,任何一个放大电路均可以看作有两个端口的"黑匣子",一个是输入端口,一个是输出端口,如图 2.1 所示。此时不必去管放大电路的实际内部结构和组成元件。

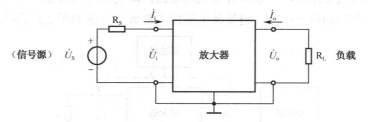

图 2.1　放大电路的模型图

其中放大电路的输入端口接信号源，U_S 表示信号源电压，R_S 表示信号源的内阻。放大电路的输出端口接负载，R_L 表示各种形式的实际负载的等效电阻。图中输入、输出端的电压和电流均为正弦量，这是因为分析放大电路一般采用正弦稳态分析法，所以通常用正弦信号作为放大电路的输入信号。

放大电路的基本任务是不失真地放大信号，即输出信号与输入信号相比，只有幅值的放大，而没有波形形状的变化，因此，人们最关心的是它的放大能力。表征放大电路放大微弱信号能力的重要指标是增益（也称放大倍数），它是指输出信号（U_o、I_o、P_o）与输入信号的比值。根据输入量和输出量是电压或是电流，增益有以下几种定义。

1）电压增益

放大电路的电压增益定义为输出电压有效值与输入电压有效值之比，即

$$A_u = \frac{U_o}{U_i} \tag{2-1}$$

它表示放大电路放大电压信号的能力。

2）电流增益

放大电路的电流增益定义为输出电流有效值与输入电流有效值之比，即

$$A_i = \frac{I_o}{I_i} \tag{2-2}$$

它表示放大电路放大电流信号的能力。

3）功率增益

放大电路的等效负载 R_L 上吸收的信号功率（$P_o = U_o I_o$）与输入端的信号功率（$P_i = U_i I_i$）之比定义为放大电路的功率增益，即

$$A_p = \frac{P_o}{P_i} = \frac{U_o I_o}{U_i I_i} = A_u A_i \tag{2-3}$$

在实际工作中，增益单位常用分贝（dB）来表示，定义为

$$\left. \begin{array}{l} A_u(\text{dB}) = 20\lg \dfrac{U_o}{U_i} = 20\lg A_u (\text{dB}) \\[2mm] A_i(\text{dB}) = 20\lg \dfrac{I_o}{I_i} = 20\lg A_i (\text{dB}) \\[2mm] A_p(\text{dB}) = 10\lg \dfrac{P_o}{P_i} = 10\lg A_p (\text{dB}) \end{array} \right\} \tag{2-4}$$

在小功率放大电路中，一般只关心电压增益，即电压放大倍数。

若有一个实际的放大电路，测量其电压放大倍数的方法如图 2.2 所示。

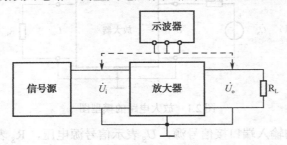

图 2.2　电压放大倍数的测量

将信号源输出的正弦电压信号的幅值及频率调节到合适的数值，并与放大电路的输入端连接，然后用交流电压表或用双踪示波器分别测出输入电压 U_i 和输出电压 U_o 的有效值或幅值，求其比值即为电压放大倍数。注意，测量时必须用示波器观察、比较输入信号和输出信号的波形，只有在不失真的情况下，测出的电压放大倍数才有意义。

2．输入电阻和输出电阻

1）输入电阻

当放大电路的输入端接信号源时，放大电路就相当于信号源所驱动的负载。放大电路对信号源所呈现的负载效应的大小是用放大电路的输入电阻 R_i 来衡量的，它相当于从放大电路的输入端向放大电路的内部看进去的等效电阻，如图 2.3 所示。输入电阻 R_i 的大小等于放大电路的输入电压与输入电流的有效值之比，即

$$R_i = \frac{U_i}{I_i} \qquad (2-5)$$

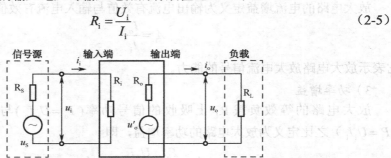

图 2.3　放大电路的输入电阻和输出电阻

放大电路的输入电阻 R_i 实际上反映了放大电路能够从信号源获得的信号大小的能力。R_i 的阻值越大，放大电路从信号源索取的电流就越小，损失在信号源内阻 R_s 上的信号量也越小，也就使得加到放大电路输入端的信号 U_i 越接近信号源电压 U_s。因此，对于电压放大电路而言，输入电阻 R_i 越大越好。

测量一个放大电路的输入电阻 R_i，可以采用如图 2.4 所示的方法。

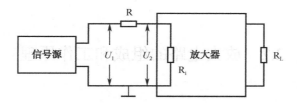

图 2.4 测量放大电路输入电阻 R_i 的方法

在信号源与放大电路的输入端之间串入一个阻值已知的电阻 R，分别测出图中 U_1 和 U_2 的电压有效值，则显然有

$$U_2 = U_1 \frac{R_i}{R_i + R} \qquad (2\text{-}6)$$

$$R_i = \left(\frac{U_2}{U_1 - U_2}\right) R \qquad (2\text{-}7)$$

2）输出电阻

由于放大电路将输入信号放大后输出给负载 R_L，因此对负载 R_L 而言，放大电路的作用就相当于一个信号源，该信号源的内阻即称为放大电路的输出电阻 R_o，也即相当于从放大电路的输出端向放大电路内部看进去的等效电阻。

测量一个放大电路的输出电阻 R_o 的方法之一是：给放大电路的输入端接入一定频率、幅值的正弦信号 U_i 之后，先断开负载 R_L，测量空载时的输出电压的有效值，设为 U_o'，然后保持输入信号的频率、幅值不变，再接入一个阻值已知的负载 R_L，并测量此时输出电压的有效值，设为 U_o。由图 2.3 可知，显然有

$$U_o = \frac{R_L}{R_o + R_L} \cdot U_o' \qquad (2\text{-}8)$$

因此输出电阻 R_o 的大小为

$$R_o = \left(\frac{U_o'}{U_o} - 1\right) R_L \qquad (2\text{-}9)$$

放大电路的输出电阻实际上反映了放大电路带负载能力的强弱。

由式（2-8）可见，放大电路的输出电阻 R_o 越小，当负载电阻 R_L 发生变化时，U_o 的变化也越小，即放大电路的输出电压几乎不随负载的变化而变化，说明放大电路对不同阻值负载的适应性较强，称为放大电路的带负载能力强。显然，R_o 越小，放大电路带负载的能力越强。

3. 最大不失真输出电压

在给定电路参数的条件下，一个放大电路在不产生明显失真时其输出电压所能达到的最大幅值称为最大不失真输出电压，表征了该放大电路正常工作时所能输出的最大信号电压值，常用峰值或峰-峰值来表示。

2.2 放大电路的组成和工作原理

2.2.1 放大电路的组成

利用晶体管（或场效应管）工作在放大区（或恒流区）时所具有的电流（或电压）控制特性，可以构成放大电路，实现对输入信号的放大，因此，放大器件是放大电路中必不可少的器件。

为了保证放大器件工作在放大区，必须通过直流电源给器件提供适当的偏置电压或偏置电流。例如，对于双极型晶体管 BJT，直流电源的极性和大小要保证发射结正偏，集电结反偏，以保证 BJT 工作在放大区；而对于场效应管，直流电源的极性和大小则应使其工作在恒流区。

为了确保信号能有效地输入和输出，还必须设置合理的输入电路和输出电路。

可见，放大电路应由放大器件、直流电源和偏置电路、输入电路和输出电路几部分组成。

用双极型晶体管 BJT 组成放大电路时，根据公共端（电路中各点电位的参考点）的不同，有三种连接方式，分别是共发射极电路、共集电极电路和共基极电路。如图 2.5（a）所示即为应用最广泛的基本共发射极放大电路。其省略直流电源符号的习惯画法如图 2.5（b）所示。

信号源提供的输入信号从晶体管的基极和发射极之间（1-1′）输入，输出信号从晶体管的集电极和发射极之间（2-2′）输出。输入信号 U_i 和输出信号 U_o 是以晶体管的发射极为公共端，故将这种连接方式称为共发射极电路。

在分析放大电路时，常将公共端作为电路的零电位参考点，称之为"地"端（并非真正接到大地），用"⊥"作标记。电路中各点的电位都是指该点对"地"端的电压差。直流电源 $+V_{CC}$ 表示该点相对"⊥"的电位为 $+V_{CC}$。

下面以图 2.5（b）为例，介绍共发射极放大电路中各元件的作用。

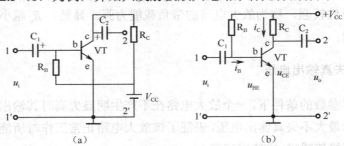

图 2.5　基本共发射极放大电路

如图 2.5 所示，NPN 型晶体管 VT 是整个放大电路的核心，它担负着放大的任务。正是由于晶体管的电流放大能力，以能量较小的输入信号去形成一个数值较小的基极电流，再去控制数值较大的集电极电流，从而控制直流电源V_{CC}发出的能量，并最终在放大电路的输出端获得能量较大的输出信号。因此晶体管的放大作用的实质是能量的控制与转换。

直流电源V_{CC}（一般为几伏到几十伏）的作用有两个，一方面通过R_B给晶体管的发射结提供正向偏压，通过R_C给集电结提供反向偏压，保证晶体管工作在放大区；另一方面，直流电源还为输出提供所需的能量。

基极偏置电阻R_B（一般为几十千欧到几百千欧）要和直流电源V_{CC}相配合，保证发射结正偏，同时给放大电路提供大小合适的静态基极电流I_B，以避免产生失真现象。

集电极负载电阻R_C（一般为几千欧到几十千欧）可以将集电极电流的变化转换为电压的变化，提供给负载，以实现电压放大的作用。

极性电容C_1、C_2的作用是"隔直通交"，其中C_1隔断放大电路与信号源之间的直流通路，C_2隔断放大电路与负载之间的直流通路。而由于C_1、C_2的容量足够大，它们对一定频率范围内的交流信号呈现的容抗（$1/2\pi f_c$）很小，可近似看作短路，这样就使一定频率范围内的交流信号可以畅通无阻地在信号源、放大电路和负载之间传输。C_1、C_2称为耦合电容，其容量一般为几微法到几十微法（例如，常见的为$4.7\sim47\mu F$），耦合电容为极性电容器，使用时切记不能接反，否则有爆炸的危险。

如果放大电路的输入信号U_i和输出信号U_o是以晶体管的集电极作为公共端的，如图2.6所示，这种连接方式称为共集电极放大电路。

如果放大电路的输入信号U_i和输出信号U_o是以晶体管的基极为公共端的，如图2.7所示，这种连接方式称为共基极放大电路。

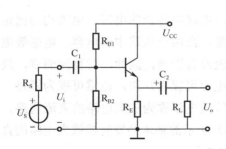

图 2.6　共集电极放大电路

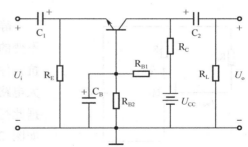

图 2.7　共基极放大电路

综上所述，基本放大电路有 3 种基本电路形式（或称为组态）。在构成具体放大电路时，无论哪一种组态，都应遵循下列原则：

（1）必须保证放大器件工作在放大区，以实现电流或电压控制作用；

（2）元件的设置应保证信号能有效地传输，即有U_i时，应有U_o输出；

（3）元件参数的选择应保证输入信号能得到不失真地放大，否则，放大将失去意义。

以上三条原则也是判断一个电路是否具有放大作用的依据。

2.2.2　放大电路的工作原理

下面以共射极放大电路为例，来说明放大电路的工作原理。

1．放大电路中的电压、电流符号

在没有信号输入（即 $u_i = 0$）时，放大电路的工作状态称为静态，此时晶体管各极电压、电流均为直流量。静态时，晶体管各极的直流电流、电压分别用 I_B、U_{BE}、I_C、U_{CE} 表示。

当有交流信号输入（$u_i \neq 0$）时，电路中两种性质的"源"（直流电源和信号源）将共同作用。其中，直流电源只能产生固定不变的直流电流和直流电压分量，而信号源也只能产生变化着的交流电流和交流电压分量。因此，根据叠加定理，此时电路中的电压和电流应该是两种性质的"源"分别单独作用时产生的电压、电流的叠加量（即直流分量与交流分量的叠加），即电路此时属于交、直流共存的工作状态，称为动态。

为了清楚地表示不同的电压、电流量，现将电路中出现的有关电量的符号列举出来，如表 2.1 所示。

表 2.1　电压、电流符号的规定

物　理　量	表　示　符　号
直流量	大写字母带大写下标，如：I_B、I_C、I_E、U_{BE}、U_{CE}
交流量	小写字母带小写下标，如：i_b、i_c、i_e、u_{be}、u_{ce}、u_i、u_o
交、直流叠加的总量	小写字母带大写下标，如：i_B、i_C、i_E、u_{BE}、u_{CE}
交流分量的有效值	大写字母带小写下标，如：I_b、I_c、I_e、U_{be}、U_{ce}、U_i、U_o

2．直流通路与静态工作点

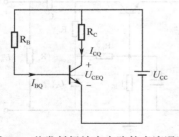

图 2.8　共发射极放大电路的直流通路

静态时，电路中各处的电压、电流均为固定不变的直流量，而由于电路中的电容、电感等电抗元件对直流没有影响，因此，对直流而言，放大电路中的电容可视为开路，电感可视为短路，据此得到的等效电路称为放大电路的直流通路。如图 2.5（b）所示的基本共发射极放大电路的直流通路如图 2.8 所示。

根据基尔霍夫电压定律，可用如下近似计算法来估算晶体管各极的直流电流、电压

$$\begin{cases} I_B = \dfrac{V_{CC} - U_{BE}}{R_B} \approx \dfrac{V_{CC}}{R_B} \\ I_C = \beta I_B + I_{CEO} \approx \beta I_B \\ U_{CE} = V_{CC} - I_C R_C \end{cases} \qquad (2\text{-}10)$$

在晶体管正常工作的情况下，对应不同的 I_B 值，U_{BE} 的变化很小，可以近似认为 U_{BE} 是个不变的常数，对硅管可取 $U_{BE} \approx 0.7V$，对锗管可取 $U_{BE} \approx 0.3V$。通常 $U_{CC} \gg U_{BE}$。

电子电路中的电流一般比较小，在计算过程中，电流 I_B 的单位常取 μA，电流 I_C、

I_E 的单位常取 mA，电阻的单位为 kΩ，电压的单位仍是 V。

由于 I_B、U_{BE}、I_C、U_{CE} 这组数值分别与晶体管输入、输出特性曲线上一点的坐标值相对应，故常称这组数值为静态工作点，用 Q 表示，所以这组静态电压和电流也常表示为 I_{BQ}、U_{BEQ}、I_{CQ}、U_{CEQ}。

如图 2.9 所示为在晶体管的输出特性曲线上由 I_C 和 U_{CE} 的数值确定的 Q 点。Q 点对应的三个量分别用 I_{BQ}、I_{CQ} 和 U_{CEQ} 表示。

显然，静态工作点是由放大电路的直流通路决定的。

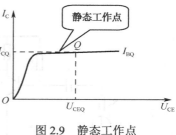

图 2.9 静态工作点

3. 设置静态工作点的必要性

既然放大电路是放大交流信号的，为什么还要设置静态工作点呢？这主要是由于晶体管、场效应管等放大器件是非线性器件。

例如，在如图 2.5（b）所示的电路中若不接基极电阻 R_B，则晶体管的发射结无偏置电压，如图 2.10（a）所示。这时，偏置电流 $I_{BQ}=0$，$I_{CQ}=0$，静态工作点在坐标原点。当输入信号电压 u_i 在正半周时（即 $u_i>0$），晶体管发射结正向偏置。但是由于晶体管的输入特性曲线上有一段死区，所以只有当输入信号电压的数值超过死区电压时，晶体管才能导通，形成基极电流 i_B；当输入信号电压 u_i 为负半周时，发射结反向偏置，晶体管截止，$i_B=0$。基极电流随输入信号电压 u_i 变化的波形如图 2.10（b）所示。显然，基极电流 i_B 产生了严重的失真，进而会导致放大电路出现严重的失真。

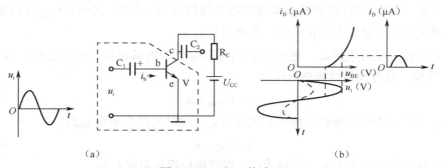

图 2.10 u_i 和 i_B 的波形

若接上基极电阻 R_B，电源 U_{CC} 通过 R_B 在晶体管的基极与发射极之间加上偏置电压 U_{BEQ}，产生一定的基极电流 I_{BQ}，如图 2.11（a）所示。U_{BEQ} 和 I_{BQ} 在晶体管的输入特性曲线上可以确定一点 Q，该点即为放大电路的静态工作点，如图 2.11（b）所示。若设置了合适的静态工作点，当输入信号电压 u_i 时，u_i 与 U_{BEQ} 叠加为晶体管发射结两端的总电压 $u_{BE}=U_{BEQ}+u_i$。若发射结两端的总电压始终大于晶体管的死区电压，那么在输入信号电压 u_i 作用的整个时间内晶体管始终处于导通状态，基极电流 $i_B=I_{BQ}+i_b$，它是只有大小变化而没有极性变化的脉动直流，如图 2.11（b）所示，这就保证了在 u_i 的整个周期内，晶体管始终工作在放大区（线性区），从而实现不失真地放大。

可见，一个放大电路必须合理地设置静态工作点，使放大电路的交流信号叠加在直流分量之上，从而使晶体管始终工作在放大区，这是放大电路能不失真地放大交流信号的前提条件。

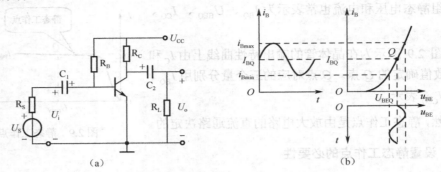

图2.11　合理设置静态工作点

4．基本共发射极放大电路的工作原理

上面讨论了基本共发射极放大电路的组成及各元件的作用，明确了设置静态工作点的意义。下面根据图2.5（b）讨论基本共发射极放大电路的放大原理，即给放大电路的输入端输入一个交流信号u_i，经放大电路放大后，形成输出信号u_o的过程。

（1）当输入信号$u_i = 0$时，输出信号$u_o = 0$，这时共发射极放大电路的等效电路是其直流通路，如图2.8所示。在直流电源电压U_{CC}的作用下通过R_B产生了I_{BQ}，经晶体管放大得到I_{CQ}，I_{CQ}通过R_C在晶体管的C-E极间产生了电压U_{CEQ}。I_{BQ}、I_{CQ}、U_{CEQ}均为直流量。显然，电容C_1极板上承受的电压极性为右正左负，大小为U_{BEQ}，而电容C_2极板上承受的电压极性为左正右负，大小为U_{CEQ}。

（2）若输入信号电压u_i，通过电容C_1送到晶体管的基极和发射极之间，与直流电压U_{BEQ}叠加，这时发射结的总电压为

$$u_{BE} = U_{BEQ} + u_i \tag{2-11}$$

在u_i的作用下产生基极电流的交流分量i_b，此时基极总电流i_B为

$$i_B = I_{BQ} + i_b \tag{2-12}$$

i_B经晶体管的电流放大作用形成i_C，这时集电极总电流i_C为

$$i_C = I_{CQ} + i_c \tag{2-13}$$

i_C在集电极电阻R_C上产生电压降$i_C R_C$，使集-射极电压$u_{CE} = U_{CC} - i_C \times R_C$，经变换

$$u_{CE} = U_{CC} - (I_{CQ} + i_c) \times R_C = U_{CEQ} + (-i_c \times R_C)$$

即

$$u_{CE} = U_{CEQ} + u_{ce} \tag{2-14}$$

由于电容C_2的隔直作用，在放大电路的输出端只有u_{CE}中的交流分量u_{ce}可以到达输出端，输出的交流电压为

$$u_o = u_{ce} = -i_c \times R_C \tag{2-15}$$

上式中的负号表明输出的交流电压u_o与i_c的相位相反。

只要电路参数选择适当，能使晶体管在输入信号作用的全部时间内都始终工作在放

大区，则 u_o 的波形与 u_i 的波形相同，只是幅度将比 u_i 的幅度大很多倍，而相位正好相反，由此说明该放大电路对 u_i 进行了不失真放大。

电路中，u_{BE}、i_B、i_C 和 u_{CE} 都是随 u_i 的变化而变化，它们的变化作用顺序为

$$u_i \rightarrow u_{BE} \rightarrow i_B \rightarrow i_C \rightarrow u_{CE} \rightarrow u_o$$

放大电路工作在动态时，晶体管各极电压和电流的工作波形如图 2.12 所示。

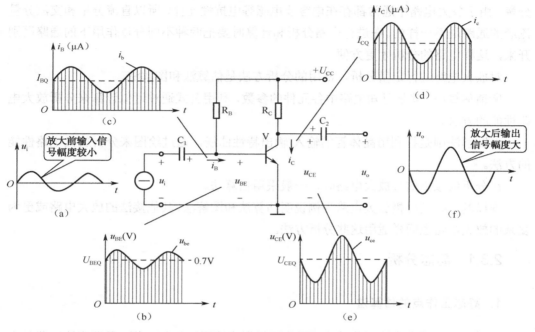

图 2.12　基本共发射极放大电路各极电压、电流的工作波形

从工作波形可以看出以下结论。

（1）输出电压 u_o 的幅度比输入电压 u_i 的幅度大，说明该放大电路实现了电压放大作用。u_i、i_b、i_c 三者频率相同，相位相同，而 u_o 与 u_i 相位相反，这说明共发射极放大电路具有"反相"电压放大作用。

（2）动态时，u_{BE}、i_B、i_C、u_{CE} 都是直流分量和交流分量的叠加，波形也是两种分量的合成，但是放大电路放大的对象是信号量，即交流分量。

（3）虽然动态时各部分电压和电流的大小均随时间变化，但它们的方向却始终保持和静态时一致，所以静态工作点 I_{BQ}、I_{CQ}、U_{CEQ} 是交流放大的基础。

需要注意：不能简单地认为，只要对输入电压进行了放大就是放大电路。从本质上说，上述电压放大作用其实是一种能量转换作用，即在能量很小的输入信号控制下，将电路中直流电源的能量转变成较大的输出信号能量。因此，任何一个放大电路的输出功率必须比输入功率要大，否则不能算是放大电路，也就是说"功率放大"才是放大电路的基本特征。例如，升压变压器可以增大电压幅度，但由于它的输出功率总是比输入功率小，因此就不能称它为放大电路。

2.3 放大电路的分析方法

当放大电路输入交流信号后,放大电路中总是同时存在着直流分量和交流分量两种分量。由于放大电路中通常都存在电容或电感等电抗性元件,所以直流分量和交流分量流经的通路是不一样的。在进行电路分析和计算时要把两种不同分量作用下的通路区别开来,这样电路的分析才更方便。

对放大电路进行定量分析,常用的分析方法是估算法和图解法。

所谓估算法,就是已知电路中各元件的参数,利用公式通过近似计算来分析放大电路性能的方法。

而图解法则是指利用晶体管的输入/输出特性曲线,通过绘图来分析放大电路性能的方法。

在分析低频小信号放大电路时,一般采用估算法。

现以基本共发射极放大电路为例说明估算法和图解法,其他接法的放大电路或更为复杂的放大电路也同样适用这些分析方法。

2.3.1 静态分析

1. 静态工作点的估算法

由于静态只研究直流工作状态,因此可根据直流通路进行分析。所谓直流通路是指直流电流流通的路径。因电容具有隔直作用,所以在画直流通路时,把电容看作开路。如图 2.13(b)所示即为图 2.13(a)基本共发射极放大电路的直流通路。由直流通路可推导出有关静态工作点的估算公式,如表 2.2 所示。

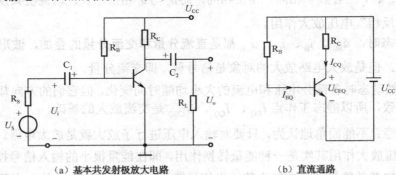

（a）基本共发射极放大电路　　　　　（b）直流通路

图 2.13　放大电路

表 2.2　静态工作点的估算

	静态工作点	说　明
基极偏置电流	$I_{BQ} = \dfrac{U_{CC} - U_{BEQ}}{R_B} \approx \dfrac{U_{CC}}{R_B}$	晶体管 U_{BEQ} 很小（硅管约为 0.7V,锗管约为 0.3V）,与 U_{CC} 相比可忽略不计

静态工作点		说 明
静态集电极电流	$I_{CQ} \approx \beta I_{BQ}$	根据晶体管的电流放大原理
静态集电极电压	$U_{CEQ} = U_{CC} - I_{CQ}R_C$	根据基尔霍夫电压定律

2. 静态工作点的图解分析法

1）输入回路的图解法

在如图 2.13（b）所示电路中，由 $U_{CC} \rightarrow R_B \rightarrow$ 晶体管 B 极 → 晶体管 E 极 → "地"构成的回路为直流输入回路。由直流输入回路，根据估算法可以求出 $I_{BQ} \approx \dfrac{U_{CC}}{R_B}$，再在晶体管的输入特性曲线上根据 I_{BQ} 的数值作平行于横轴的直线，该直线与输入特性曲线的交点即为静态工作点 Q，Q 点的横轴坐标即为 U_{BEQ}，如图 2.14（a）所示。如果是小功率晶体管，U_{BEQ} 在 0.6～0.8V 之间，可近似取为 0.7V。

2）输出回路的图解法

如图 2.13（b）所示电路中，由 $U_{CC} \rightarrow R_C \rightarrow$ 晶体管 C 极 → 晶体管 E 极 → "地"构成的回路为直流输出回路。由基尔霍夫电压定律可知

$$U_{CE} = U_{CC} - I_C R_C$$

对于一个参数给定的放大电路来说，该方程为直线方程，对应于晶体管输出特性曲线坐标系下的一条直线，称为输出直流负载线，其在横轴上的截距为 U_{CC}，在纵轴上的截距为 U_{CC}/R_C，斜率为 $-1/R_C$，如图 2.14（b）所示。

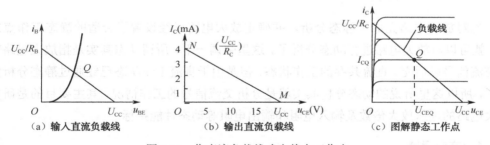

（a）输入直流负载线　　（b）输出直流负载线　　（c）图解静态工作点

图 2.14　作直流负载线确定静态工作点

这条输出直流负载线与晶体管的输出特性曲线组将有许多交点，其中，直流负载线与由 I_{BQ} 所对应的那条输出特性曲线的交点即为静态工作点 Q，其在横、纵轴上的截距分别就是 U_{CEQ} 和 I_{CQ}，如图 2.14（c）所示，这样就确定了放大电路的静态工作点。

总结放大电路静态工作点的图解分析法步骤如下：

（1）根据直流输入回路求出 I_{BQ}；

（2）根据直流输出回路列写关于 I_C 和 U_{CE} 的线性方程，即为直流负载线方程；

（3）在晶体管的输出特性曲线坐标系下画出直流负载线；

（4）直流负载线与由 I_{BQ} 所对应的输出特性曲线的交点即为静态工作点 Q。

【例 2.3.1】　电路如图 2.13（a）所示，已知 $U_{CC} = 15V$，$R_B = 500k\Omega$，$R_C = 4k\Omega$，

晶体管的特性曲线如图 2.15 所示。试利用图解法求电路的静态工作点。

解：静态基极电流 $I_{BQ} \approx \dfrac{U_{CC}}{R_B} = \dfrac{15}{500 \times 10} = 0.03(\text{mA}) = 30(\mu\text{A})$

列出直流输出回路中关于 I_C 和 U_{CE} 的线性方程，$U_{CE} = U_{CC} - I_C R_C = 15 - 4I_C$

画直流负载线，如图 2.15 所示。

直流负载线与 I_{BQ} 所对应的输出特性曲线的交点 Q 即为静态工作点，$I_{BQ} = 30\mu\text{A}$，$I_{CQ} \approx 2\text{mA}$，$U_{CEQ} \approx 7\text{V}$。

由以上分析可知，静态工作点的位置与 U_{CC}、R_B、R_C 的大小均有关。改变 U_{CC}、R_B、R_C 三个参数中的任一个，静态工作点都会发生相应的变化。但在实际应用中，调整静态工作点的位置，一般不采用改变 R_C 和 U_{CC} 的方法来实现，而是通过改变 R_B 的阻值来实现，如图 2.16 所示，通过调节电位器 RP 来调整共射极放大电路的静态工作点。

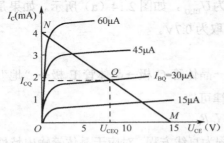

图 2.15　放大电路的直流负载线

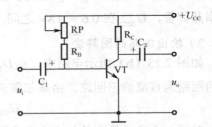

图 2.16　实际的基本放大电路

2.3.2　动态分析

当对放大电路完成了静态分析，并确定放大电路已经设置了合适的静态工作点之后，就可以对放大电路进行动态分析了。这里强调一下，所谓动态其实是指放大电路输入交流信号以后交、直流共存的工作状态，但是由于直流工作状态已经通过静态分析完成了，所以这里所说的动态分析其实就是分析交流信号的工作情况，其主要目的是研究放大电路的电压放大倍数及输入电阻和输出电阻等动态性能指标。

1．交流通路

由于电压放大倍数、输入电阻和输出电阻均只与放大电路中的交流分量有关，因此只需根据交流通路来进行分析。所谓交流通路是指交流信号流通的路径。在画交流通路时，把握两个原则：一是大容量的电容器对于一定频率范围的交流信号可视为短路，二是电路中的直流电压源（如 U_{CC}）对交流信号是不起作用的，所以当研究交流分量的工作情况时要将直流电源去掉。因为直流电压源的内阻一般很小，所以对交流信号可以视为短路。据此得到图 2.17（a）共射极放大电路的交流通路，如图 2.17（b）所示。

注意：在交流通路中，所有的电压、电流均只是交流分量，切记不要混淆交流通路和直流通路。

2. 估算法分析放大电路的电压放大倍数、输入电阻和输出电阻

为了研究问题简便，当晶体管在低频小信号下工作，且仅研究交流信号的工作情况时，可以把晶体管近似地等效为一个线性电路，称为晶体管的微变等效电路，如图 2.17（c）中虚线框内所示。图中晶体管的基极和发射极之间用一个电阻 r_{be} 来等效，称为晶体管的输入电阻；集电极和发射极之间可等效为一个受控电流源，其电流大小为 βi_b，方向与集电极电流 i_c 的方向相同，表示晶体管工作在放大区时的集电极电流要受基极电流的控制。注意该电流源不是独立源。

最后，在放大电路的交流通路中将晶体管用其微变等效电路替代之后所得到的电路就称为放大电路的微变等效电路，如图 2.17（c）所示。

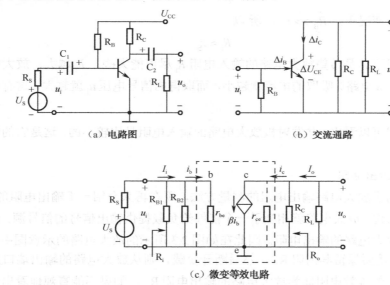

（a）电路图　　　　　　　（b）交流通路

（c）微变等效电路

图 2.17　放大电路的微变等效电路

其中，低频小功率晶体管的输入电阻 r_{be} 可用下面的近似公式来计算

$$r_{be} = 300 + (1 + \beta)\frac{26}{I_{EQ}}　　　　　　　（2\text{-}16）$$

式中，I_{EQ} 为晶体管静态时的发射极电流，单位为 mA。

低频小功率晶体管的 r_{be} 约为几百欧到几千欧。

由式（2-16）可知，虽然晶体管的输入电阻 r_{be} 是一个研究晶体管交流工作情况时才会用到的交流电阻，但其阻值的大小却与晶体管的直流工作情况密不可分。

1）估算电压放大倍数

如图 2.17（c）所示，由微变等效电路可看出输入信号电压为

$$u_i = i_b r_{be}$$

输出信号电压为

$$u_o = -i_c(R_C /\!/ R_L) = -\beta i_b R_L'$$

式中，$R_L' = R_C /\!/ R_L$，称为放大电路的等效负载电阻。

$$A_{u} = \frac{u_{o}}{u_{i}} = -\frac{\beta(R_{C} /\!/ R_{L})}{r_{be}} = -\frac{\beta R'_{L}}{r_{be}} \qquad (2\text{-}17)$$

上式中的负号说明了共射极放大电路的反相放大的性质。

当放大电路不带负载（即空载）时，上式中 $R'_{L} = R_{C}$，即空载时的电压放大倍数为

$$A_{u} = -\frac{\beta R_{C}}{r_{be}} \qquad (2\text{-}18)$$

可见，负载阻值越大，电压放大倍数的数值也就越大。

2）估算输入电阻

根据输入电阻的定义，由微变等效电路图 2.17（c）可得

$$R_{i} = \frac{u_{i}}{I_{i}} = R_{B} /\!/ r_{be} \qquad (2\text{-}19)$$

因为通常情况下，$R_{B} \gg r_{be}$，所以

$$R_{i} \approx r_{be} \qquad (2\text{-}20)$$

一般情况下总是希望放大电路的输入电阻 R_{i} 尽可能大些。R_{i} 越大，放大电路从信号源（或前一级电路）吸取的电流就越小，而取得的信号电压 u_{i} 就越大，这有利于减轻信号源的负担。

但从上式可以看出，共发射极放大电路的输入电阻是比较小的，这是它的性能指标不利的一面。

3）估算输出电阻

前面介绍了放大电路输出电阻的测量方法，现在再来介绍一下输出电阻的估算法。由于对负载来说，放大电路就相当于一个能够给负载提供输出信号的信号源，该信号源的内阻就是放大电路的输出电阻。因此在如图 2.3 所示的放大电路的示意图中，可以先令 $u_{S} = 0$，但是要保留其内阻 R_{S}，然后断开负载，则从放大电路的输出端口向放大电路内部看进去的等效电阻即为放大电路的输出电阻 R_{o}。如果不能直观地看出来，可以采用外加激励法，即在放大电路的输出端口外加一个电压源 u_{t}，设其产生的电流为 i_{t}，则 u_{t} 与 i_{t} 的比值即为放大电路的输出电阻值 R_{o}，写成公式如下

$$R_{o} = \left.\frac{u_{t}}{i_{t}}\right|_{\substack{1.\,\diamondsuit u_{S}=0,\text{保留}R_{S} \\ 2.\,\diamondsuit R_{L}=\infty}} \qquad (2\text{-}21)$$

显然，如图 2.17 所示的基本共射极放大电路的输出电阻

$$R_{o} = R_{C} \qquad (2\text{-}22)$$

即电路的输出电阻等于其集电极电阻 R_{C}。后面会看到，这个结论适用于所有的共发射极接法的放大电路。

为了提高放大电路的带负载能力，应设法降低放大电路的输出电阻。而共发射极放大电路中集电极电阻 R_{C} 典型的阻值在几千欧到几十千欧之间，是一个阻值偏大的电阻。因此，共发射极放大电路的输出电阻是偏大的，其带负载能力较差。

【例 2.3.2】在基本共发射极放大电路中，设 $U_{CC}=12\text{V}$，$R_{B}=300\text{k}\Omega$，$R_{C}=2\text{k}\Omega$，$\beta=50$，$R_{L}=2\text{k}\Omega$。试求静态工作点、输入电阻值 R_{i}、输出电阻值 R_{o} 和电压放大倍数。

解：

静态偏置电流　$I_{BQ} \approx \dfrac{U_{CC}}{R_B} = \dfrac{12}{300} = 0.04(\text{mA}) = 40(\mu\text{A})$

静态集电极电流　$I_{CQ} = \beta I_{BQ} = 50 \times 0.04 = 2(\text{mA})$

静态集-射电极电压　$U_{CEQ} = U_{CC} - I_{CQ}R_C = 12 - 2 \times 2 = 8(\text{V})$

晶体管的输入电阻　$r_{be} = 300 + (1 + \beta)\dfrac{26}{I_{EQ}} = 300 + (1 + 50)\dfrac{26}{2} = 963(\Omega) \approx 0.96(\text{k}\Omega)$

放大电路的输入电阻　$R_i \approx r_{be} = 0.96\text{k}\Omega$

放大电路的输出电阻　$R_o \approx R_C = 2\text{k}\Omega$

等效负载电阻　$R_L' = \dfrac{R_C R_L}{R_C + R_L} = 1\text{k}\Omega$

放大电路的电压放大倍数　$A_u = -\dfrac{\beta R_L'}{r_{be}} = -\dfrac{50 \times 1}{0.96} = -52$

　　总之，共发射极放大电路的特点可以概括为：具有较强的反相电压放大能力，输入电阻偏小，输出电阻偏大。

3．放大电路的动态分析图解法

　　当放大电路输入交流信号以后，由于已经设置了大小合适的静态工作点，所以晶体管各极电压和电流都是直流分量叠加交流分量的动态工作情况，其中直流分量由静态分析确定，根据直流通路有

$$U_{CE} = U_{CC} - I_C R_C$$

而交流分量由交流通路确定，为

$$u_{ce} = -i_c(R_C /\!/ R_L)$$

则晶体管总的集-射极电压 u_{CE} 为

$$u_{CE} = U_{CE} + u_{ce} = U_{CE} - i_c(R_C /\!/ R_L)$$

　　上式可转换为

$$u_{CE} = U_{CE} - (i_c + I_C)(R_C /\!/ R_L) + I_C(R_C /\!/ R_L) = U_{CE} - i_C(R_C /\!/ R_L) + I_C(R_C /\!/ R_L)$$

即　　　　　　　$i_C = -\dfrac{u_{CE}}{R_C /\!/ R_L} + \dfrac{U_{CE} + I_C(R_C /\!/ R_L)}{R_C /\!/ R_L}$　　　　　　　(2-23)

　　上式反映了动态（即输入交流信号后交、直流共存的状态）时总的集电极电流 i_C 与总的集-射极电压 u_{CE} 之间的约束关系，它也对应了晶体管输出特性坐标系下的一条直线，其斜率为 $-\dfrac{1}{R_C /\!/ R_L}$，习惯上将它称为交流负载线。显然交流负载线比直流负载线要陡峭一些。另外，当输入交流信号经过零值的瞬间，放大电路实际上相当于没有交流信号输入，而只工作在直流工作状态（静态），因此交流负载线也必然通过静态工作点 Q，如图2.18（b）所示。

　　注意：动态时，放大电路输出回路的 i_C 和 u_{CE} 既要满足晶体管自身的伏安特性曲线（即输出特性），又要满足外部电路的伏安关系约束（即交流负载线），因此放大电路在

有交流信号输入时，其工作点的变化轨迹必须且只能沿着交流负载线移动。

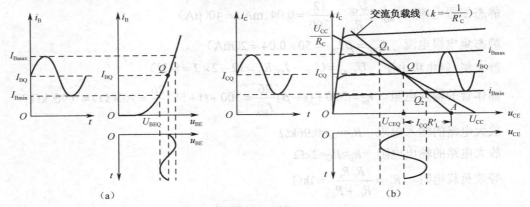

图 2.18 交流负载线与放大电路的图解分析

利用图解法进行动态分析的思路是先根据输入信号 u_i 的变化规律，在晶体管的输入特性曲线上画出 i_B 的波形，然后根据 i_B 的变化规律在晶体管的输出特性曲线上画出 i_C 和 u_{CE} 的波形，具体步骤如下。

（1）作直流负载线，由 I_{BQ} 确定静态工作点 Q。

（2）过静态工作点 Q，以（ $-1/R_C \parallel R_L$ ）为斜率作交流负载线。

（3）已知输入交流信号 $u_i = U_{im}\sin\omega t$，因此在输入特性曲线上，u_{BE} 将以 U_{BEQ} 为基础，随 u_i 的变化而变化，如图 2.18（a）所示。可见，对应的基极电流 i_B 也将以 I_{BQ} 为基础而变化，总的基极电流 i_B 的瞬时值将在最大基极电流 I_{Bmax} 和最小基极电流 I_{Bmin} 之间变化。

（4）在输出特性曲线上找出与 I_{Bmin} 和 I_{Bmax} 对应的特性曲线和交流负载线的交点，则交流负载线在这两个交点之间的线段即为有输入信号 u_i 时放大电路工作点移动的轨迹，也就是晶体管集电极总电流 i_C 和集-射极总电压 u_{CE} 的变化范围。据此，可以画出 i_C 和 u_{CE} 的波形，如图 2.18（b）所示。

（5）最后，耦合电容 C_2 隔去了 u_{CE} 中的直流分量 U_{CEQ}，只输出其交流分量 u_{ce} 给负载，形成输出电压信号 u_o。显然从图中可以看出，u_o 与 u_i 的波形一样，但是相位正好相反，而幅度放大了若干倍，验证了前面估算法得出的结论。

如果作图足够精确的话，可以根据输入交流电压的峰值 U_{im} 和输出交流电压的峰值 U_{om}，求出电压放大倍数：

$$A_u = \frac{U_{om}}{U_{im}}$$

由图解分析过程，可得出如下几个重要结论：

（1）晶体管各极间电压和电流都是由两个分量叠加而成的，其中一个是由直流电源 U_{CC} 引起的直流分量，另一个是随输入信号 u_i 而变化的交流分量。虽然这些电流、电压的瞬时值是变化的，但它们的方向是始终不变的。

（2）当输入信号 u_i 是正弦波时，电路中各交流分量都是与输入信号 u_i 同频率的正弦波，其中 u_{be}、i_B、i_C 与 u_i 同相，而 u_{ce}、u_o 与 u_i 反相。输出电压与输入电压相位相反，这是共射极放大电路的一个重要特征。

（3）输出电压 u_o 和输入电压 u_i 不但是同频率的正弦波，而且 u_o 的幅度比 u_i 的幅度大得多，这说明 u_i 经过放大电路以后被线性放大了。注意：我们说的放大作用只能是输出的交流分量和输入信号之间的关系，而绝对不能把直流分量也包含在内。

4．放大电路的非线性失真及最大不失真输出电压

对放大电路有一个基本要求，就是输出信号尽可能不失真。所谓失真，就是输出信号的波形与输入信号的波形不一致。引起失真的原因很多，其中最常见的原因是晶体管在工作的部分时间里脱离了线性区（放大区）进入到非线性区（截止区或饱和区）而引起的失真。引起这种失真的本质原因是由于晶体管自身伏安特性的非线性特性，所以将这种失真称为非线性失真。产生非线性失真的原因主要来自两个方面：一是静态工作点 Q 点设置得不合适，二是输入信号的幅度过大。

（1）饱和失真：如果静态工作点的位置偏高，如图 2.19 所示，在输入信号正半周的部分时间内，晶体管因为基极电流过大进入了饱和区，此时虽然 i_B 没有失真，但是 i_C 和 u_{CE} 的波形都出现了失真，导致输出信号 u_o 的波形底部被削平。这种失真是因为晶体管进入饱和区而产生的，称为饱和失真。

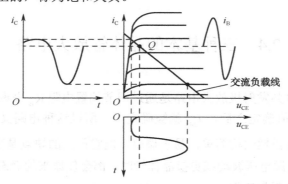

图 2.19　静态工作点位置偏高引起饱和失真

（2）截止失真：若静态工作点位置偏低，如图 2.20 所示，在输入信号负半周的部分时间内，晶体管就会进入截止区，此时 i_B、i_C 和 u_{CE} 的波形都出现了严重的失真，导致输出信号 u_o 的波形顶部被削平。这种失真是因为晶体管进入截止区而产生的，称为截止失真。

饱和失真和截止失真统称为非线性失真。

根据图 2.19 和图 2.20 所示的分析过程可以看出，放大电路在不失真的情况下所能输出的最大信号电压的幅度受到饱和区和截止区的限制。

受饱和区的限制，不失真输出电压的最大幅度只能达到 $(U_{CEQ}-U_{CES})$，受截止区的限制，不失真输出电压的最大幅度只能达到 $I_{CQ}(R_C /\!/ R_L)$。因此，放大电路在不失真的条件下实际能达到的输出电压的最大幅度只能为 $(U_{CEQ}-U_{CES})$ 与 $I_{CQ}(R_C /\!/ R_L)$ 中较小的一个值，而最大不失真输出电压的有效值需要再除以 $\sqrt{2}$。

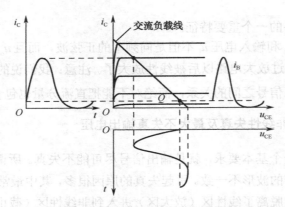

图 2.20　静态工作点位置偏引起截止失真

显然静态工作点的位置对最大输出幅度有很大的影响。为了获得最大不失真输出电压，应把 Q 点设置在交流负载线的中点位置附近。

放大电路图解分析法的最大特点是直观、形象，有助于理解电路参数对工作点的影响，有助于建立一些重要概念，如交、直流共存，非线性失真等，并能大致估算动态工作范围，从而更好地理解放大电路的工作原理。但是图解法比较烦琐，不适用于频率较高或输入信号幅度太小的场合。

2.4　三种基本的晶体管放大电路

前面介绍的基本共发射极放大电路是通过调节偏置电阻 R_B 来设置静态工作点的。当偏置电阻 R_B 的阻值确定之后，I_{BQ} 就被确定了，所以这种电路又称固定偏置共射极放大电路。这种电路虽然结构简单，易于调整，但它最大的缺点是静态工作点不稳定，当环境温度变化、电源电压波动或更换晶体管时，都会使原来的静态工作点改变，严重时会使放大电路不能正常工作。

在引起静态工作点不稳定的诸多因素中，以温度变化的影响最大。当环境温度改变时，晶体管的参数会发生变化，例如，温度升高，会使晶体管的 β 增大，发射结电压 U_{BE} 减小，集–基极反向饱和电流 I_{CBO}、穿透电流 I_{CEO} 增大，使得晶体管的特性曲线也会发生相应的变化。如图 2.21 所示为 3AX31 晶体管在 25℃ 和 45℃ 两种情况下的输出特性曲线。由图可见，当温度升高时，整个曲线簇上移，并且各条曲线之间的间隔增大。如果在 25℃ 时静态工作点比较合适的话，则在 45℃ 时由于曲线上移的影响，必然使静态工作点由正常的 Q 点移到接近饱和区的 Q_1 点，从而使放大电路不能正常工作。同理，如果温度降低，必然会使静态工作点由正常的 Q 点下移到靠近截止区，同样使放大电路不能正常工作。

为此，必须设法稳定静态工作点。具体地说，就是当环境温度变化时，能使 Q 点在输出特性坐标系中的位置基本不变，即所谓的稳定静态工作点，稳定的是 I_{CQ} 和 U_{CEQ}。

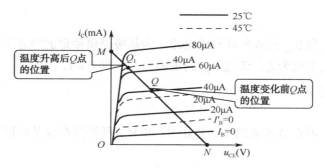

图 2.21　晶体管在不同温度时的输出特性曲线

2.4.1　静态工作点稳定的共射极放大电路

为了实现温度变化时放大电路能保持静态工作点稳定不变,可采用分压式偏置共射极放大电路,如图 2.22 所示。下面讨论这个电路的结构特点和工作原理。

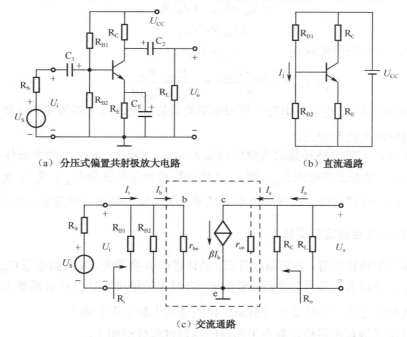

（a）分压式偏置共射极放大电路　　　（b）直流通路

（c）交流通路

图 2.22　分压式偏置共射极放大电路

1. 电路结构特点

分压式偏置共射极放大电路与前面介绍的固定偏置共发射极放大电路的区别在于:晶体管的基极接了两个分压电阻 R_{B1} 和 R_{B2},称为上偏置电阻 R_{B1} 和下偏置电阻 R_{B2},同时发射极串联了电阻 R_E 和大容量的极性电容器 C_E。C_E 称为发射极交流旁路电容,仍然起着"隔直通交"的作用,其容量一般为几十微法到几百微法。

2. 稳定静态工作点的分析

下面来分析该电路稳定静态工作点的过程。如图 2.22（b）所示是其对应的直流通路。

（1）利用 R_{B1} 和 R_{B2} 组成串联分压电路，为基极提供稳定的静态工作电压 U_{BQ}。

设流过 R_{B1} 的电流为 I_1，流过 R_{B2} 的电流为 I_2，则 $I_1 = I_2 + I_{BQ}$。

如果电路满足条件

$$I_2 \gg I_{BQ}$$

则可认为 $I_1 \approx I_2$，即在直流通路中，电阻 R_{B1} 和 R_{B2} 可近似看成是串联关系，故静态基极电位

$$U_{BQ} \approx \frac{R_{B2}}{R_{B1} + R_{B2}} U_{CC}$$

由此可见，U_{BQ} 只取决于 U_{CC}、R_{B1} 和 R_{B2} 的参数，而电源电压和电阻阻值一般不随温度的变化而变化，所以 U_{BQ} 是一个基本上固定不变的数值。

（2）利用发射极电阻 R_E，自动使静态电流 I_{CQ} 稳定不变。

由于

$$U_{BQ} = U_{BEQ} + I_{EQ}R_E$$

若满足

$$U_{BQ} \gg U_{BEQ}$$

则根据晶体管的电流分配规律

$$I_{CQ} \approx I_{EQ}$$

有

$$I_{CQ} \approx I_{EQ} = \frac{U_{BQ} - U_{BEQ}}{R_E} \approx \frac{U_{CC} \cdot R_{B2}}{(R_{B1} + R_{B2})R_E} \qquad (2\text{-}24)$$

可见静态电流 I_{CQ} 也只与电源电压和电阻的阻值有关，而与晶体管的参数无关，所以不会随温度的变化而变化。

综上所述，如果电路参数的选择能满足 $I_2 \gg I_{BQ}$ 和 $U_{BQ} \gg U_{BEQ}$ 两个条件，则静态基极电位 U_{BQ}、静态工作电流 I_{CQ}（或 I_{EQ}）将主要由电路的参数 U_{CC}、R_{B1}、R_{B2} 和 R_E 的数值决定，而与环境温度、晶体管的参数几乎无关，因而是稳定的静态工作点。

3. 静态工作点稳定的实质

从晶体管的特性来看，如果温度升高，晶体管的 β 会增大，发射结电压 U_{BE} 会减小，穿透电流 I_{CEO} 会增大，必然会使晶体管的 I_{CQ} 有增大的趋势，即 Q 点必然要上移。那么这种分压式偏置电路，为什么能使静态工作点基本上稳定不变呢？

这种分压式偏置电路稳定静态工作点的物理过程分析如下。

当温度升高引起 I_{CQ} 增大时，I_{EQ} 也将增大，从而使发射极的静态电位 $I_{EQ}R_E$ 增大。由于静态基极电位 U_{BQ} 由电阻 R_{B1} 和 R_{B2} 近似串联分压固定，所以发射极静态电位的增大将使得作用于晶体管发射结上的电压 U_{BEQ} 减小。而根据晶体管的输入特性，U_{BEQ} 的微量减小就会引起 I_{BQ} 自动、显著地减小，结果又使得 I_{CQ} 有减小的趋势。这里不加证明地给出，如果参数选择得当，满足 $(1+\beta)R_E \gg R_{B1} // R_{B2}$，则这种使 I_{CQ} 一增一减的变化趋势基本上正好抵消，综合作用的结果就可以使 I_{CQ} 基本上恒定不变。

以上变化过程可表示为：

温度升高（$t\uparrow$）$\rightarrow I_{CQ}\uparrow \rightarrow I_{EQ}\uparrow \rightarrow U_{BEQ} = U_{BQ} - I_{EQ}R_E \downarrow \rightarrow I_{BQ}\downarrow$

$\qquad\qquad\qquad I_{CQ}\downarrow \leftarrow$

可见这种分压式偏置电路稳定静态工作点的实质是利用发射极电阻 R_E，将电流 I_{CQ} 的变化转换为发射极电位的变化，再引回到晶体管的输入回路，引起发射结电压朝相反的方向变化，最后通过晶体管基极电流对集电极电流的控制作用使静态集电极电流 I_{CQ} 基本稳定不变。

这种自动稳定静态工作点的作用实际上是一种直流负反馈。

4．静态工作点的估算

根据分压式偏置共射极放大电路的直流通路，可估算电路的静态工作点，如表 2.3 所示。

表 2.3 估算电路的静态工作点

静态工作点		说　明
静态基极电位	$U_{BQ} \approx \dfrac{R_{B2}}{R_{B1} + R_{B2}} U_{CC}$	因为 $I_2 \gg I_{BQ}$
静态发射极电流	$I_{EQ} \approx \dfrac{U_{BQ}}{R_E}$	因为 $U_{BQ} \gg U_{BEQ}$
静态集电极电流	$I_{CQ} \approx I_{EQ}$	集电极电流 I_{CQ} 和发射极电流 I_{EQ} 相差不大
静态偏置电流	$I_{BQ} = \dfrac{I_{CQ}}{\beta}$	根据晶体管电流放大原理 $I_{CQ} \approx \beta I_{BQ}$
静态集-射极电压	$U_{CEQ} = U_{CC} - I_{CQ}(R_C + R_E)$	根据基尔霍夫电压定律

5．估算输入电阻、输出电阻和电压放大倍数

如图 2.22（c）所示为分压式偏置共射极放大电路的微变等效电路，其与固定偏置共发射极放大电路的微变等效电路相似。所以，输入电阻、输出电阻和电压放大倍数的估算公式完全相似，仅是以 $R_{B1} /\!/ R_{B2}$ 替代 R_B 而已。

【例 2.4.1】 如图 2.22（a）所示，若 $R_{B2}=2.4\text{k}\Omega$，$R_{B1}=7.6\text{k}\Omega$，$R_C=2\text{k}\Omega$，$R_L=4\text{k}\Omega$，$R_E=1\text{k}\Omega$，$U_{CC}=12\text{V}$，晶体管的 $\beta=60$。试求：（1）放大电路的静态工作点；（2）放大电路的输入电阻 R_i、输出电阻 R_o 及电压放大倍数 A_u。

解：（1）估算静态工作点。

基极电压：$U_B = \dfrac{R_{B2}}{R_{B1} + R_{B2}} U_{CC} = \dfrac{2.4 \times 12}{2.4 + 7.6} = 2.88(\text{V})$

静态集电极电流：$I_{CQ} = I_{EQ} = \dfrac{U_B - U_{BE}}{R_E} = \dfrac{2.88 - 0.7}{1 \times 10^3} \approx 2(\text{mA})$

静态偏置电流：$I_{BQ} = \dfrac{I_{CQ}}{\beta} = \dfrac{2}{60} \approx 33(\mu\text{A})$

静态集-射极电压：$U_{CEQ} = U_{CC} - I_{CQ}(R_C - R_E) = 12 - 2 \times (1 + 2) = 6(\text{V})$

（2）估算输入电阻 R_i、输出电阻 R_o 及电压放大倍数 A_u。

$$r_{be} = 300 + (1 + \beta)\dfrac{26}{I_{EQ}} = 300 + (1 + 60)\dfrac{26}{2} = 1093(\Omega) \approx 1(\text{k}\Omega)$$

放大电路的输入电阻：$R_i = R_{B1} /\!/ R_{B2} /\!/ r_{be} \approx 1\text{k}\Omega$

放大电路的输出电阻：$R_o \approx R_C = 2\text{k}\Omega$

放大电路的电压放大倍数：$A_u = -\dfrac{\beta(R_C \ /\!/ \ R_L)}{r_{be}} \approx -80$

分压式偏置共射极放大电路的静态工作点稳定性好，对交流信号基本无削弱作用。如果放大电路满足 $I_2 \gg I_{BQ}$ 和 $U_{BQ} \gg U_{BEQ}$ 两个条件（需要 $(1+\beta)R_E \gg R_{B1} /\!/ R_{B2}$），那么静态工作点将主要由电源电压和电阻参数决定，而与晶体管的参数几乎无关。为了兼顾各方面的指标，通常对于硅管，选取 $I_2 = (5 \sim 10)I_{BQ}$，对于锗管，选取 $I_2 = (10 \sim 20)I_{BQ}$，并且设置 $U_{BQ} = \left(\dfrac{1}{5} \sim \dfrac{1}{3}\right)U_{CC}$。

放大电路的静态工作点与晶体管的参数几乎无关，这是非常有意义的。例如，由于某种原因造成放大电路中的晶体管损坏时，只需要更换晶体管，而不必重新调整电路的静态工作点，这就给维修和调试工作带来了很大方便，所以分压式偏置电路在电子电气设备中得到了非常广泛的应用。

【例 2.4.2】 如图 2.22（a）所示，若去掉电容 C_E，其他参数都不变，试求：（1）放大电路的静态工作点；（2）放大电路的输入电阻 R_i、输出电阻 R_o 及电压放大倍数 A_u。

解：（1）去掉电容 C_E，不影响电路的直流工作状态，因此静态工作点与例题 2.4.1 相同。

（2）画出微变等效电路如图 2.23 所示，则有

$$A_u = \frac{\dot{U}_o}{\dot{U}_i} = \frac{-\beta \dot{I}_b(R_C /\!/ R_L)}{\dot{I}_b r_{be} + \dot{I}_e R_E} = -\frac{\beta R'_L}{r_{be} + (1+\beta)R_E}$$

$$R_i = R_{B1} /\!/ R_{B2} /\!/ [r_{be} + (1+\beta)R_E]$$

$$R_o = R_C$$

由例题可知，去掉电容 C_E 会使电压放大能力有所下降。这是因为去掉 C_E 之后，R_E 就会存在于交流通路中，对交流分量形成了负反馈，从而使得电压放大倍数减小。并且 R_E 越大，电压放大倍数下降得越多，但是同时放大电路的输入电阻 R_i 增大了，而输出电阻 R_o 保持不变，仍约等于集电极电阻 R_C。

稳定静态工作点的方法，除了在放大电路中引入负反馈（如分压式偏置电路），还可以采用温度补偿的方法，就是通过使用一些对温度敏感的元件（热敏电阻、二极管等）来补偿温度变化对静态工作点的影响。如图 2.24 所示，就是利用二极管的反向电流会随温度的升高而增大的特性来稳定静态工作点的，读者可以自行分析。

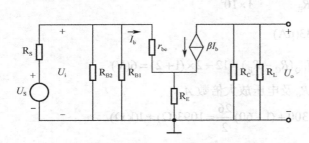

图 2.23 例 2.4.2 电路的微变等效电路

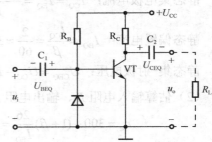

图 2.24 温度补偿的方法稳定静态工作点

2.4.2 共集电极放大电路和共基极放大电路

晶体管组成的放大电路有共发射极、共集电极、共基极三种连接方式（又称组态）。前面已经讨论过共射极放大电路，本节将主要讨论共集电极放大电路和共基极放大电路，并对三种接法的放大电路的性能进行分析比较。

1．共集电极放大电路

共集电极放大电路如图 2.25（a）所示。图 2.25 中的（b）、（c）分别为其直流通路和交流通路。

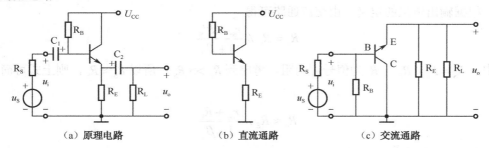

（a）原理电路　　　　（b）直流通路　　　　（c）交流通路

图 2.25　共集电极放大电路

由交流通路可知，输入信号是从晶体管的基极与集电极之间输入，而输出信号则从发射极与集电极之间输出，集电极是输入回路与输出回路的公共端，故称共集电极放大电路。又由于信号是从发射极输出的，所以也称为射极输出器。

1）静态工作点的估算

分析该电路的直流通路可知

$$U_{CC} = I_{BQ}R_B + U_{BEQ} + I_{EQ}R_E = I_{BQ}R_B + U_{BEQ} + (1+\beta)I_{BQ}R_E$$

由此可得

$$I_{BQ} = \frac{U_{CC} - U_{BEQ}}{R_B + (1+\beta)R_E}$$

$$I_{CQ} = \beta I_{BQ}$$

$$U_{CEQ} = U_{CC} - I_{EQ}R_E \approx U_{CC} - I_{CQ}R_E$$

2）电压放大倍数的估算

由交流通路可知，输出电压 u_o 和输入电压 u_i 及晶体管发射结电压 u_{be} 三者之间有如下关系

$$u_o = u_i - u_{be}$$

通常 $u_{be} \ll u_i$，可认为 $u_o \approx u_i$，所以射极输出器的电压放大倍数总是小于 1 而且接近于 1，即输出电压具有跟随输入电压的作用，所以射极输出器又称为射极跟随器，或简称射随器。虽然射极输出器没有电压放大作用，但是由于发射极电流是基极电流的 $(1+\beta)$ 倍，故它有电流放大作用。电压跟随和电流放大使得射极输出器同时也有功率放大作用。

3）输入电阻和输出电阻的估算

在图 2.25（c）中，若先不考虑 R_B 的作用，则输入电阻为

$$r'_i = \frac{\mu_i}{i_b} = \frac{i_b r_{be} + (1+\beta)i_b R'_L}{i_b}$$

$$= r_{be} + (1+\beta)R'_L$$

式中，$R'_L = R_E // R_L$。

考虑 R_B 的作用，输入电阻应为

$$r_i = R_B // r'_i = R_B //[r_{be} + (1+\beta)R'_L]$$

显然，射极输出器的输入电阻比共射极放大电路的输入电阻大得多。

根据输出电阻的定义，由交流通路可得

$$R_o = R_E // \frac{r_{be} + R'_S}{1+\beta}$$

式中，$R'_S = R_S // R_B$，R_S 为信号源内阻，考虑到 $R_B >> R_S$，所以 $R'_S \approx R_S$，则上式可简化为

$$R_o \approx R_E // \frac{r_{be} + R_S}{1+\beta}$$

若 $R_E >> \dfrac{r_{be} + R_S}{1+\beta}$，则

$$R_o \approx \frac{r_{be} + R_S}{1+\beta}$$

显然，射极输出器的输出电阻比共射极放大电路的输出电阻小得多。

综合以上分析可知，射极输出器的特点是：

（1）电压放大倍数小于 1，且接近于 1；

（2）输出电压与输入电压相位相同；

（3）输入电阻大；

（4）输出电阻小。

射极输出器具有电压跟随作用和输入电阻大、输出电阻小的特点，且有一定的电流放大和功率放大作用，因而无论是在分立元件构成的多级放大电路还是在集成电路中，都有着十分广泛的应用。它可以：

（1）用作输入级，因其输入电阻大，可以减轻信号源的负担；

（2）用作输出级，因其输出电阻小，可以提高电路带负载的能力；

（3）用在两级共射极放大电路之间作为隔离级（或称缓冲级），因其输入电阻大，对前级的影响小；因其输出电阻小，对后级的影响也小，所以可实现阻抗匹配，有效地提高总的电压放大倍数。

2. 共基极放大电路

共基极放大电路如图 2.26（a）所示，图 2.26 中（b）、（c）、（d）分别为其直流通路、交流通路和微变等效电路。

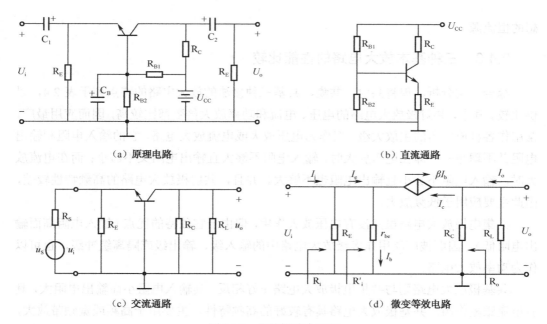

（a）原理电路   （b）直流通路

（c）交流通路   （d）微变等效电路

图 2.26　共基极放大电路

可以发现，共基极放大电路的直流通路，与分压式偏置共射极放大电路相同，因此两种电路的静态工作点的估算方法是相同的。

由共基极放大电路的交流通路可知，输入信号加在发射极与基极之间，而输出信号从集电极与基极之间输出，基极为输入回路与输出回路的公共端，所以把这种连接方式称为共基极放大电路。经分析推导可得，电压放大倍数

$$A_u = \frac{\beta R_L'}{r_{be}}$$

式中 $R_L' = R_C /\!/ R_L$。

输入电阻

$$R_i \approx R_E /\!/ \frac{r_{be}}{1+\beta}$$

输出电阻

$$R_o \approx R_C$$

共基极放大电路的电压放大倍数 A_u 为正值，表明共基极放大电路是同相电压放大电路。从计算公式来看，A_u 的数值与共射极放大电路相同，但这里并没有考虑信号源内阻的影响。实际上，由于共基极放大电路的输入电阻要比共射极放大电路的输入电阻小得多，因此，如果两种电路外接同样的信号源，当考虑信号源内阻时，共基极放大电路的源电压放大倍数要比共射极放大电路的源电压放大倍数小得多。共基极放大电路的输出电阻则与共射极放大电路的输出电阻相同，都等于集电极电阻 R_C。

另外，共基极放大电路没有电流放大作用，它的电流放大倍数小于 1，但接近于 1；同时，由于它的输入电阻低而输出电阻高，故共基极放大电路又有电流跟随器或电流接续器之称，即能将低阻输入端的电流几乎不衰减地接续到高阻输出端，其功能接近于理

想的恒流源。

2.4.3 三种基本放大电路的性能比较

综合上文分析，现将共射、共集、共基三种接法的放大电路的特点列于表 2.4，以供比较。其中，共射极放大电路的电压、电流和功率放大倍数都比较高，因而应用最广，常用作各种放大器的主放大级。但作为电压放大或电流放大电路，它的输入电阻和输出电阻并不理想——即在电压放大时，输入电阻不够大且输出电阻又不够小；而在电流放大时，输入电阻不够小且输出电阻也不够大。并且，共射极放大电路的高频特性较差，因此主要应用于低频放大。

共集电极放大电路虽然没有电压放大作用，但由于它独特的优点（输入电阻高而输出电阻低），因而被广泛用作多级放大电路中的输入级、输出级或隔离缓冲级，也可以作为功率放大电路。

共基极放大电路则与共集电极放大电路正好相反，其输入电阻小而输出电阻大，具有电流跟随作用。共基极放大电路具有较好的高频特性，主要用于高频或宽频带放大，也可用于恒流源电路。

三种基本放大电路的性能各有特点，因而决定了它们在电子电路中的不同应用。因此，在构成实际放大器时，应根据要求，合理选择电路并适当进行组合，取长补短，以使放大器的综合性能达到最佳。

表 2.4 共射、共集、共基放大电路的特点

性　　能	共射极放大器	共基极放大器	共集电极放大器
A_u	$-\dfrac{\beta R'_L}{r_{be}}$ 大（几十到几百） U_i 与 U_o 反相	$\dfrac{\beta R'_L}{r_{be}}$ 大（几十到几百） U_i 与 U_o 相同	$\dfrac{(1+\beta)R'_L}{r_{be}+(1+\beta)R'_L}$ 小（≈ 1） U_i 与 U_o 同相
A_i	约为 β（大）	约为 α（$\leqslant 1$）	约为（$1+\beta$）（大）
G_p	大（几千）	中（几十到几百）	小（几十）
R_i	r_{be} 中（几百到几千欧）	$\dfrac{r_{be}}{1+\beta}$ 低（几到几十欧）	$r_{be}+(1+\beta)R'_L$ 大（几十千欧）
R_o	高（$\approx R_C$）	高（$\approx R_C$）	低 $\left(\dfrac{R'_S+r_{be}}{1+\beta}\right)$
高频特性	差	好	好
用途	单级放大或多级放大器的中间级	宽带放大、高频电路	多级放大器的输入、输出级和中间缓冲级

2.4.4 改进型放大电路

1. 组合放大电路

通常对电压放大电路的要求是输入电阻高，输出电阻低；对电流放大电路的要求则

刚好相反，要求输入电阻低，输出电阻高。而在三种组态的放大电路中，只有共射极放大电路同时具有电压放大和电流放大作用，但它的输入电阻和输出电阻却与上述要求存在差距。如果将它与共集电极或共基极放大电路按照适当的方式相接，构成组合放大电路，就可以改变放大电路的输入和输出电阻，从而较好地解决这一问题。

前面在讨论共集电极放大电路的应用时曾经介绍过，可以把共集电极放大电路用作多级放大电路的输入级、输出级或中间级电路。例如，把它作为输入级接于共射极放大电路之前，就可以构成共集-共射组合放大电路，此时总的电压放大倍数和单独一级共射放大电路相同，但输入电阻大大提高了。采用类似方法，还可以接成如图 2.27 所示的共射-共基、共集-共基等多种组合放大电路，以扬长避短，满足相应的性能指标的要求。

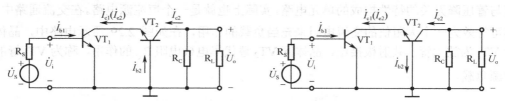

（a）共射-共基组合放大电路的交流通路　　　（b）共集-共基组合放大电路的交流通路

图 2.27　组合放大电路

2．接有发射极电阻的共射极放大电路

接有发射极电阻的共射极放大电路及其交流通路分别如图 2.28（a）和（b）所示。该电路在多级放大电路特别是在集成电路中有着非常广泛的应用。

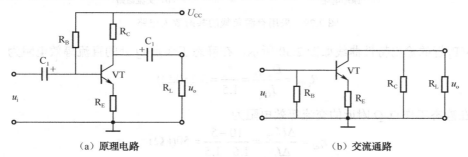

（a）原理电路　　　　　　　　　　（b）交流通路

图 2.28　接有发射极电阻的共射放大电路

与分析共集电极放大电路相似，由交流通路可得该放大电路的输入电阻为

$$R_{\mathrm{i}} \approx R_{\mathrm{B}} // [r_{\mathrm{be}} + 1(1+\beta)R_{\mathrm{E}}]$$

电压放大倍数为

$$A_{\mathrm{u}} = \frac{-\beta R_{\mathrm{L}}'}{r_{\mathrm{be}} + (1+\beta)R_{\mathrm{E}}}$$

式中，$R_{\mathrm{L}}' = R_{\mathrm{C}} // R_{\mathrm{L}}$。通常满足 $(1+\beta)R_{\mathrm{E}} \gg r_{\mathrm{be}}$，且 $\beta \gg 1$，故上式可简化为

$$A_{\mathrm{u}} \approx -\frac{R_{\mathrm{L}}'}{R_{\mathrm{E}}}$$

当空载时，$R_{\mathrm{L}} \to \infty$，则

$$A_u \approx -\frac{R_C}{R_E}$$

即电压放大倍数近似等于两个电阻阻值之比，而与晶体管的 β 的大小无关。这一特点非常适合制作增益稳定的集成放大电路。但由于集成电路中不适合制作大阻值的电阻，所以电阻 R_C 的阻值不可能取得很大，使电压放大能力受到了限制。为此，可以采用有源负载取代共射极放大电路中的 R_C，这是提高电压放大倍数的有效措施。

3. 采用有源负载的共射极放大电路

所谓有源负载，就是利用晶体管工作在放大区时，集电极电流只受基极电流的控制而与管压降无关的特性构成的单元电路，实际上也就是一个恒流源电路。在交流通路中，其可等效为一个大阻值的交流电阻来充当负载的作用。在如图 2.29 所示电路中，晶体管 VT_1 为放大管，共射极接法，晶体管 VT_2 替代集电极电阻 R_C 的作用，称为 VT_1 管的有源负载。

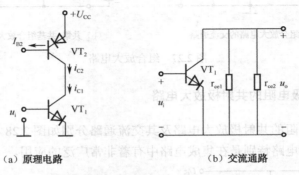

（a）原理电路　　　　　　（b）交流通路

图 2.29　采用有源负载的共射放大电路

VT_2 管的输出特性曲线如图 2.30 所示，在静态工作点 Q 处的直流等效电阻为

$$R_{CE2} = \frac{U_{CEQ}}{I_{CQ}} = \frac{5}{1.5} = 3.33(k\Omega)$$

在静态工作点 Q 附近的交流等效电阻为

$$r_{ce2} = \frac{\Delta U_{CE}}{\Delta I_C} = \frac{10-5}{1.6-1.5} = 50(k\Omega)$$

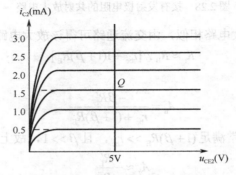

图 2.30　晶体管的输出特性曲线

可见 VT$_2$ 管所呈现的直流电阻并不大，而交流电阻却很大。实际上，VT$_2$ 管以其交流电阻 r_{ce2} 来充当 VT$_1$ 管的集电极电阻 R$_C$ 的作用，此时电压放大倍数为

$$A_u = \frac{-\beta(r_{ce2} /\!/ R_L)}{r_{be}}$$

因为 r_{ce2} 阻值很大，这就有效地提高了放大电路的电压增益。当然，负载 R$_L$ 必须足够大，才能充分发挥有源负载的作用。

这种采用有源负载来代替大阻值电阻的方法，在集成电路中得到了非常广泛的应用。

2.5 场效应管放大电路

场效应管和晶体管的工作机理不同，但两种器件之间存在着电极对应关系，即场效应管的栅极 G 对应晶体管的基极，源极 S 对应发射极，漏极 D 对应集电极。与晶体管组成的放大电路有三种连接方式相对应，场效应管组成的放大电路也有共源极、共漏极和共栅极三种接法，分别对应共射极、共集电极和共基极放大电路。在进行动态分析时，同样采用微变等效电路法。

但是，两者不同之处在于晶体管是通过基极电流来控制集电极电流的电流控制型器件，而场效应管则是通过栅-源电压来控制漏极电流的电压控制型器件，因此，场效应管的微变等效电路中受控源的控制量是栅-源电压，而晶体管的微变等效电路中，受控源的控制量是基极电流。此外，由于场效应管的栅极几乎没有电流，所以输入电阻很高，分析时可近似认为输入端开路。在实际分析中，包含场效应管的电路分析过程比包含晶体管的电路简单。

2.5.1 共源极放大电路

场效应管组成放大电路时，也必须设置大小合适并且稳定的静态工作点，才能实现不失真的放大。与晶体管不同的是，场效应管是电压控制型器件，它只需合适的偏压，而不需要偏流。需要注意的是，不同类型的场效应管，对偏置电压的极性和大小有不同的要求。

1. 自给偏置电路

自给偏置共源极放大电路如图 2.31（a）所示。图中采用的是 N 沟道结型场效应管。N 沟道结型场效应管正常工作需要负的栅-源电压。根据直流通路可知，漏极电流 I_{DQ} 在电阻 R$_S$ 上产生的电压为 $I_{DQ}R_S$，由于栅极电阻 R_G 将栅极和源极构成了一个回路，使 R_S 上的电压能加到栅极而成为栅极偏压 $U_{GSQ} = -I_{DQ}R_S$。如果场效应管工作在恒流区（线性区），根据其微变等效电路图，如图 2.31（b）所示，可知电压放大倍数为

$$A_u = -g_m R_L'$$

式中，$R_{\mathrm{L}}' = R_{\mathrm{D}} /\!/ R_{\mathrm{L}}$。

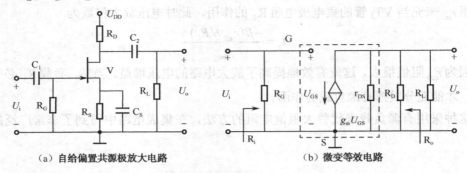

（a）自给偏置共源极放大电路 　　　　（b）微变等效电路

图 2.31　自给偏置共源极放大电路

2．分压式偏置电路

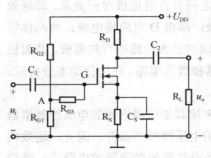

图 2.32　分压式偏置电路

如果用增强型绝缘栅场效应管构成放大电路，则不能采用自给偏置电路。原因是增强型绝缘栅场效应管正常工作需要一个正的并且要大于其开启电压的栅-源电压，因此只能采用分压式偏置电路，如图 2.32 所示。

根据其直流通路，有

$$U_{\mathrm{GSQ}} = U_{\mathrm{GQ}} - U_{\mathrm{SQ}} = \frac{R_{\mathrm{G2}} U_{\mathrm{DD}}}{R_{\mathrm{G1}} + U_{\mathrm{G2}}} - I_{\mathrm{DQ}} R_{\mathrm{D}}$$

可见，只要合理选择 R_{G1}、R_{G2} 和 R_{S} 的阻值，就可以使 U_{GSQ} 为正压、零或负压，因此该分压式偏置电路适用于各种类型的场效应管。

当场效应管工作在恒流区时，其微变等效电路图与图 2.31（b）相似，只是 $R_{\mathrm{G}} = R_{\mathrm{G3}} + R_{\mathrm{G1}} /\!/ R_{\mathrm{G2}}$。另外，电压放大倍数的计算也与图 2.31（b）相同，仍为

$$A_{\mathrm{u}} = -g_{\mathrm{m}} R_{\mathrm{L}}'$$

【例 2.5.1】 场效应管放大电路图如图 2.33（a）所示，已知工作点处的 g_{m}=5mA/V，场效应管工作在恒流区。（1）试画出放大电路的微变等效电路图；（2）若 R_{S}=1kΩ，计算 A_{u}、R_{i} 和 R_{o}；（3）说明电阻 R_{G3} 的作用。

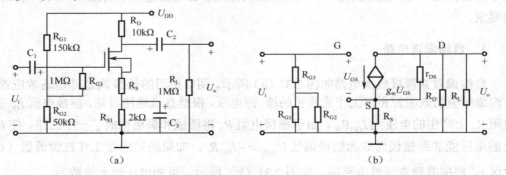

（a）　　　　　　　　　　　　　　　（b）

图 2.33　场效应管放大电路图

解：（1）将电路中所有的耦合电容、旁路电容短路，并将场效应管用其微变等效模型代替，画出放大电路的微变等效电路图如图2.33（b）所示。

（2）若忽略 r_{DS} 的影响，由图可知输入电压 U_i 为

$$U_i = U_{GS} + U_S = U_{GS} + g_m U_{GS} R_S = U_{GS}(1 + g_m R_S)$$

而输出电压为

$$U_o = -g_m U_{GS}(R_D /\!/ R_L)$$

则电压放大倍数为

$$A_u = \frac{U_o}{U_i} = -\frac{g_m}{1 + g_m R_S}(R_D /\!/ R_S)$$

上式中的负号说明共源极放大电路和共射极放大电路一样，都具有反向电压放大的性质。

输入电阻为

$$R_i = R_{G3} + R_{G1} /\!/ R_{G2}$$

输出电阻为

$$R_o = R_D$$

（3）由于栅极电流为零，因此隔离电阻 R_{G3} 的接入不会影响分压式偏置电路所设定的直流工作点。但从输入电阻的计算公式可以看出，R_{G3} 的作用是提高分压式偏置放大电路的输入电阻。为此，R_{G3} 通常会选择兆欧级的电阻。

2.5.2 共漏极和共栅极放大电路

如图2.34所示为分压式偏置共漏极放大电路图，容易计算其电压放大倍数为

$$A_u = \frac{g_m R_L'}{1 + g_m R_L'}$$

共漏极放大电路的输出电压与输入电压相位相同，而且大小近似相等，所以它又称源极跟随器。

如图2.35所示为共栅极放大电路，其偏置电路由电阻 R_S 和电源 U_{DD} 构成。容易求得其电压放大倍数为

$$A_u = g_m R_L'$$

共栅极放大电路应用较少。

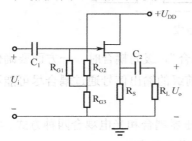

图 2.34 共漏放大电路

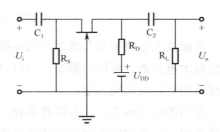

图 2.35 共栅放大电路

场效应管组成的共源、共漏和共栅三种基本放大电路的性能特点与晶体管组成的共

射、共集和共基放大电路相似。但由于场效应管的栅极不取电流，所以共源和共漏放大电路的输入电阻都远比共射和共集放大电路的大。此外，由于表征场效应管电流放大能力的跨导 g_m 数值较小，所以在相同静态电流下，共源和共栅放大电路的电压放大倍数远比相应的共射和共基放大电路的小。为了便于比较，现将三种场效应管基本放大电路的性能指标分别列于表 2.6 中。

表 2.6　场效应管三种基本放大电路的性能比较

性 能 指 标	共源放大器	共漏放大器	共栅放大器
电路	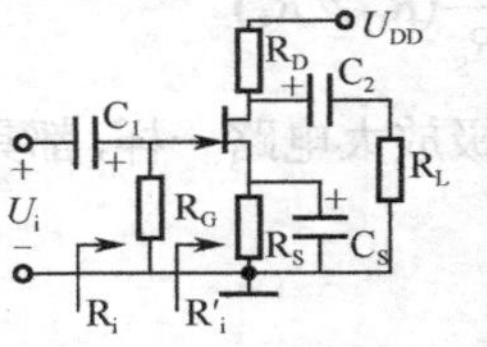 	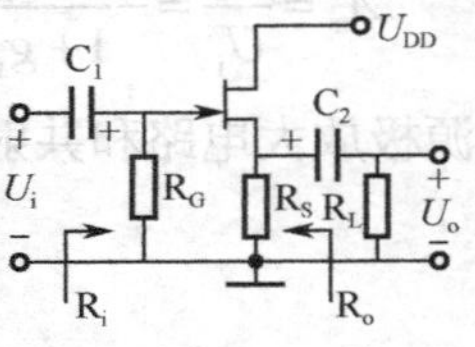	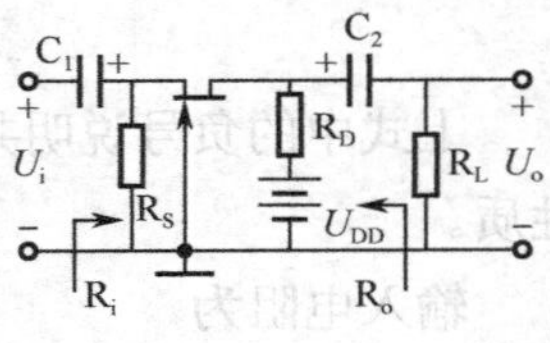
电压增益	$A_\text{u} \approx -g_\text{m}(R_\text{D}/\!/R_\text{L})$ $= -g_\text{m}R_\text{L}'$ $R_\text{L}' = R_\text{D}/\!/R_\text{L}$	$A_\text{u} = \dfrac{g_\text{m}R_\text{L}'}{1+g_\text{m}R_\text{L}'} < 1$ $R_\text{L}' = R_\text{S}/\!/R_\text{L}$	$A_\text{u} = g_\text{m}R_\text{L}'$ $R_\text{L}' = R_\text{D}/\!/R_\text{L}$
输入电阻	$R_\text{i} = R_\text{G}/\!/R_\text{i}' = R_\text{G}$ $(R_\text{i}' \to \infty)$	$R_\text{i} = R_\text{G}$	$R_\text{i} = R_\text{S}/\!/\dfrac{1}{g_\text{m}}$
输出电阻	$R_\text{o} = R_\text{D}$	$R_\text{o} = R_\text{S}/\!/\dfrac{1}{g_\text{m}}$	$R_\text{o} \approx R_\text{D}$

2.6　多级放大电路

在实际应用中，由于传感器输出的电信号往往很微弱，有的时候需要放大几千倍、几万倍甚至更大，才能被后续电路进一步检测、处理、转换或是推动负载工作。显然仅靠单级放大电路是远远不够的。通常需要把若干个单级放大电路按照一定的方式连接起来，组成多级放大电路，以将信号逐级放大，从而获得更高的放大倍数和功率输出。多级放大电路的组成框图如图 2.36 所示，是由输入级、中间级和输出级三部分组成。

图 2.36　多级放大电路的组成

多级放大电路中级与级之间的连接称为"级间耦合"。级间耦合时，一方面要确保各级放大电路都有合适的静态工作点，另一方面要求前级的输出信号通过耦合尽可能不衰减地加到后级的输入端。

常用的级间耦合方式有阻容耦合、直接耦合、变压器耦合和光电耦合四种方式。实际使用中，应当按照不同电路的需要选择合适的级间耦合方式。

2.6.1 多级放大电路的耦合方式

如表 2.7 所示为四种级间耦合方式的简要介绍。

表 2.7 四种级间耦合方式

耦合方式	应用电路	特点	应用
阻容耦合	R_{B1} R_{C1} C_2 R_{B3} R_{C2} C_3 C_1 VT_1 VT_2 $+U_{CC}$ u_i R_{B2} R_{E1} R_{B4} R_{E2} C_{E1} C_{E2} R_L u_o	（1）用容量足够大的耦合电容连接，传递交流信号 （2）前、后级放大电路之间的直流电路被隔离，静态工作点彼此独立，互不影响	结构简单、紧凑，成本低，但效率低。低频特性较差，不能用于直流放大电路中。由于集成电路制造大容量电容很困难，所以集成电路中不采用这种耦合方式
变压器耦合	R_{B1} T_1 R_{B3} T_2 u_o C_1 VT_1 VT_2 $+U_{CC}$ u_i R_{B2} R_{E1} R_{B4} R_{E2} C_{E1} C_{E2}	（1）通过变压器进行连接，将前级输出的交流信号通过变压器耦合到后级 （2）能够隔离前、后级的直流联系。所以，各级电路的静态工作点彼此独立，互不影响 （3）电路中的耦合变压器还有阻抗变换作用，这有利于提高放大电路的输出功率	由于变压器体积大，低频特性差，又无法集成，因此一般只应用于高频调谐放大电路或功率放大电路中
直接耦合	R_{B1} R_{C1} R_{C2} VT_1 VT_2 $+U_{CC}$ u_i R_{E2} R_L u_o	（1）无耦合元件，信号通过导线直接传递，可放大缓慢的直流信号 （2）前、后级的静态工作点互相影响	直流放大电路必须采用这种耦合方式，这样便于电路的集成化，因此被广泛应用于集成电路中
光电耦合	R_{B1} VT_1 R_{B2} VT_2 R_{C2} $+U_{CC}$ u_i u_o	（1）以光电耦合器为媒介来实现电信号的耦合和传输 （2）既可传输交流信号又可传输直流信号，而且抗干扰能力强，易于集成化	广泛应用于集成电路中

2.6.2 多级放大电路的分析方法

分析多级放大电路的基本方法是：将多级电路化为单级，然后再逐级求解。分解多级电路时要特别注意前、后级之间的关系，即：前级放大电路对后级来说相当于信号源，前级放大电路的输出电阻就是该等效信号源的内阻；而后级放大电路对前级来说是前级所带的负载，后级电路的输入电阻就是前级放大电路的负载电阻。更多级的放大电路可以此类推。

1. 电压放大倍数

下面以三级放大电路为例，用如图 2.37 所示的方框图来分析总的电压放大倍数与各级电压放大倍数的关系。

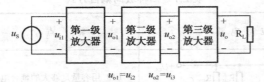

图 2.37　三级电压放大电路的方框图

第一级电压放大倍数

$$A_{u1} = \frac{u_{o1}}{u_{i1}}$$

第二级电压放大倍数

$$A_{u2} = \frac{u_{o2}}{u_{i2}}$$

第三级电压放大倍数

$$A_{u3} = \frac{u_{o3}}{u_{i3}}$$

由于前级放大电路的输出电压就是后级放大电路的输入电压，即 $u_{o1}=u_{i2}$、$u_{o2}=u_{i3}$，因而三级放大电路的总电压放大倍数为

$$A_u = \frac{u_o}{u_i} = (u_{i2} / u_{i1})(u_{i3} / u_{i2})(u_o / u_{is})$$
$$= A_{u1} A_{u2} A_{u3}$$

同理，由 n 个单级放大电路构成的多级放大电路，它的总电压放大倍数应为

$$A_u = A_{u1} A_{u2} A_{u3} \cdots A_{un}$$

即多级放大电路总的电压放大倍数等于各单级电压放大倍数的乘积。但必须注意，各级放大电路都是带负载的，后级电路的输入电阻即是前级所带的负载。

若用分贝（dB）表示增益，则多级放大电路的总增益为各级增益的代数和，即

$$G_U(dB) = G_{U1} + G_{U2} + \cdots + G_{UN}(dB)$$

2. 输入电阻和输出电阻

根据放大电路输入电阻、输出电阻的定义，显然，多级放大电路的输入电阻就是第一级电路的输入电阻，而多级放大电路的输出电阻就是其最后一级电路的输出电阻，即

$$R_i = R_{i1}$$
$$R_o = R_{on}$$

注意，有时第一级电路的输入电阻也可能与第二级电路有关，而最后一级的输出电阻也可能与它的前一级电路有关，这取决于具体的电路结构。

【例 2.6.1】　三级阻容耦合放大电路如图 2.38 所示。计算该电路的 A_u、R_i、R_o。

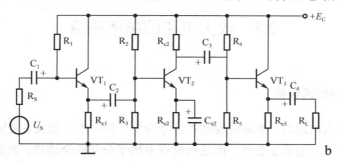

图 2.38　电路图

解：（1）电压放大倍数。

按前述分析方法将三级放大电路划分为 3 个单级放大电路，如图 2.39 所示。

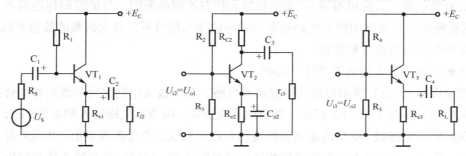

图 2.39　3 个单级放大电路

可见，第一级电路和第三级电路为共集电极放大电路，其电压放大倍数为 $A_{u1}=A_{u3}\approx1$，第二级电路为共射极放大电路，它的电压放大倍数为

$$A_{u2}=-\beta(R_{C2}/\!/ r_{i3})/r_{be2}$$

总电压放大倍数为

$$A_u=A_{u1}\cdot A_{u2}\cdot A_{u3}\approx-\frac{\beta R'_{L2}}{r_{be2}}$$

（2）输入电阻。

第一级电路为射极输出器，它的输入电阻为

$$r_{i1}=r_{be1}+(1+\beta_1)R'_{L1}$$

故

$$r_i=r_{i1}=r_{be1}+(1+\beta_1)(R_{e1}/\!/ r_{i2})$$
$$\approx r_{be1}+(1+\beta_1)(R_{e1}/\!/ r_{be2})$$

（3）输出电阻。

第三级电路为射极输出器，则

$$r_o=r_{o3}=R_{e3}/\!/\left(\frac{r_{o2}+r_{be3}}{1+\beta_3}\right)=R_{e3}/\!/\left(\frac{r_{c2}+r_{be3}}{1+\beta_3}\right)$$

由上例可以看出，分析多级放大电路的关键在于正确地划分出各单级放大电路。

2.7 放大电路的频率响应

1. 放大电路的通频带

前面分析放大电路时，都是假设输入信号为单一频率的正弦波。但实际放大电路的输入信号往往并不一定是正弦波，而是包含许多频率分量的合成波，例如，音频放大电路输入的信号频率范围为 20Hz～20kHz，心电、脉搏信号的频率范围为 1～200Hz。那么，放大电路对这些不同频率的分量是不是都能同样放大呢？

实际上，由于放大电路中存在电抗性元件（如耦合电容、旁路电容和晶体管的极间电容及分布电容、杂散电容等），而电抗性元件对不同频率的信号的阻碍作用是不一样的，这就使得一个实际的放大电路对不同频率的输入信号不仅放大倍数的数值不同，而且还会产生不同的附加相位移。

下面通过一个实验来说明这一问题。

按如图 2.40（a）所示接线图接好实验电路。其中放大电路采用单级阻容耦合共射极放大电路，如图 2.40（b）所示。调节信号发生器，给放大电路输入频率为 1kHz、幅度为 30mV 的正弦波。用交流毫伏表测量输入电压和输出电压的有效值，并用双踪示波器观察、比较、记录输入信号的波形和输出信号的波形。然后在保持输入信号幅度不变的条件下，持续改变输入信号的频率，观察、记录输出信号的波形。实验结果表明，只是在有限的一段频率范围内，放大电路的放大倍数基本不变，而当频率偏高或偏低时，放大倍数都有所下降。并且频率偏离越多，放大倍数的下降越明显。另外从示波器上还可以看出，输出信号与输入信号之间的相位差也受到频率变化的影响。

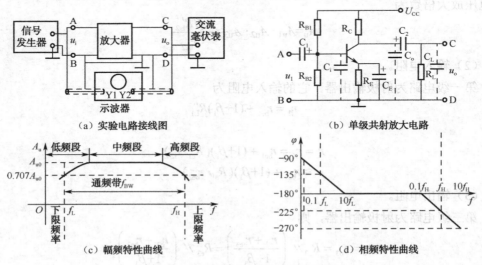

（a）实验电路接线图　　　　　　　　　（b）单级共射放大电路

（c）幅频特性曲线　　　　　　　　　（d）相频特性曲线

图 2.40　单级共射放大电路的频率特性

放大电路的放大倍数与信号频率之间的关系，称为频率响应，也称频率特性。用曲线表示则称为频率特性曲线。

如图 2.40（c）所示为幅频特性曲线，它反映了放大电路放大倍数的幅值大小与输入信号频率之间的关系。

如图 2.40（d）所示为相频特性曲线，它反映了放大电路输出电压和输入电压的相位差与信号频率之间的关系。

放大电路在幅频特性曲线中间一段频率范围内基本保持稳定且数值最大的放大倍数称为中频放大倍数，记做 A_{u0}，把这个频率范围称为中频段。当输入信号的频率偏离中频段以后，放大倍数开始下降，当放大倍数下降到 A_{u0} 的 $1/\sqrt{2}$（约 0.707 倍）时所对应的低端的频率称为下限频率，用 f_L 表示；所对应的高端频率称为上限频率，用 f_H 表示。在 f_H 和 f_L 之间的频率范围称为放大电路的通频带，也叫作带宽，用 f_{BW} 表示，显然

$$f_{BW} = f_H - f_L$$

通频带表征了放大电路对不同频率的输入信号的放大能力是不一样的，是一项很重要的技术指标。显然，一个给定的放大电路只有对频率位于其通频带范围内的输入信号才能起到较好的放大作用。

2. 单级阻容耦合放大电路的频率特性

阻容耦合放大电路的放大倍数随信号频率的变化而变化，主要是受耦合电容、旁路电容、晶体管的结电容、电路中的分布电容及负载电容的影响。

以单级阻容耦合共射极放大电路为例，在通频带内，耦合电容和旁路电容（容量大）所呈现的容抗很小，可视为短路，其影响可以忽略；而晶体管的结电容、电路中的分布电容等其他电容（容量小）的容抗很大，可视为开路，其影响也可忽略。故在通频带内，电压放大倍数最大。

在低频段，耦合电容和旁路电容的容抗随频率降低而增大，不能再视为短路，致使交流信号产生衰减，并且负反馈作用增强，从而导致低频段放大倍数的下降（且产生超前相移）。

在高频段，尤其是当频率升得很高时，晶体管的结电容、电路的分布电容及负载电容的容抗变低，不能再视为开路，其对信号的分流作用不可忽略，致使放大倍数下降（且产生滞后相移）。同时，晶体管的 β 值也会随频率的升高而减小，这也是导致放大倍数下降的一个重要原因。

3. 多级放大电路的频率特性

假设两个通频带相同的单级放大电路连接在一起，每级都有相同的下限频率 f_L 和上限频率 f_H，如图 2.41（a）、（b）所示。它们组成的两级放大电路的频率特性如图 2.41（c）所示。

当连接成两级放大电路后，在中频段总的电压放大倍数为

$$A_{u0} = A_{u01}A_{u02}$$

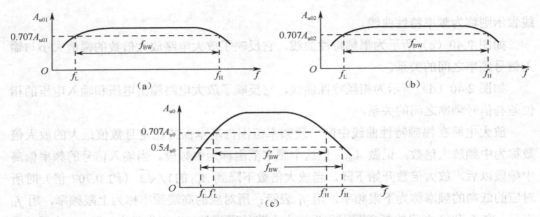

图 2.41　单级和两级共射放大电路的幅频特性

而在单级放大电路原来的 f_L 和 f_H 处，总的电压放大倍数只有

$$\frac{1}{\sqrt{2}}A_{u01}\frac{1}{\sqrt{2}}A_{u02}=0.5A_{u01}A_{u02}=0.5A_{u0}$$

所以，对应 $1/\sqrt{2}\,A_{u0}$ 的两级放大电路的下限频率 f_L' 和上限频率 f_H' 两点间的距离比单级放大电路的下限和上限频率 f_L 和 f_H 两点间的距离短。可见两级放大电路总的通频带比每个单级放大电路的通频带要窄。这说明采用多级放大电路来提高总增益是以牺牲通频带来换取的。

分析证明，如果组成 n 级多级放大电路的每个单级放大电路的上限频率、下限频率均为 f_{H1}、f_{L1}，则 n 级放大电路总的上限频率 f_H' 和下限频率 f_L' 为

$$f_H'=f_{H1}\sqrt{2^{\frac{1}{n}}-1}$$

$$f_L'=\frac{f_{L1}}{\sqrt{2^{\frac{1}{n}}-1}}$$

例如，当 $n=2$ 时，$f_H'=0.64f_{H1}$，$f_L'=f_{L1}/0.64$。如果单级放大电路的上、下限频率分别为 $f_{H1}=1\text{MHz}$，$f_{L1}=100\text{Hz}$，则两级放大电路上、下限频率分别为 $f_H'=640\text{kHz}$、$f_L'=156.25\text{Hz}$。显然上限频率降低了，而下限频率提高了，通频带变窄了。并且放大电路的级数越多，则上限频率越低，下限频率越高，通频带越窄。

在集成电路中，一般都采用直级耦合的多级放大电路。它的下限频率趋于零，因而在讨论其频率特性时，只需求出上限频率，其通频带也就等于上限频率。

4. 频率失真

由于放大电路对输入信号中不同频率分量的放大倍数不同而引起输出信号波形的失真的现象称为幅度失真。同样，放大电路对输入信号中的不同频率分量还会产生不同的附加相移，也会造成输出信号波形的失真，这种失真称为相位失真。幅度失真和相位失真总称为频率失真，属于线性失真。显然，为了避免频率失真，放大电路必须具有与输入信号所覆盖的频率范围相适应的通频带。

2.8 负反馈放大电路分析

在放大电路中，信号从输入端输入，经过放大电路放大后，从输出端送给负载，这是信号的正向传输。但在很多放大电路中，常将输出信号再反向引回到输入端，形成信号的反向传输，这实际上就是反馈。

2.8.1 反馈的基本概念和分类

1. 反馈的基本概念

从广义上讲，凡是将输出量送回到输入端，并且对输入量产生影响的过程都称为反馈。放大电路中的反馈是指把放大电路输出回路中的某个量（电压或电流）的一部分或全部，通过一定的电路（称为反馈电路或反馈网络）送回到放大电路的输入端，并与输入信号（电压或电流）叠加，引起净输入信号的改变，进而影响放大电路的某些性能。引入反馈后的放大电路称为反馈放大电路。

如图 2.42 所示为反馈放大电路的方框图。反馈放大电路由基本放大电路和反馈电路两部分组成，图中箭头表示信号的传输方向。引入反馈后，信号既有正向传输又有反向传输，电路形成了闭合环路，因此反馈放大电路也称为闭环放大电路，而未引入反馈的放大电路称为开环放大电路。

为了突出反馈的实质，忽略次要因素，简化分析过程，通常假定：（1）信号从输入端到输出端的传输只通过基本放大电路，而不通过反馈网络；（2）信号从输出端反馈到输入端只通过反馈网络而不通过基本放大电路。也就是说，信号的传输具有单向性。实践表明，这种假定是合理而有效的，符合这种假定的方框图称为理想方框图。

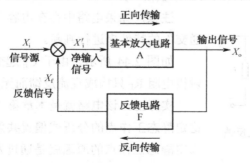

图 2.42 反馈放大电路的方框图

图 2.42 中 A 为基本放大电路，F 为反馈电路。X_i 为输入量，X_0 为输出量，X_f 为反馈量，X_i 与 X_f 相比较后得到净输入信号 X_i'。

2. 反馈的分类

1）有无反馈的判断

反馈放大电路的特征是存在反馈元件，反馈元件是联系放大电路的输出与输入的桥梁。因此能否从电路中找到反馈元件是判断有无反馈的关键。

如图 2.43（a）所示，电路中无反馈元件，所以电路不存在反馈。而在图 2.43（b）中 R_F 跨接在晶体管的输出端和输入端之间，起到联系输出和输入的作用，所以电路存在反馈，R_F 为反馈元件。

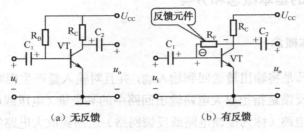

图 2.43　判断有无反馈

2）反馈的类型

按照不同的分类方法，反馈可分为多种类型。

（1）直流反馈和交流反馈。

若反馈存在于直流通路中，那么它必然可以把输出的直流量反馈到放大电路的输入端，这种反馈称为直流反馈。如果反馈存在于交流通路中，那么它必然可以把输出的交流量反馈到放大电路的输入端，形成交流反馈。既对直流量起反馈作用又对交流量起反馈作用的反馈称为交、直流共存的反馈。

判别的方法就是分别画出放大电路的直流通路和交流通路，观察有没有形成直流反馈或交流反馈。

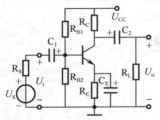

图 2.44　直流反馈与交流反馈

注意：如果电路中存在电容，应当根据电容"隔直通交"的特性来进行判断。

如图 2.44 所示，由于 C_E 起交流旁路作用，所以发射极电阻 R_E 只构成直流反馈而无交流反馈。

实际上，该电路就是本章第 2.4 节中讨论的能自动稳定静态工作点的分压式偏置共射极放大电路。该电路稳定静态工作点的原因就是通过发射极电阻 R_E 引入直流负反馈，将输出回路中的直流电流 I_{EQ} 以 $U_{EQ}=I_{EQ}R_E$ 的形式回送到了输入回路，使晶体管发射结两端的电压 $U_{BEQ}(U_{BEQ}=U_{BQ}-I_{EQ}R_E)$ 受到输出电流的影响，从而使输出电流趋于稳定。这里 R_E 引入的反馈仅仅是直流量的反馈（交流量被 C_E 旁路），所以称为直流负反馈。

如果将 C_E 去掉，这时输出回路中的交流信号也将反馈到输入回路，并使放大电路的性能发生一系列的改变。此时 R_E 所引入的是交、直流共存的反馈。直流负反馈的主要作用是稳定静态工作点。交流负反馈则可以改善放大电路的动态工作性能。

在实际的放大电路中，一般直流反馈和交流反馈是同时存在的。本单元主要讨论交流反馈对放大电路性能的影响。

（2）正反馈和负反馈。

按照反馈对放大电路性能影响的效果，可将反馈分为正反馈和负反馈两种极性。

凡引入反馈后，反馈到放大电路输入回路的信号（称为反馈信号，用 $\dot{X}_f$ 表示）与外加激励信号（用 $\dot{X}_i$ 表示）比较的结果，使得放大电路的有效输入信号（也称净输入信号，用 $\dot{X}_i'$ 表示）削弱，即 $\dot{X}_i' < \dot{X}_i$，从而使放大倍数降低，这种反馈称为负反馈。凡引入反馈后，比较结果使 $\dot{X}_i' > \dot{X}_i$，从而使放大倍数提高，这种反馈称为正反馈。

正反馈虽然能提高放大倍数，但同时也加剧了放大电路性能的不稳定性，所以在放大电路中要慎用，其主要用于振荡电路；负反馈虽降低了放大倍数，但却换来了放大电路性能的改善，是本章讨论的重点。

由于不同极性的反馈对放大电路性能的影响截然不同，因此，在分析具体反馈电路时，首先必须正确地判断出电路中反馈的极性。判断反馈极性的简便方法是瞬时极性法，具体步骤如下。

① 用正负号（或箭头）表示电路中各点电压的瞬时极性（或瞬时变化）。

② 先假设输入信号 U_i 的瞬时极性为"+"，然后根据交流通路，从输入端到输出端依次标出放大电路各关键点电位的瞬时极性或各相关支路电流的瞬时流向，看经过放大和反馈后得到的反馈信号（U_f 或 I_f）的极性是增强还是削弱净输入信号（U_i' 或 I_i'）。使净输入信号减弱的反馈就是负反馈，使净输入信号增强的反馈就是正反馈。

要注意的是：

① 推断反馈信号的瞬时极性时，应遵从放大电路的放大原理，对单级放大电路而言，共射极放大电路的输出电压与输入电压反相，而共集放大电路和共基放大电路的输出电压与输入电压是同相的。

② 在运用瞬时极性法时，假设电路工作在其中频段，即不考虑电路中的电容等电抗性元件的影响，认为它们在信号传输过程中不产生附加相移，对瞬时极性没有影响。

【例 2.8.1】 放大电路如图 2.45 所示。试说明该电路中有无反馈，如果有反馈，是正反馈还是负反馈。

解：判断一个电路中是否存在反馈，就是要看电路中有无联系输出回路和输入回路的元件或路径。

该电路为共射-共集两级放大电路，R_f 联系了输出回路和输入回路，因此，R_f 就是反馈元件，它构成了反馈网络。

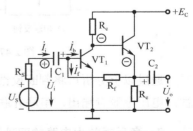

图 2.45 例 2.8.1 电路图

下面利用瞬时极性法来判断反馈的极性。假定某一瞬时，U_i 的极性为"+"（对地），根据交流通路，则经第一级共射极电路（反相电压放大）后，U_{o1} 的极性为"−"，再经第二级共集电极电路（同相电压跟随）后 U_{o2} 的极性为"−"。通过 R_f 的反馈电流的瞬时流向，由其两端的瞬时电压极性决定，如图 2.45 所示。由于 I_f 的分流作用，使得放大电路的净输入信号 $I_i' = I_b = I_i - I_f$ 减弱了，故为负反馈。

（3）对交流反馈而言，按反馈元件在输出回路的取样对象不同又可分为电压反馈和电流反馈。

若反馈信号 X_f 取自输出端负载两端的电压 u_o 并与之成正比，则称为电压反馈，如图 2.46（a）所示；若反馈信号取自输出电流 i_o 并与之成正比，则称为电流反馈，如图 2.46（b）所示。从电路结构上看，电压反馈的取样环节与输出端并联，或反馈信号取自电压输出端（即 R_L 两端）；而电流反馈的取样环节与输出端串联，反馈信号取自非电压输出端。

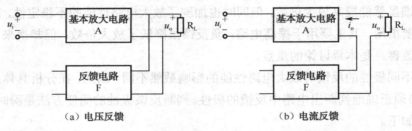

（a）电压反馈　　　　　　　　　　　（b）电流反馈

图 2.46　电压反馈和电流反馈的方框图

（4）对交流反馈而言，按反馈电路在输入端的连接方式不同又可分为串联反馈和并联反馈。

若反馈电路与信号源串联，则称为串联反馈，如图 2.47（a）所示。对于串联反馈，反馈信号在放大电路的输入端是以反馈电压的形式出现的。若反馈电路与信号源并联，则称为并联反馈，如图 2.47（b）所示。如果是并联反馈，反馈信号在放大电路的输入端则以反馈电流的形式出现。

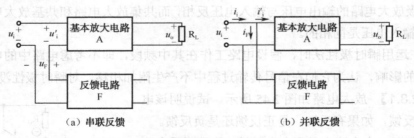

（a）串联反馈　　　　　　　　　　　（b）并联反馈

图 2.47　串联反馈和并联反馈的方框图

通过以上分析可将判断反馈的方法简短地归纳为：有无反馈看联系，正负反馈看极性，电压电流看输出，串联并联看输入，交流直流看电容。

3．负反馈放大电路的四种基本类型

综合考虑反馈电路在放大电路输入端、输出端的连接方式，负反馈放大电路可分为四种类型（也称四种组态），它们是：电压串联负反馈、电流串联负反馈、电压并联负反馈和电流并联负反馈。这四种负反馈放大电路的方框图如表 2.8 所示。

表 2.8　四种负反馈放大电路的方框图

负反馈类型	负反馈方框图
电流串联负反馈	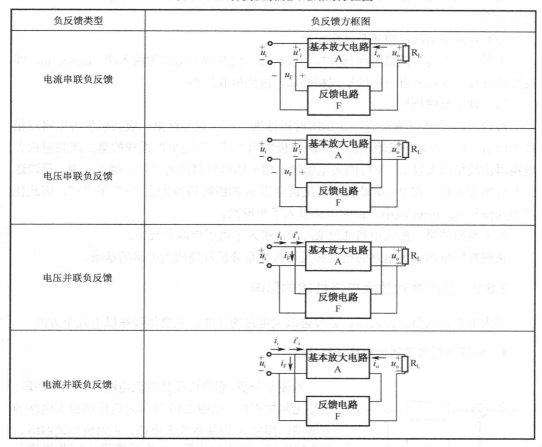
电压串联负反馈	
电压并联负反馈	
电流并联负反馈	

【例 2.8.2】 电路图如图 2.48 所示，试判断电路的反馈类型。

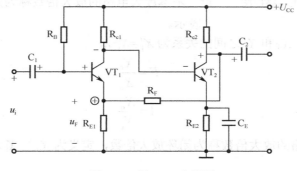

图 2.48　例 2.8.2 电路图

解：可按照以下步骤来分析反馈电路。

（1）找出联系输出回路与输入回路的反馈元件。

图中 R_F、R_{E1} 是联系输出回路与输入回路的元件，故 R_F、R_{E1} 是反馈元件，它们组成反馈网络，引入级间反馈。在反馈电路中没有电容，所以是交、直流共存的反馈。

（2）判断是电压反馈还是电流反馈。

由于反馈网络直接接在放大电路的电压输出端，反馈信号是取自输出电压，所以是电压反馈。

（3）判断是串联反馈还是并联反馈。

由图可以看出：反馈引回到 VT_1 的发射极，使在放大电路的输入端，$u_{be}=u_i-u_f$，即反馈信号与输入信号以电压的形式相叠加，故为串联反馈。

（4）判别反馈极性。

假设 VT_1 的基极输入信号 u_i 的瞬时极性为"+"，则经过第一级共射放大电路反相放大以后，VT_1 的集电极输出信号的瞬时极性为"－"，再经 VT_2 组成的第二级共射放大电路再次反相放大以后，VT_2 的集电极输出信号的瞬时极性为"+"，经 R_F、R_{E1} 反馈送回 VT_1 的发射极，在 R_{E1} 两端形成的反馈电压 u_F 的瞬时极性为上"+"下"－"，因此使净输入信号 $u_{be}=u_i-u_F$ 减小，说明电路引入了负反馈。

综上判断结果，放大电路通过 R_F、R_{E1} 引入了电压串联负反馈。

正确判断反馈放大电路的类型和反馈极性是分析反馈放大电路的基础。

2.8.2 负反馈对放大电路性能的影响

放大电路引入负反馈之后，会改善放大电路的性能，主要体现在以下几个方面。

1. 负反馈提高了放大电路的稳定性

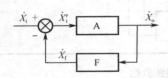

图 2.49 负反馈放大电路框图

为便于分析，假设负反馈放大电路工作于中频段，信号无附加相移。如图 2.49 所示为负反馈放大电路的方框图，图中 A 为基本放大电路，F 为负反馈网络。$\dot{X}_i$ 为输入量，$\dot{X}_o$ 为输出量，$\dot{X}_f$ 为反馈量，$\dot{X}_i'$ 为净输入量。基本放大电路的放大倍数称为开环放大倍数，用 A 表示。

由图可知，X_i、X_f 和 X_i' 之间的关系为 $X_i'=X_i-X_f$

反馈系数
$$F = \frac{X_f}{X_o}$$

开环放大倍数
$$A = \frac{X_o}{X_i'}$$

负反馈放大电路的放大倍数称为闭环放大倍数，定义为 X_o 与 X_i 之比，用 A_f 表示。可得

$$A_f = \frac{X_o}{X_i} = \frac{X_o}{X_i' + X_f} = \frac{AX_i'}{X_i' + A_f X_i'}$$

由此可得 A_f 的一般表达式为 $A_f = \dfrac{A}{1+A_f}$。

由于引入负反馈后净输入信号减小，所以会使放大电路的输出信号减小，即闭环放大倍数会小于未引入负反馈时的开环放大倍数。由上述公式可知，放大电路的闭环放大倍数将衰减为开环放大倍数的（$1+A_f$）分之一。通常将（$1+A_f$）称为反馈深度。若

$1+A_f \gg 1$，则称为深度负反馈。此时

$$A_f \approx \frac{1}{F}$$

在深度负反馈条件下，放大电路的闭环放大倍数已与开环放大倍数无关，不再受放大电路各种参数的影响，而只由反馈系数 F 决定。而反馈电路一般由电阻或电容元件构成，因此，只要采用高稳定性的反馈元件，闭环放大倍数 A_f 就能获得很高的稳定性。

2．改善非线性失真

前面已经讨论过，由于晶体管输入、输出特性的非线性，当输入信号幅度过大时，会使输出电压 u_o 相对于输入电压 u_i 产生失真，如图 2.50（a）所示，i_b 的波形明显上大下小，即产生了失真，这种失真就是由于晶体管的非线性特性所引起的非线性失真。

当放大电路引入负反馈后，定性分析如下。在没有引入负反馈时，假设输出电压 u_o 的波形是上大下小，如图 2.50（b）所示。引入负反馈后，由于负反馈电压 u_f 与 u_o 成正比，所以 u_f 也是上大下小的，而 $u_i' = u_i - u_f$，其结果是净输入信号 u_i' 上小下大。这种不对称的 u_i' 波形加到基本放大电路以后，和放大电路本身对信号放大的不对称性互相抵消，从而使输出波形 u_o 趋于对称，因此非线性失真得到改善。

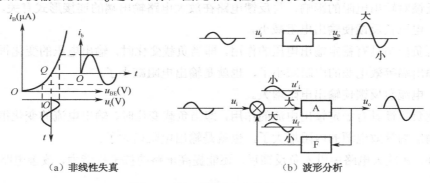

（a）非线性失真　　　　　　　　　（b）波形分析

图 2.50　负反馈减小非线性失真

可见，引入负反馈后，能减少非线性失真。但是应当注意的是，引入负反馈并不能彻底消除非线性失真。此外，如果输入信号本身就有失真，引入负反馈也无法改善，因为负反馈所能改善的只是放大电路引起的非线性失真。

3．影响输入电阻和输出电阻

负反馈对放大电路输入电阻和输出电阻的影响，与反馈电路在放大电路的输入端和输出端的连接方式有关。

1）对输入电阻的影响

负反馈对输入电阻的影响取决于反馈电路在放大电路输入端的连接方式。

（1）串联负反馈使输入电阻增大。

如图 2.51（a）所示，在串联负反馈中，反馈电压与输入电压相互抵消，使净输入电压（$u_i' = u_i - u_f$）减小，因而在输入信号 u_i 不变的情况下，闭环输入电阻 $R_{if} = u_i / i_i$，显

然大于未引入串联负反馈时的开环输入电阻 $R_i = u'_i / i_i$，故串联负反馈使放大电路的输入电阻增大了。

（2）并联负反馈输入电阻减小。

如图 2.51（b）所示，在并联负反馈中，反馈电流与输入电流相互抵消，使净输入电流（$i'_i = i_i - i_f$）减小，因而在输入信号 u_i 不变的情况下，闭环输入电阻 $R_{if} = u_i / i_i$，显然小于未引入并联负反馈时的开环输入电阻 $R_i = u_i / i'_i$，即并联负反馈使放大电路的输入电阻减小了。

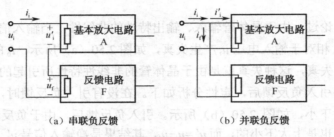

（a）串联负反馈　　　　　　　　（b）并联负反馈

图 2.51　负反馈对输入电阻的影响

2）对输出电阻的影响

负反馈对输出电阻的影响，与反馈电路在放大电路输出端的连接形式有关。

（1）电压负反馈使输出电阻减小。

电压负反馈具有稳定输出电压的作用，即当负载变化时，输出电压的变化很小，这相当于输出端等效电源的内阻减小了，也就是输出电阻减小了。

（2）电流负反馈使输出电阻增大。

电流负反馈具有稳定输出电流的作用，即当负载变化时，输出电流的变化很小，这相当于输出端等效电源的内阻增大了，也就是输出电阻增大了。

此外，在放大电路中引入负反馈后，还能提高电路的抗干扰能力，改善电路的频率响应等。

四种负反馈的特点总结如表 2.9 所示。

表 2.9　四种负反馈的特点

比较项目	反馈类型	电压串联	电流串联	电压并联	电流并联
反馈作用形式	反馈信号取自	电压	电流	电压	电流
	输入端连接法	串联	串联	并联	并联
输入电阻		增大		减小	
输出电阻		减小	增大	减小	增大
被稳定的电量		输出电压	输出电流	输出电压	输出电流

结论：总之，在放大电路中引入负反馈是以牺牲放大倍数为代价来换取对放大电路各方面性能的改善的。所以，实用的放大器一般都会根据需要引入相应类型的负反馈。由于引入负反馈而造成的放大倍数的降低可以通过增加放大电路的级数来补偿。若在

电路中引入正反馈，对放大电路的影响与负反馈正好相反，虽然使放大倍数增大了，但会使放大电路的性能变差，所以，一般的放大电路中不引入正反馈，正反馈主要应用在振荡电路中。

复习与思考

放大电路是模拟电子技术应用中最基本的电路，其主要功能是将微弱的输入信号不失真地放大。其中电压放大电路最关心的性能指标是电压放大倍数、输入电阻、输出电阻、通频带宽、非线性失真等。

为了不失真地放大交流信号，放大电路必须设置大小合适并且稳定的静态工作点，这可以通过引入直流负反馈来实现。晶体管组成的共射极放大电路、共集电极放大电路和共基极放大电路是单管放大电路的三种基本形式。它们各有自己的特点和应用，与其具有一一对应关系的是场效应管组成的共源极放大电路、共漏极放大电路和共栅极放大电路。

放大电路的静态分析可以采用直流通路法，动态分析可以采用微变等效电路法。应注意微变等效电路法的适用条件是输入为小信号。

实用的放大电路往往是由若干个单级放大电路按照一定的方式组合的多级放大电路。多级放大电路的总增益为各单级放大电路的增益之乘积。应注意前、后级放大电路之间相当于信号源与负载之间的关系。

阻容耦合的多级放大电路的优点是前后级静态工作点独立，易于调试，缺点是低频特性差；直接耦合的多级放大电路可以放大低频和直流信号，能满足集成化的要求，但是存在严重的零点漂移的问题。

由于放大电路中存在大容量的极间耦合电容、交流旁路电容及容量很小的晶体管的极间电容、分布电容等具有电抗性参数的元件，使得放大电路对不同频率的输入信号的放大倍数不一样，而且还会产生附加相移。任何一个放大电路的通频带都是有限的，要放大的输入信号所占据的频率范围必须位于放大电路的通频带之内，这样才能获得较好的放大效果。

实用的放大电路都会引入适当类型的负反馈来改善放大电路的性能。直流负反馈可以稳定静态工作点。交流负反馈虽然会降低闭环放大倍数，但是可以提高放大倍数的稳定性，减小非线性失真，扩展通频带宽，改变输入/输出电阻。

请思考：如何根据信号源的性质及负载的性质来选择应该引入串联电压、串联电流、并联电压还是并联电流负反馈？

习 题 2

2.1 试分析如题图 2.1 所示各电路是否能够放大正弦交流信号，如果不能，指出其错误，并改正。

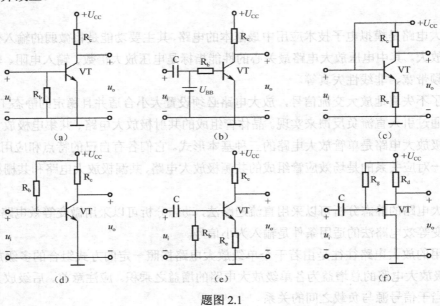

题图 2.1

2.2 画出如题图 2.2 所示各电路的直流通路和交流通路，假设所有电容对交流信号均可视为短路。

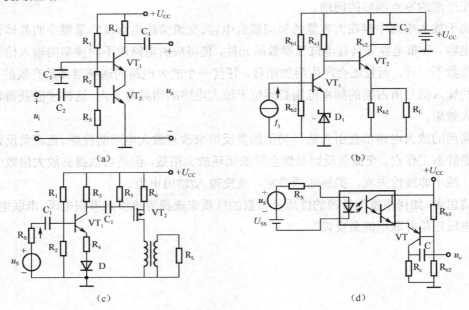

题图 2.2

2.3 电路如题图 2.3 所示,已知晶体管 $\beta=100$,$r_{bb}=300\Omega$,$+U_{CC}=12V$,$U_{BE}=0.7V$,晶体管饱和管压降 $U_{CES}=0.5V$。

（1）求电路的静态工作点。

（2）当出现下列各种故障时用直流电压表测晶体管的集电极电位,分别应为多少?

（a）C_1 短路; （b）C_2 短路; （c）R_{b1} 短路

（3）画出微变等效电路,求 A_u、R_i 及 R_o。当负载开路时,其动态性能如何变化?

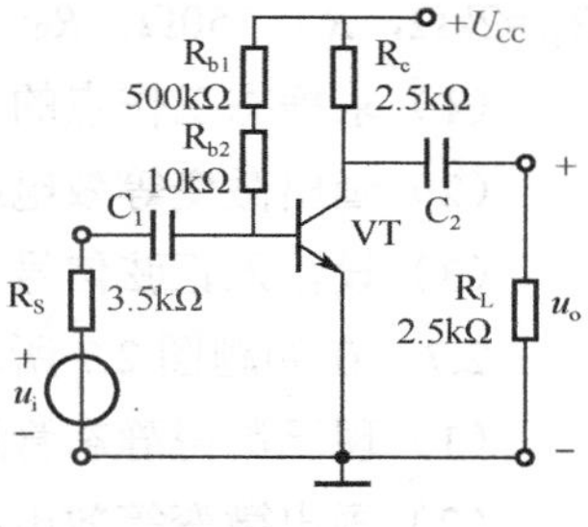

题图 2.3

2.4 电路如题图 2.4（a）所示,是由 PNP 管组成的放大电路,输入端加正弦交流信号。已知 $\beta=100$,$r_{bb}=200\Omega$。

（1）估算静态工作点。

（2）画出微变等效电路,求 A_u、A_{us}、R_i 及 R_o。

（3）改变输入信号的幅度并调节 R_b 的值,用示波器观察输出波形,出现如题图 2.4（b）所示的三种失真现象,分别说明各是什么性质的失真?应如何消除?

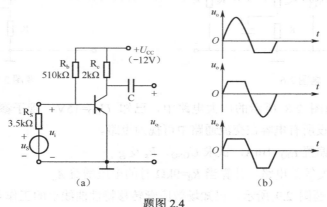

（a）   （b）

题图 2.4

2.5 放大电路如题图 2.5（a）所示,输入信号为正弦波。

（1）试分析图中标有符号的各电量（电流或电压）哪些属于直流量,哪些是交流量,哪些是在直流量上叠加交流量。假设电路中各电容对交流短路。

（2）在题图 2.5（b）晶体管的输出特性曲线上作直流负载线和交流负载线,并分析动态范围。

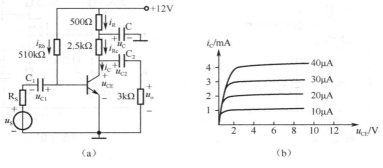

（a）   （b）

题图 2.5

2.6　如题图 2.6 所示电路中，$U_{CC}=24V$，$R_L=R_C=2k\Omega$，$\beta=50$，$R_{b1}=10k\Omega$，$R_{b2}=30k\Omega$，$R_{e1}=2k\Omega$，$R_{e2}=150\Omega$，$R_S=1k\Omega$，$r_{bb}=200\Omega$。

（1）求静态工作点的值。如果断开 R_{b1}，电路能否正常放大？

（2）画出微变等效电路，计算 A_u、R_i 及 R_o。

（3）设输入正弦信号 u_S 的有效值 10mV，计算输出电压 u_o 的有效值。

2.7　在如题图 2.7 所示电路中，$U_{CC}=12V$，$R_e=R_L=2k\Omega$，$U_{BE}=0.7V$，$\beta=100$。

（1）现已测得静态管压降 $U_{CEQ}=6V$，估算 R_b 的阻值。

（2）画出微变等效电路，计算 A_u、R_i 及 R_o。

（3）求该电路的跟随范围（即最大不失真输出电压的峰-峰值）。

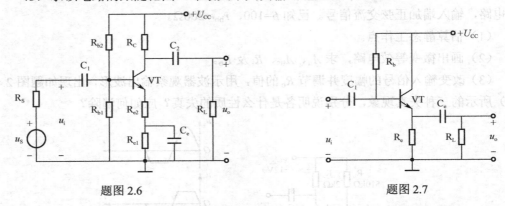

题图 2.6　　　　　　　　　　　　　　　题图 2.7

2.8　在如题图 2.8 所示的放大电路中，已知 $U_{DD}=15V$，管子参数 $I_{DSS}=4mA$，$U_{GS(off)}=-6V$。假设所有电容在交流通路中可视为短路。

（1）若静态偏置 $I_{DQ}=1mA$，试求 U_{GSQ}、R_s 及 g_m。

（2）画出微变等效电路，计算当 $R_d=9k\Omega$ 时的电压增益 A_u。

2.9　电路如题图 2.9 所示，已知场效应管转移特性曲线上的工作点参数为（0V，-0.4mA）。

（1）求满足电路要求所对应的电阻 R_s 的值。

（2）计算 $g_m=0.2mA/V$ 时，放大电路 A_u、R_i 和 R_o 的值。

（3）将此电路换成 JFET 管可以工作吗？若要换成增强型管需改哪些参数？

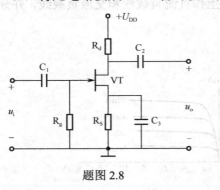
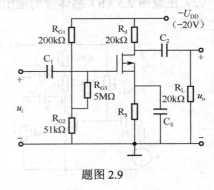

题图 2.8　　　　　　　　　　　　　　　题图 2.9

实 训 项 目

项目 1　共发射极放大电路的制作与调试

1．目的

（1）学会各种测量仪器的使用方法。

（2）掌握各种元件的识别及其测量方法。

（3）进一步熟悉单管低频小信号放大基本原理。

（4）学习掌握放大器静态工作点的测量方法及电路的调整方法。

（5）学习掌握放大电路各种交流参数的测量方法。

（6）通过实验进一步掌握放大器静态工作点与放大器工作状态之间的关系，以及静态工作点对放大器交流参数的影响。

（7）通过实验进一步了解放大电路中的各种失真现象及其产生的原因。

2．仪器及备用元件

（1）实验仪器。

序　号	名　　称	型　　号	备　注
1	函数信号发生器		
2	示波器		
3	数字万用表		
4	交流毫伏表		
5	模拟实验板		

（2）实验备用器件。

序　号	名　　称	说　　明	备　注
1	三极管	2N5551；9012；9013	
2	电阻	见附件	
3	电容	见附件	
4			

3．电路设计

根据给定的条件设计实验电路。

已知条件：用 NPN 型三极管设计单管共发射极小信号放大电路，要满足以下主要技术指标的要求。

（1）输入信号：有效值 6～10mV，频率 1kHz。

（2）放大倍数：-60±5。

（3）供电电压：+12V。

（4）负载：3kΩ。

（5）保证信号不失真放大。

1）电路形式的选择

选择如项目图 1 所示电路的形式，其直流偏置电路如项目图 2 所示。

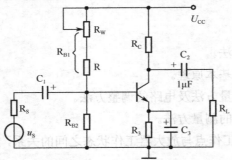

项目图 1　常用的单管共发射极放大电路

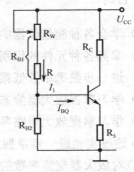

项目图 2　放大器的直流偏置电路

2）电路参数的计算

根据质量指标要求，$A_u = \dfrac{u_o}{u_i} = -60 \pm 5$，现取 $A_u = \dfrac{u_o}{u_i} = -60$，若选择 $R_C = 3\text{k}\Omega$，由于给定的材料中三极管采用 2N5551，故其 β 可达到 100 以上，现令 $\beta = 100$，那么根据

$$A_u = \frac{u_o}{u_i} = -\frac{\beta R'_L}{r_{be}} \quad 得到$$

$$r'_{be} = -\frac{\beta R'_L}{A_u} = -\frac{100 \times (3//3)}{-60} \approx 2.5\text{k}\Omega$$

又知 $r_{be} = r_{bb'} + (1+\beta)\dfrac{26}{I_{EQ}}$，若设 $r_{bb'} = 200\Omega$，则可以得到

$$I_{EQ} = \frac{r_{be} - r_{bb'}}{26(1+\beta)} = \frac{2500 - 200}{26 \times 100} \approx 0.88\text{mA}，\quad 取 I_{EQ} = 1\text{mA}$$

从而可以得到

$$I_{BQ} = \frac{I_{EQ}}{1+\beta} \approx \frac{1}{100} = 10\mu\text{A}$$

由项目图 2 知，电路选择的是分压偏置，故应满足的条件是

$$I_1 = \begin{cases} (5\sim10)I_{BQ} & （硅管） \\ (10\sim20)I_{BQ} & （锗管） \end{cases}$$

因为采用硅管，现选择　　　$I_1 = 10I_{BQ} = 100\mu\text{A}$

同时应满足 $U_{BQ} = \left(\dfrac{1}{5} \sim \dfrac{1}{3}\right)U_{CC}$，现取

$$U_{BQ} = \frac{1}{4}U_{CC} = \frac{1}{4} \times 12 = 3\text{V}$$

由项目图 2 知，$I_1 = \dfrac{U_{CC}}{R_{B1} + R_{B2}}$，于是得到

$$R_{B1} + R_{B2} = \frac{U_{CC}}{I_1} = \frac{12V}{100\mu A} \approx 120k\Omega$$

而 $U_{BQ} = \dfrac{R_{B2}}{R_{B1} + R_{B2}} U_{CC}$，所以可以得到

$$R_{B2} = U_{BQ} \frac{R_{B1} + R_{B2}}{U_{CC}} = 3 \times \frac{120}{12} \approx 30k\Omega$$

那么 $R_{B1} \approx 120 - R_{B2} = 120 - 30 = 90k\Omega$，将 R_{B1}、R_{B2} 取标称值，得到 $R_{B1} = 100k\Omega$、$R_{B2} = 30k\Omega$。

电阻 R_3 可根据 $I_{EQ} = \dfrac{U_{BQ} - U_{BE(on)}}{R_3} \approx I_{CQ}$ 得到

$$R_3 = \frac{U_{BQ} - U_{BE(on)}}{I_{EQ}} = \frac{3 - 0.7}{1} = 2.3k\Omega$$

取标称值，$R_3 = 2k\Omega$。

又由于要保证放大器实现线性放大，所以要求 $U_{CEQ} \approx \dfrac{1}{2} U_{CC} = 6V$，根据

$$U_{CEQ} = U_{CC} - I_{CQ}(R_C + R_3)$$

得到 $U_{CEQ} = U_{CC} - I_{CQ}(R_C + R_3) = 12 - 1 \times (3 + 2) = 7V$，基本满足要求。

根据上述计算得到的实验电路参数如项目图 3 所示。

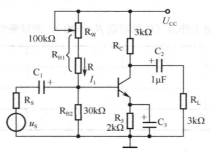

项目图 3　所设计的电路

3）电路指标的验证

（1）求 Q 点。

$$U_{BQ} = \frac{R_{B2}}{R_{B1} + R_{B2}} U_{CC} = \frac{30}{90 + 30} \times 12 = 3V$$

$$I_{CQ} \approx I_{EQ} = \frac{U_{BQ} - U_{BE(on)}}{R_3} = \frac{3 - 0.7}{2} = 1.15mA$$

$$U_{CEQ} = U_{CC} - I_{CQ}(R_C + R_3) = 12 - 1.15 \times (3 + 2) = 6.25V$$

（2）计算质量指标。

$$r_{be} = r_{bb'} + (1 + \beta)\frac{26}{I_{EQ}} = 200 + 101 \times \frac{26}{1.15} \approx 2.48k\Omega$$

$$A_u = \frac{u_o}{u_i} = \frac{\beta R_L'}{r_{be}} = \frac{100 \times (3//3)}{2.48} \approx 60$$

4．电路仿真

用 Multisim 仿真软件进行仿真：

（1）改变上偏置电阻，进行静态工作点的仿真并记录；

（2）改变输入信号幅值，测量输出信号的幅值并记录。

根据仿真结果选择最佳电路元件参数，再仿真并记录仿真结果。

5．测试方法、步骤

1）根据设计电路插接元件

（1）检查实验仪器。

（2）根据自行设计的电路图及仿真所得到的最佳电路元件参数，选择实验器件。

（3）检测器件和导线。

（4）根据自行设计的电路图插接电路。

2）测试方案

（1）测量直流工作点，与仿真结果、估算结果对比。

将电路调整至满足技术指标要求，用万用表测量各极电压及集电极电流，测量结果填入项目表 1 中。

项目表 1　直流工作点（估算时设 $\beta = 100$），测试条件 $U_{CC} = 12V$

	U_{CEQ}	U_{BEQ}	I_{CQ}	I_{BQ}	R_{B1}
估算值					
仿真值					
实测值					

注 1：R_{B1} 为上偏置电阻。

注 2：测量 I_{CQ} 时，用万用表测发射极电阻 R_3 两端的电压，则 $I_{CQ} \approx \frac{U_{R3}}{R_3}$

（2）在输入端加输入信号，测量输入、输出信号的幅值并记录，计算放大倍数并与仿真结果、估算结果比较。

在负载分别为 $R_L = 3k\Omega$ 和 $R_L = 1k\Omega$ 的情况下，在放大器输入端加入有效值为 10mV（幅值为 $U_{im} = 14mV$），频率为 1kHz 的正弦信号，用示波器观察输出信号波形，在输出波形不失真（若失真可适当调节输入信号幅值）的情况下，测量输出信号的幅值 U_{om}，则放大倍数为

$$A_u = \frac{U_{om}}{U_{im}}$$

测量结果填入项目表 2。

$R_L = 3k\Omega$	U_i / mV	U_o / mV	A_u	波　形
仿真值				
估算值				
实测值				

$R_L = 1k\Omega$	U_i / mV	U_o / mV	A_u	波　形
仿真值				
估算值				
实测值				

（3）输入电阻的测量。

在放大器输入端串接电阻 $R_x = 1k\Omega$ ，如项目图 4 所示，测量图中的 U_{im}、U_{sm}，则输入电阻为

$$R_i = \frac{U_i}{I_i} = \frac{U_i}{\dfrac{U_s - U_i}{R_x}} = \frac{U_i R_x}{U_s - U_i}$$

测量结果填入项目表 3。

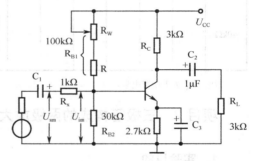

项目图 4　测量输入电阻的电路

（4）输出电阻的测量。

测量放大器空载（ $R_L = \infty$ ）时的输出电压 U_o，有载（ $R_L = 3k\Omega$ ）时的输出电压 U_{oL}，测量结果填入项目表 4。放大器的输出电阻为

$$R_o = \frac{U_o - U_{oL}}{I_L} = \frac{U_o - U_{oL}}{\dfrac{U_{oL}}{R_L}} = \left(\frac{U_o}{U_{oL}} - 1 \right) R_L$$

项目表 3　输入电阻的测量

	U_i / mV	U_s / mV	$R_x / k\Omega$	$R_i / k\Omega$
仿真值				
估算值				
实测值				

项目表4　输出电阻的测量

	U_o / mV	U_{oL} / mV	R_L / kΩ	R_o / kΩ
仿真值				
估算值				
实测值				

（5）静态工作点对放大器性能的影响。

改变上偏置电阻 R_{B1} 的大小，测量静态工作点，并观察输出波形，将结果填入项目表5中。

项目表5　直流工作点变化对放大性能的影响（测试条件：有效值 $U_i = 20\text{mV}$ ）

R_{B1}	U_{CQ}/V		U_{EQ}/V		U_{CEQ} / V		I_{CQ} / mA		最大输出 U_{om} / mV		$R_{B1} = $ ___ kΩ 时出现饱和失真，波形	$R_{B1} = $ ___ kΩ 时出现截止失真，波形
	仿真值	实测值	仿真值	实测值	仿真值	实测值	仿真值	实测值	仿真值	实测值		
100kΩ											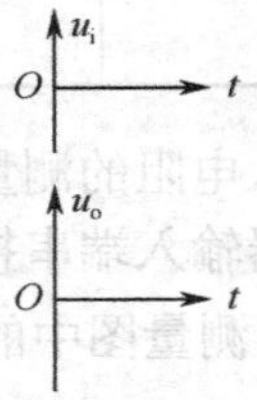	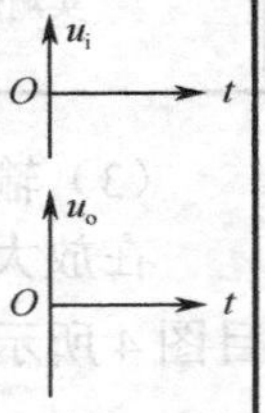
60kΩ												
40kΩ												

注：R_{B1} 为上偏置电阻。

项目 2　三极管构成的两级放大电路

1. 实验目的

设计三极管构成的两级放大器及负反馈电路，要求如下：

（1）增益≥40dB；

（2）3dB 带宽 10Hz～1MHz；

（3）采用双电源供电；

（4）输入信号 200mV≥U_{pp}≥20mV。

2. 实验原理

三极管构成的两级放大器及负反馈电路原理图如项目图5所示。

1）发射极电流的分配关系

当输入电压为 U_i 时，考虑交流通路，Tr1 发射极电位为 U_i，根据基尔霍夫电流定律，有

$$i_c + i_f = i_s \tag{1}$$

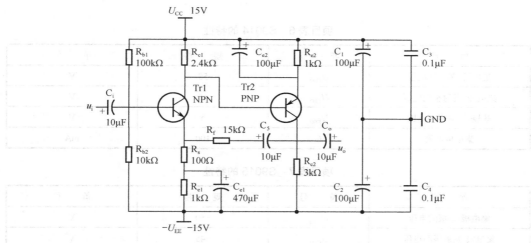

项目图5 三极管两级放大器及负反馈电路原理图

i_e 非常小，可认为

$$i_f \approx i_s \qquad (2)$$

而

$$i_f = \frac{u_o - u_i}{R_f} \qquad (3)$$

$$i_s = \frac{u_i}{R_s} \qquad (4)$$

负反馈电阻 R_f 的作用如下。

R_f 起到稳定输出电压的作用。输出电压是 i_e 乘以 Tr1、Tr2 原来的增益放大之后的大小。当 u_o 增大时，i_f 增大，i_e 减小，进而 u_o 减小；当 u_o 减小时，i_f 减小，i_e 增大，进而 u_o 增大。R_f 起到负反馈的作用。

2）电路的增益

将式（3）、式（4）代入式（2），可得到电路增益的近似值：

$$A_u \approx \frac{R_s + R_f}{R_s}$$

3. 实验过程

（1）确定电源电压。

要求输入信号 200mV≥Upp≥20mV，增益≥40dB，即 100 倍，由于实际增益小于理论计算的增益，故将理论增益设定为 150 倍。输出电压的最大 Upp=200mV×150=30V。故采用±15V 双电源。

（2）晶体管的选择。

采用 S9014（NPN）、S9015（PNP）互补对称管，可满足设计要求，其特性如项目表 6、项目表 7 所示。

项　目	符　号	规　格	单　位
集电极-基极间电压	U_{CBO}	50	V
集电极-发射极间电压	U_{CEO}	45	V
基极-发射极间电压	U_{EBO}	5	V
集电极电流	I_C	100	mA

项目表 7　S9015 的特性

项　目	符　号	规　格	单　位
集电极-基极间电压	U_{CBO}	−50	V
集电极-发射极间电压	U_{CEO}	−45	V
基极-发射极间电压	U_{EBO}	−5	V
集电极电流	I_C	−100	mA

（3）确定 $R_s + R_{e1}$、R_{c1}、R_f。

设定 $R_s + R_{e1}$ 上的压降为 2V，流过 Tr1 发射级的电流为 2mA，则

$$R_s + R_{e1} = \frac{2V}{2mA} = 1k\Omega$$

又

$$A_u = \frac{R_f + R_s}{R_s} = 150$$

取 $R_s = 15k\Omega$，$R_f = 100\Omega$，$R_{e1} = 1k\Omega$。

取 R_{c1} 上的压降为 5V，则

$$R_{c1} = \frac{5V}{2mA} = 2.5k\Omega$$

（4）确定 R_{b1}、R_{b2}。

$R_s + R_{e1}$ 上的压降为 2V，Tr1 的 U_{BE} 为 0.6V，则 R_{b2} 上的压降为 2.6V，R_{b1} 上的压降为 27.4V。为了使 Tr1 的基极电流可以忽略，流过 R_{b1}、R_{b2} 的电流应为 Tr1 基极电流的 10 倍以上。设 Tr1 的 $\beta = 100$，$I_{C1} \approx I_{E1} = 2mA$，那么基极电流 $I_{B1} = 2mA/100 = 0.02mA$，流过 R_{b1}、R_{b2} 的电流为 0.2mA，则

$$R_{b1} = \frac{27.4V}{0.2mA} = 137k\Omega$$

$$R_{b2} = \frac{2.6V}{0.2mA} = 13k\Omega$$

取标称值 $R_{b1} = 100k\Omega$，$R_{b2} = 13k\Omega$。

（5）确定 R_{c2}、R_{e2}。

$$R_{c2} = \frac{15 - 10.6V}{4mA} \approx 1k\Omega$$

$$R_{e2} = \frac{-2.2 - (-15)V}{4mA} \approx 3k\Omega$$

Tr2 的基极电位等于 Tr1 的集电极电位，为 10V，所以 Tr2 的发射极电位为 10.6V。当 Tr2 的集电极电位设定在发射极电位与负电源的中点，即−2.2V 时，输出信号可达最大幅值。

（6）C_i、C_o、C_5 是将直流电压隔断的耦合电容，这里取 $C_i = C_o = C_5 = 10\mu F$。

C_i 与输入电阻（$R_{b1} // R_{b2} = 100k\Omega // 10k\Omega \approx 9.1k\Omega$）形成高通滤波器的截止频率为 $1/2\pi C_i R = 1.7Hz$。

（7）确定 C_{e1}、C_{e2}。

C_{e1}、C_{e2} 分别是将 R_{e1}、R_{e2} 交流短路的电容，用以提高交流增益。可取 $C_{e2} = 100\mu F$。

C_{e1} 与 R_s 形成高通滤波器的截止频率为 $1/2\pi R_s C_{e1} \leq 10Hz$，故 $C_{e1} > 159\mu F$，取 $C_{e1} = 470\mu F$。

（8）确定 $C_1 \sim C_4$。

$C_1 \sim C_4$ 是电源的去耦电容，取 $C_3 = C_4 = 0.1\mu F$，容量 C_1、C_2 不是取常用的 $10\mu F$，而是 $100\mu F$，是因为 C_{e2} 造成了 R_{e2} 旁路。

4．结果

输入正弦信号的幅值：33mV

f（Hz）	7	8	9	10	50	100	1k	1M	1.5M
u_o（V）	2.88	3.08	3.28	3.36	3.96	4.08	4.02	4.04	4
A_u（dB）	37.4	37.9	38.5	38.7	40.1	40.4	40.3	40.3	40.2

可见，中频带增益大于 40dB，3dB 带宽为 7Hz～1.5MHz，频率再高时输出波形失真。

第 3 章　集成运算放大器

学习指导

集成电路是把晶体管、必要的元件及相互之间的连线同时制造在一个半导体芯片上（如硅片），组成一个不可分割的具有一定电路功能的器件。在集成电路中，相邻元件的参数具有良好的一致性。

集成电路与分立元件组成的电路相比，具有体积小、重量轻、功耗低、工作可靠、安装方便、价格便宜等特点。集成电路按照集成度划分，有小规模、中规模、大规模、超大规模和巨大规模集成电路；就其内部半导体工艺来分，有双极型（NPN、PNP 管）、单极型（MOS 管）和两者兼容的三种类型；就功能来分，有模拟集成电路、数字集成电路及模数混合集成电路。

模拟集成电路的种类很多，有集成运算放大器（简称集成运放）、集成功率放大器、集成电压比较器、集成模拟乘法器、集成稳压电源等通用及专用的模拟集成电路，其中集成运算放大器是模拟集成电路中使用最广泛的集成电路。

集成运算放大器实质上是高增益的多级直接耦合放大电路，广泛应用于模拟信号的处理和产生电路之中，因其高性能、低价位，在大多数情况下，已经取代了分立元件放大电路。

本章首先介绍集成运算放大器的输入级电路——差分放大电路，然后再介绍集成运算放大器的结构特点、参数和选择方法，重点介绍集成运算放大器组成的各种实用电路。

教学目标

通过本章的学习，应当完成以下目标。

（1）了解集成运算放大器的结构特点、参数、种类和使用方法。

（2）掌握集成运放组成的同相比例、反相比例、加减法电路、微分和积分电路的分析方法、设计方法；掌握各种典型运放电路的特点及应用。

（3）了解集成运放单电源供电的使用方法，以及运放电路的保护与消振方法。

（4）了解集成运放组成的有源低通、高通、带通、带阻滤波器的电路结构和特点。

3.1　差分放大电路

1. 直接耦合放大电路中的特殊问题

在自动控制及测量系统中，需将温度、压力等非电量经传感器转换成电信号。这类

信号的变化一般极其缓慢，利用阻容耦合和变压器耦合不可能传输这种信号，必须采用直接耦合放大电路。另外，在模拟集成电路中，为了避免制作大电容，其内部电路都采用直接耦合方式。直接耦合的多级放大电路虽然不会造成低频信号在传输中的损失，但存在着以下两个问题。

1）静态工作点相互制约

在直接耦合多级放大电路中，由于级与级之间没有耦合电容，因此各级的静态工作点相互影响、相互制约，在设计电路时，要合理安排，保证各级都有合适的静态工作点。

2）零点漂移

若将直接耦合放大电路的输入端短路，即令 $u_i=0$，从理论上讲，放大电路的输出端应保持某个固定电压值（即其静态值）不变。然而，实际情况并非如此，如果用示波器观察此时的输出电压，会发现输出电压往往偏离其静态值，出现了缓慢的、无规则的变化，这种现象称为零点漂移。

使放大电路产生零点漂移的原因主要是电源电压的波动、元件参数的变化和环境温度的变化，而其中又以温度变化产生的零点漂移最为严重，所以零点漂移经常被称为温度漂移，简称温漂。当放大电路输入级的静态工作点由于某种原因而稍有偏移（即产生了零点漂移）时，输入级的输出电压会发生微小的变化，而由于级间直接耦合，这种缓慢的微小变化就会被逐级传输、逐级放大，最终致使放大电路的输出端产生了较大的漂移电压，而且放大电路的级数越多，漂移越大。当漂移电压的大小可以和有效信号电压相比拟时，就无法分辨是有效信号电压还是漂移电压，严重时漂移电压甚至会淹没有效信号，使放大电路根本无法工作。

零点漂移是直接耦合放大电路最棘手的问题。可以说，直接耦合放大电路如果不采取措施来抑制零点漂移，是根本无法在实际中应用的。通过前面的分析可知，多级直接耦合放大电路中的各级电路都会产生零点漂移，但是显然以第一级的零点漂移影响最严重。因此，抑制零点漂移要着重抑制第一级电路所产生的漂移。

人们采用多种补偿措施来抑制零点漂移，其中最有效的方法是输入级采用差分放大电路。

2. 基本差分放大电路

1）电路组成

如图 3.1 所示为基本差分放大电路，它是由两个完全对称的共发射极放大电路组成的。输入信号 u_{i1} 和 u_{i2} 从两个三极管的基极输入，称为双端输入。输出信号从两个集电极之间取出，称为双端输出。R_c 为集电极负载电阻，R_e 为差分放大电路的公共发射极电阻，对抑制零点漂移起着非常关键的作用，称为共模抑制电阻。差分电路采用正负双电源 $+U_{CC}$ 和 $-U_{EE}$ 供电。

2）静态分析

当输入信号为零（u_{i1} 和 u_{i2} 均为零）时，放大电路的直流通路如图 3.2 所示。由于电路左右对称，因此有 $I_{BQ1}=I_{BQ2}=I_{BQ}$，$I_{CQ1}=I_{CQ2}=I_{CQ}$，$I_{EQ1}=I_{EQ2}=I_{EQ}$，$U_{CEQ1}=U_{CEQ2}=U_{CEQ}$。即差分电路两边的静态工作点完全对称。由基极回路可得直流电压方程式为

$$I_{BQ}R_b + U_{BEQ} + 2I_{EQ}R_e = U_{EE}$$

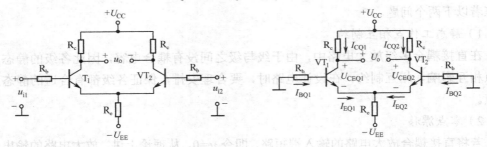

图 3.1　基本差分放大电路　　　　　　图 3.2　直流通路

经化简后得

$$I_{EQ} = \frac{U_{EE} - U_{BEQ}}{2R_e + \dfrac{R_b}{1+\beta}} \tag{3-1}$$

通常满足 $U_{EE} \gg U_{BEQ}$，　$2R_e \gg \dfrac{R_b}{1+\beta}$ 的条件，近似可得

$$I_{EQ} \approx \frac{U_{EE}}{2R_e} \tag{3-2}$$

$$I_{CQ} \approx I_{EQ} \tag{3-3}$$

$$I_{BQ} \approx \frac{I_{CQ}}{\beta} \tag{3-4}$$

$$U_{CEQ} = U_{CC} + U_{EE} - I_{CQ}(R_C + 2R_e) \tag{3-5}$$

3）动态分析

（1）共模信号输入。

在放大器的两输入端分别输入大小相等、极性相同的信号，即 $u_{i1} = u_{i2}$ 时，这种输入方式称为共模输入，所输入的信号称为共模输入信号，用 u_{ic} 表示。如图 3.3 所示就属于共模输入，因为两只晶体管的基极连接在一起，两管基极对地的信号是完全相同的，即 $u_{i1} = u_{i2} = u_{ic}$。

由图 3.3 可知，由于电路对称，$u_{i1} = u_{i2} = u_{ic}$，故两管的电流同时增加或减小，两管集电极的电位同时降低或升高，并且降低的量或升高的量对应相等，因此 $u_{ic} = 0$，即双端输出的共模电压放大倍数为

$$A_{uc} = \frac{u_{oc}}{u_{ic}} = 0 \tag{3-6}$$

在实际应用中，共模输入信号其实是反映温度变化、干扰或噪声等无用信号对差分电路的影响的。因为温度的变化、干扰或噪声对差分电路中的两只晶体管的影响是相同的，可等效为输入了一对共模信号，在电路对称的情况下，其共模输出电压为零。

即使差分电路不完全对称，也可通过发射极电阻 R_e，产生 $2R_e$ 效果的共模负反馈，

使每一个三极管的共模输出电压减小。这是因为共模信号输入时，两只晶体管的电流同时增大或同时减小，所以在 R_e 电阻上形成的共模信号电压是两管发射极共模信号电流相加后产生的，故 R_e 电阻对每一个管子来说都将产生 $2R_e$ 的共模负反馈效果，所以其共模交流通路如图 3.4 所示。

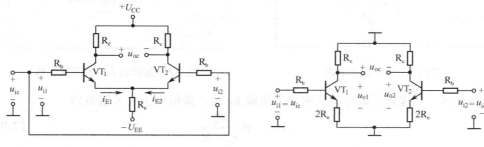

图 3.3　共模输入电路　　　　　图 3.4　共模输入时的交流通路

定义 VT_1 管或 VT_2 管的单管共模电压放大倍数为

$$A_{uc1} = \frac{u_{o1}}{u_{i1}} \qquad A_{uc2} = \frac{u_{o2}}{u_{i2}}$$

显然，
$$A_{uc1} = A_{uc2} = -\frac{\beta R_C}{R_b + r_{be} + 2(1+\beta)\, R_e} \tag{3-7}$$

由 A_{uc1} 和 A_{uc2} 的表达式可以看出，R_e 越大，A_{uc1}、A_{uc2} 的值就越小，即共模输出电压 u_{o1} 和 u_{o2} 越小，这样就限制了每只晶体管的共模输出电压。当采用双端输出方式时，就会使共模输出电压 $u_{oc} = u_{o1} - u_{o2}$ 更小，从而很好地抑制了共模信号，也就抑制了零点漂移。

（2）　差模信号输入。

在放大器的两个输入端分别输入大小相等、相位相反的信号，即 $u_{i1} = -u_{i2}$ 时，这种输入方式称为差模输入方式，所输入的信号称为差模输入信号，用 u_{id} 来表示，$u_{id} = u_{i1} - u_{i2}$。如图 3.5 所示即为差模输入方式，输入信号 u_{id} 加在两个三极管的基极之间。由图 3.5 可知，由于电路对称，两个三极管的基极对"地"之间的信号电压 u_{i1} 和 u_{i2} 就是大小相等、相位相反差模信号，其中，$u_{i1} = +\dfrac{u_{id}}{2}$，$u_{i2} = -\dfrac{u_{id}}{2}$。

由于两管的输入信号极性相反，因此流过两管的差模信号电流的方向也是相反的，且变化量相等。若 VT_1 管的电流增加，则 VT_2 管的电流减小；VT_1 管集电极的电位下降，则 VT_2 管集电极的电位上升，而且差模输入信号引起差分电路两只晶体管的集电极电流和集电极电位的变化也是等值反向的。

另外，在电路完全对称的条件下，i_{E1} 增加的量与 i_{E2} 减小的量相等，所以流过 R_e 的电流变化为零，即 R_e 电阻两端没有差模信号电压产生，可以认为 R_e 对差模信号呈短路状态，从而得到差模输入时的交流通路如图 3.6 所示。

当从两管集电极之间输出信号电压时，其差模电压放大倍数表示为

$$A_{ud} = \frac{u_{od}}{u_{id}} = \frac{u_{o1} - u_{o2}}{u_{i1} - u_{i2}} = \frac{2u_{o1}}{2u_{i1}} = -\beta \frac{R_C}{r_{be} + R_b} \tag{3-8}$$

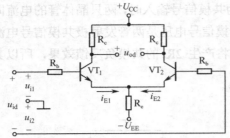
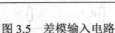

图 3.5　差模输入电路

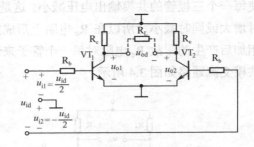

图 3.6　差模输入时的交流通路

当在两个三极管的集电极之间接上负载 R_L 时，差模电压放大倍数为

$$A_{ud} = -\beta \frac{R_L'}{r_{be} + R_b} \tag{3-9}$$

式中，$R_L' = R_c // (R_L/2)$。这是因为当输入差模信号时，两管集电极电位的变化是大小相等、方向相反的，因此负载电阻 R_L 的中点处的电位始终不变，即相当于交流的"地"电位，所以在差动输入的交流通路中，相当于每只晶体管各带了一半的负载电阻，即 $R_L/2$。

综上分析可知：双端输入、双端输出差分放大电路的差模电压放大倍数与单管共发射极放大电路的电压放大倍数相同。可见，差分放大电路是用增加了一个单管共发射极放大电路作为代价来换取电路对零点漂移的抑制能力的。

由图 3.6 可得差模输入电阻为

$$r_{id} = 2(R_b + r_{be}) \tag{3-10}$$

两集电极之间的差模输出电阻为

$$r_{od} = 2R_C \tag{3-11}$$

（3）一般输入。

对于如图 3.1 所示的电路，若两个输入的信号大小不等，则可认为差分放大电路既有差模信号输入，又有共模信号输入。

其中差模信号分量为两输入信号之差，用 u_{id} 表示，即

$$u_{id} = u_{i1} - u_{i2} \tag{3-12}$$

共模信号分量为两输入信号的算术平均值，用 u_{ic} 表示，即

$$u_{ic} = \frac{1}{2}(u_{i1} + u_{i2}) \tag{3-13}$$

于是，加在两输入端上的信号可分解为

$$u_{i1} = \frac{1}{2}u_{id} + u_{ic} \tag{3-14}$$

$$u_{i2} = -\frac{1}{2}u_{id} + u_{ic} \tag{3-15}$$

4）具有恒流源的差分放大电路

根据前面分析可知，R_e 电阻对差分放大电路的性能影响极大。对差模信号来说，R_e 相当于短路，即 R_e 对差模信号没有负反馈作用；对共模信号来说，R_e 将产生 $2R_e$ 效

果的负反馈。为了加强对共模信号的抑制能力，可将 R_e 阻值取得大一些；但 R_e 阻值太大的话，在直流电源电压给定的条件下，又将导致差分放大管的静态电流过小，影响静态工作点的合理设置。

为此，在改进的差分放大电路中，可将 R_e 改为恒流源，则不但能获得更深的共模负反馈效果，又可以使差分放大管的静态电流不减小，从而使差分放大电路的性能进一步提高。

一种具有恒流源的差分放大电路如图 3.7（a）所示，VT_3、R_1、R_2 及 R_3 组成恒流源，当 R_1、R_2 和 R_3 电阻选定后，I_{CQ3} 电流值就是常数，即具有恒流特性。由于 VT_3 的 c 与 e 极间的动态电阻阻值 r_{ce} 极大，所以 VT_3 对差分放大电路而言，可视为一个理想的恒流源，其输出电流为 $I = I_{CQ3}$，于是得到简化的电路如图 3.7（b）所示。

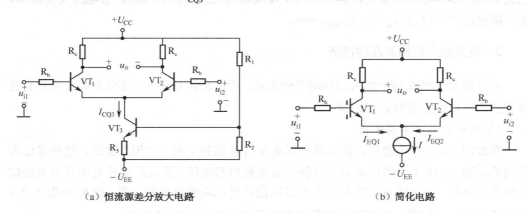

（a）恒流源差分放大电路 （b）简化电路

图 3.7 具有恒流源的差分放大电路

差分放大管的发射极接恒流源后，VT_1 和 VT_2 的静态电流为

$$I_{EQ1} = I_{EQ2} = \frac{1}{2}I = \frac{1}{2}I_{CQ3} \tag{3-16}$$

对于差模输入信号，两只晶体管电流一增一减，且增大量等于减小量，所以两只晶体管瞬时电流相加后仍等于恒流源的电流值 I。因此，恒流源对差模信号的放大不会产生负反馈。

对于共模输入信号，由于恒流源的电流值 I 恒定，所以两管电流同时增大或同时减小都是不可能的，故抑制共模输出信号十分理想。

如图 3.7 所示，电路的差模电压放大倍数计算公式为

$$A_{ud} = -\beta \frac{R_c}{R_b + r_{be}} \tag{3-17}$$

差模输入电阻与式（3-10）一样，差模输出电阻与式（3-11）一样。

5）共模抑制比

实际应用中，差分放大电路的两输入信号中既有有用的差模信号成分，又有无用的共模信号成分，此时可利用叠加定理来求总的输出电压，即

$$u_o = A_{ud} \times u_{id} + A_{uc} \times u_{ic} \tag{3-18}$$

在差分放大电路的输出电压中，总是希望差模输出电压越大越好，而共模输出电压

越小越好。为了综合评价差分放大电路对差模信号的放大能力及对共模信号的抑制能力，常用共模抑制比 K_{CMRR} 作为一项重要技术指标来衡量，其定义为放大电路对差模信号的电压放大倍数 A_{ud} 与对共模信号的电压放大倍数 A_{uc} 之比的绝对值，即

$$K_{CMRR} = \left| \frac{A_{ud}}{A_{uc}} \right| \tag{3-19}$$

共模抑制比也用分贝（dB）来表示，即

$$K_{CMR} = 20\lg \left| \frac{A_{ud}}{A_{uc}} \right| (dB) \tag{3-20}$$

显然，共模抑制比越大，差分放大电路分辨差模信号的能力就越强，抑制共模信号也就是抑制零点漂移的能力就越强。对于双端输出的差分放大电路，若电路完全对称，则共模电压放大倍数 $A_{uc}=0$，$K_{CMRR}=\infty$。

3. 差分放大电路的几种接法

差分放大电路有两个输入端和两个输出端，所以在信号输入、输出方式上总共有四种接法，可以根据需要灵活选择。

1）双端输入、单端输出

在如图 3.8 所示电路中，输出信号只从 VT_1 管的集电极对"地"输出，这种输出方式叫单端输出。由于只输出单只晶体管的集电极信号电压，所以此信号电压只有双端输出信号电压的一半，因而差模电压放大倍数也只有双端输出时的一半。若 $R_L' = R_C \mathbin{/\mkern-5mu/} R_L$，则差模电压放大倍数、差模输入电阻及差模输出电阻分别计算如下：

$$A_{ud} = \frac{u_o}{u_{i1} - u_{i2}} = -\beta \frac{R_L'}{2(R_b + r_{be})} \tag{3-21}$$

$$r_{id} = 2(R_b + r_{be}) \tag{3-22}$$

$$r_{od} = R_c \tag{3-23}$$

信号也可以从 VT_2 的集电极输出，此时差模电压放大倍数的数值与式（3-21）相同，只是无负号，表示从 VT_2 的集电极输出属于同相输出。

2）单端输入、双端输出

将差分放大电路的一个输入端接地，信号只从另一个输入端输入，这种输入方式称为单端输入，如图 3.9 所示。当在 VT_1 管的输入端与"地"之间加 u_i 信号后，假设 VT_1 管的电流 i_{E1} 增大，则由于恒流源的电流 I 基本恒定，所以 VT_2 管的电流 i_{E2} 必然减小，而且 i_{E1} 增大的量基本等于 i_{E2} 减小的量，反之亦然。这就表明，VT_2 管的输入端虽然接地，但输入信号 u_i 实际上是几乎均匀地分配给两只晶体管的输入回路，所以仍然有

$$u_{i1} \approx \frac{1}{2} u_i, \quad u_{i2} \approx -\frac{1}{2} u_i$$

可见，在单端输入的差分放大电路中，虽然信号只从一端输入，但另一管的输入端也得到了大小相等、极性相反的输入信号，与双端输入电路的工作状态相同。因此，双端输入的差模电压放大倍数等的各种计算均适用于单端输入的情况，即有

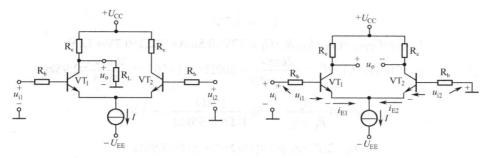

图 3.8　双端输入、单端输出差分放大电路　　图 3.9　单端输入、双端输出差分放大电路

$$A_{ud} = -\beta \frac{R_C}{R_b + r_{be}} \tag{3-24}$$

$$r_{id} = 2(R_b + r_{be}) \tag{3-25}$$

$$r_{od} = 2R_C \tag{3-26}$$

3）单端输入、单端输出

电路图如图 3.10 所示，由于单端输入与双端输入情况相同，因而单端输入、单端输出差分放大电路的计算与双端输入、单端输出电路的计算相同，即有

$$A_{ud} = -\beta \frac{R'_L}{2(R_b + r_{be})} \tag{3-27}$$

$$r_{id} = 2(R_b + r_{be}) \tag{3-28}$$

$$r_{od} = R_C \tag{3-29}$$

【例 3.1.1】　在如图 3.11 所示的双端输入、双端输出的恒流源差分放大电路中，试求：

① 电路的静态工作点。

② 差模电压放大倍数 A_{ud}，差模输入电阻 r_{id}，差模输出电阻 r_{od}，共模抑制比 K_{CMR}。

③ 当 $u_{i1}=20\text{mV}$，$u_{i2}=10\text{mV}$ 时，输出 u_o 的值是多少？

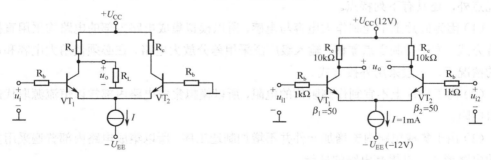

图 3.10　单端输入、单端输出差分放大电路　　图 3.11　例 3.1.1 图

解： ① 静态工作点　$I_{CQ1}=I_{CQ2}\approx I_{EQ1}=I_{EQ2}=\dfrac{1}{2}I=0.5\text{mA}$

$$I_{BQ1}=I_{BQ2}=\frac{I_{CQ1}}{\beta_1}=\frac{0.5\text{mA}}{50}=10\mu\text{A}$$

$$U_{EQ} \approx -0.7V$$

$$U_{CEQ1} = U_{CEQ2} = U_{CC} - I_{CQ1}R_c - U_{EQ} = 12V - 0.5mA \times 10k\Omega + 0.7V = 7.7V$$

② $\quad r_{be} = 300\Omega + (1+\beta) \times \dfrac{26mV}{I_{EQ}(mA)} = 300\Omega + (1+50) \times \dfrac{26mV}{0.5mA} \approx 2.95k\Omega$

$$A_{ud} = -\beta \frac{R_c}{R_b + r_{be}} = -50 \frac{10k\Omega}{1k\Omega + 2.95k\Omega} = -126.6$$

$$r_{id} = 2(R_b + r_{be}) = 2 \times (1k\Omega + 2.95k\Omega) = 7.9k\Omega$$

$$r_{od} = 2R_c = 20k\Omega$$

$$K_{CMR} = \infty$$

③ 根据式（3-12）与式（3-13），分别得差模输入分量 $u_{id} = u_{i1} - u_{i2} = 10mV$，共模输入分量 $u_{ic} = \dfrac{1}{2}(u_{i1} + u_{i2}) = 15mV$，输出为

$$u_o = A_{ud} \times u_{id} + A_{uc} \times u_{ic} = -126.6 \times 10mV + 0 \times 15mV = -1.266V$$

3.2 集成运算放大器基础

3.2.1 集成运算放大器概述

1. 模拟集成电路的特点

利用常用的半导体三极管硅平面制造工艺技术，把组成电路的电阻、二极管及三极管等有源、无源器件及其内部连线同时制作在一块很小的硅基片上，便构成了具有特定功能的电子电路——集成电路。集成电路除了具有体积小、重量轻、耗电省及可靠性高等优点外，还具有下列特点。

（1）因为硅片上不能制作大电容与电感，所以模拟集成电路内部的电路均采用直接耦合方式；为了抑制零点漂移，输入级广泛采用差分放大电路。在必须使用大电容和电感的情况下，一般采用外接方式。

（2）由于硅片上不宜制作高阻值的电阻，所以模拟集成电路内部常以恒流源取代高阻值电阻。

（3）由于集成电路内部增加元件并不增加制造工序，所以集成电路内部普遍采用复杂的电路形式，以提高电路的性能。

（4）相邻元件具有良好的对称性，这对获得对称性能良好的差分放大电路十分有利。

2. 集成运算放大器的发展概况

集成运算放大器实质上是高增益的直接耦合放大电路，它的应用十分广泛，且远远

超出了运算电路的范围。常见的集成运算放大器的外形有圆形、扁平形、双列直插式等，管脚数有 8 管脚及 14 管脚等，如图 3.12 所示。

图 3.12　集成运算放大器的外形

自 1964 年 FSC 公司研制出第一块集成运算放大器 μA702 以来，集成运算放大器发展迅速，目前已经历了四代产品。

第一代产品基本上沿用了分立元件放大电路的设计思想，内部结构采用以电流源为偏置电路的三级直接耦合放大电路，能满足一般应用的要求。典型产品有 μA709 和国产的 FC3、F003 及 5G23 等。

第二代产品以普遍采用有源负载为标志，简化了电路的设计，使集成运放的开环增益有了明显的提高，各方面的性能指标比较均衡，属于通用型运算放大器。典型产品有 μA741、LM324 和国产的 FC4、F007、F324 及 5G24 等。

第三代产品的输入级采用了超 β 管，β 值高达 1000～5000，而且版图设计上考虑了热效应的影响，从而减小了失调电压、失调电流及温度漂移，增大了集成运放的共模抑制比和输入电阻。典型产品有 AD508、MC1556 和国产的 F1556 及 F030 等。

第四代产品采用了斩波稳零的动态稳零技术，使集成运放的各项性能指标和参数更加理想化，一般情况下不需调零就能正常工作，大大提高了精度。典型产品有 HA2900、SN62088 和国产的 5G7650 等。

3.2.2　集成运算放大器内部电路简介

1. 集成运算放大器内部电路

集成运算放大器的内部实际上是一个高增益的直接耦合放大器，它一般由输入级、中间级、输出级和偏置电路等四部分组成。现以如图 3.13 所示的简单的集成运算放大器内部电路为例进行介绍。

1）输入级

输入级由 VT_1 和 VT_2 组成，这是一个双端输入、单端输出的差分放大电路，VT_7、VT_8 组成其发射极恒流源。输入级是提高运算放大器质量的关键部分，要求其输入电阻高。为了减小零点漂移和抑制共模干扰信号，输入级都采用具有恒流源的差分放大电路，又称差动输入级。

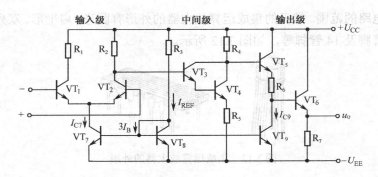

图 3.13　简单的集成运算放大器内部电路

2）中间级

中间级由复合管 VT_3 和 VT_4 组成。中间级通常是共发射极放大电路，其主要作用是提供足够大的电压放大倍数，故又称电压放大级。为提高电压放大倍数，有时采用恒流源代替集电极负载电阻 R_4。

3）输出级

输出级的主要作用是输出足够大的电流以满足负载的需要，要求其输出电阻小，带负载能力强。输出级一般由射极输出器或互补对称功率放大电路组成（详见第 5 章）。如图 3.13 所示的集成运放电路的输出级由 VT_5 和 VT_6 组成，这是一个射极输出器，R_6 的作用是使直流电平移动，即通过 R_6 对直流的降压，以保证集成运放输入为零时输出亦为零。VT_9 是接在 VT_5 发射极上的恒流源负载。

4）偏置电路

偏置电路的作用是为各级提供合适的工作电流，一般由各种恒流源电路组成。图 3.13 中，$VT_7 \sim VT_9$ 组成恒流源形式的偏置电路。VT_8 的基极与集电极相连，使 VT_8 工作在临界饱和状态，故仍有放大能力。由于 $VT_7 \sim VT_9$ 的基极电压及参数相同，因而 $VT_7 \sim VT_9$ 的基极电流和集电极电流分别相等。一般 $VT_7 \sim VT_9$ 的基极电流之和（记为 $3I_B$）可忽略不计，于是有 $I_{C7}=I_{C9}=I_{REF}$，$I_{REF}=(U_{CC}+U_{EE}-U_{BEQ})/R_3$，当 I_{REF} 确定后，I_{C7} 和 I_{C9} 就成为恒流源。由于 I_{C7}、I_{C9} 与 I_{REF} 呈镜像关系，故称这种恒流源为镜像电流源。

该集成运算放大器采用正、负电源供电，一般取 $U_{CC}=-U_{EE}$。

注意：VT_2 的基极标有"+"，它是集成运放的同相输入端，由此端输入信号，则输出信号与输入信号的相位相同。VT_1 的基极标有"-"，为集成运放的反相输入端，由此端输入信号，则输出信号与输入信号的相位是相反的。

请读者根据瞬时极性法自行判断这是为什么。

2．集成运算放大器的电路符号

集成运算放大器的电路符号如图 3.14 所示，图中"▷"表示信号的传输方向，"∞"表示理想条件下运放的开环放大倍数是无穷大。两个输入端中，"−"号表示反相输入端，输入电压用"u_-"表示；符号"+"表示同相输入端，输入电压用"u_+"表示。输出端的"+"号表示输出电压的极性与同相端输入信号的相位相同，输出电压用"u_o"表示。

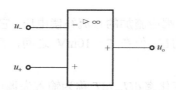

图 3.14　集成运算放大器的符号

3.2.3　集成运算放大器的主要参数

集成运算放大器的参数是评价其性能优劣的依据。为了正确挑选和使用集成运算放大器，必须掌握各参数的含义。

1．差模电压放大倍数 A_{ud}

差模电压放大倍数 A_{ud} 是指在标称电源电压和额定负载下，运放在开环运用时对差模信号的电压放大倍数。运放的 A_{ud} 实际上是输入信号频率的函数，但通常给出的是直流开环增益。

2．共模抑制比 K_{CMR}

共模抑制比是指运算放大器的差模电压增益与共模电压增益之比，并用对数表示。即

$$K_{CMR} = 20\lg\left|\frac{A_{ud}}{A_{uc}}\right|(dB) \tag{3-30}$$

K_{CMR} 越大越好。

3．差模输入电阻 r_{id}

差模输入电阻是指运算放大器对差模信号所呈现的输入电阻，即运算放大器两输入端之间的等效电阻。

4．输入偏置电流 I_{IB}

输入偏置电流 I_{IB} 是指运算放大器在静态时，流经两个输入端的基极电流的平均值。即

$$I_{IB} = \frac{I_{B1} + I_{B2}}{2} \tag{3-31}$$

输入偏置电流愈小愈好，通用型集成运算放大器的输入偏置电流 I_{IB} 的数量级约为几个微安。

5．输入失调电压 U_{IO} 及其温漂 dU_{IO}/dT

一个理想的集成运算放大器能实现零输入时零输出。而实际的集成运算放大器，当输入电压为零时，存在一定的输出电压，将其折算到输入端就是输入失调电压，它在数

值上等于输出电压为零，输入端应施加的直流补偿电压，它反映了差动输入级元件的失调程度。通用型运算放大器的 U_{IO} 值在 2～10mV 之间，高性能运算放大器的 U_{IO} 小于 1mV。

输入失调电压对温度的变化率 $\mathrm{d}U_{IO}/\mathrm{d}T$ 称为输入失调电压的温度漂移，简称温漂，用以表征 U_{IO} 受温度变化的影响程度，一般以μV/℃为单位。通用型集成运算放大器的指标的数量级为微伏（μV）。

6. 输入失调电流 I_{IO} 及其温漂 $\mathrm{d}I_{IO}/\mathrm{d}T$

一个理想的集成运算放大器两输入端的静态电流应该完全相等。实际上，当集成运算放大器的输出电压为零时，流入两输入端的电流不相等，这个静态电流之差就是输入失调电流 I_{IO}，它定义为 $I_{IO}=|I_{B1}-I_{B2}|$。引起输入电流失调的主要原因是输入级的差分对管不可能完全对称。显然 I_{IO} 越小越好，一般为 1～10nA。I_{IO} 越小，说明差分电路的对称性越好。

输入失调电流对温度的变化率 $\mathrm{d}I_{IO}/\mathrm{d}T$ 称为输入失调电流的温度漂移，简称温漂，用以表征 I_{IO} 受温度变化的影响程度。这类温度漂移一般为 1～5nA/℃，性能好的运放数量级可达 pA/℃。

7. 输出电阻 r_o

在开环条件下，运算放大器输出端等效为电压源时的等效动态内阻称为运算放大器的输出电阻，记为 r_o。r_o 的理想值为零，实际值一般为 100Ω～1kΩ。

8. 开环带宽 BW（即上限截止频率 f_H）

开环带宽 BW 又称-3dB 带宽，是指运算放大器在放大小信号时，开环差模增益下降 3dB 时所对应的频率 f_H。A741 的 f_H 约为 7Hz，如图 3.15 所示。

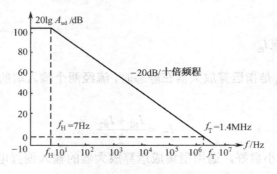

图 3.15　μA741 的幅频特性

9. 单位增益带宽 BW_G（也叫作特征频率 f_T）

当输入信号的频率增大到使运算放大器的开环增益下降到 0dB 时所对应的频率范围称为单位增益带宽 BW_G。μA741 运算放大器的 BW_G 约为 1.4MHz，如图 3.15 所示。

10. 转换速率 S_R

转换速率又称压摆率，通常是指运算放大器在闭环状态下，输入为大信号（如阶跃信号）时，放大电路输出电压对时间的最大变化速率，即

$$S_R = \frac{du_o(t)}{dt}\bigg|_{max} \tag{3-32}$$

S_R 的大小反映了运算放大器的输出对于高速变化的大输入信号的响应能力。S_R 越大，表示运算放大器的高频性能越好，如 μA741 的 $S_R=0.5V/\mu s$。

此外，还有最大差模输入电压 U_{idmax}、最大共模输入电压 U_{icmax}、最大输出电压 U_{omax} 及最大输出电流 I_{omax} 等参数。

3.3 集成运算放大器的选择与使用

3.3.1 集成运算放大器的种类与选用

1. 集成运算放大器的种类

1）按用途分类

（1）通用型集成运算放大器。

通用型集成运算放大器的参数指标比较均衡全面，适用于一般的工程设计。一般认为，在没有特殊参数要求情况下工作的集成运算放大器可列为通用型。由于通用型应用范围宽、产量大，因而价格便宜。

（2）专用型集成运算放大器。

这类集成运算放大器是为满足某些特殊要求而设计的,其参数中往往有一项或几项非常突出。通常有低功耗、高速、宽带、高精度、高电压、功率型、高输入阻抗、电流型、跨导型、程控型及低噪声型等专用集成运算放大器。

2）按供电电源分类

集成运算放大器按其供电电源分类，可分为双电源和单电源两类。绝大部分运算放大器在设计中都是使用正、负对称的双电源供电，以保证运算放大器的优良性能。但在一些便携式的电子设备中，单电源供电的运放获得了广泛的应用。

3）按制作工艺分类

集成运算放大器按其制作工艺分类，可分为双极型、单极型及双极-单极兼容型集成运算放大器三类。

4）按单片封装中的运算放大器数量分类

按单片封装中的运算放大器的数量分类，集成运算放大器可分为单运算放大器、双运算放大器及四运算放大器等。如：μA741 是单运放，NE5532 是双运放，LM324 是四

运放。

2．集成运算放大器的选用

1）高输入阻抗型（低输入偏流型）

这类集成运算放大器的差模输入电阻 r_{id} 达到了 TΩ 级（$10^9\Omega$），输入偏流 I_{IB} 为几皮安（pA）到几十皮安（pA）。实现这些指标的措施是采用场效应管为输入级。

高输入阻抗型集成运算放大器广泛用于生物医学电信号测量的精密放大电路、有源滤波电路及取样保持放大电路等电路中。

此类集成运算放大器有 LF356、LF355、LF347、F3103、CA3130、AD515、LF0052、LFT356、OPA128 及 OPA604 等。

2）高精度、低温漂型

这类集成运算放大器具有低失调、低温漂、低噪声及高增益等特点，要求 $dU_{IO}/dT < 2V/℃$，$dI_{IO}/dT <200\ pA/℃$ 及 $K_{CMR}\geqslant 110dB$。一般用于毫伏量级或更低的微弱信号的精密检测、精密模拟计算、高精度稳压电源及自动控制仪表中。

此类集成运算放大器的型号有 AD508、OP-2A、ICL7650 及 F5037 等。

3）高速型

具有很宽的单位增益带宽 BW_G 和很高的转换速率 S_R 的运算放大器称为高速型运算放大器。此类运算放大器要求转换速率 $S_R>30V/\mu s$，最高可达几百伏每微秒；单位增益带宽 $BW_G >10MHz$，有的高达千兆赫兹。一般用于高速模数或数模转换、有源滤波电路、高速取样保持、锁相环、精密比较器和视频放大器中。

此类集成运算放大器的型号有μA715、LH0032、AD9618、F3554、AD5539、OPA603、OPA606、OPA660、AD603 及 AD849 等。

4）低功耗型

此类运算放大器要求电源为±15V 时，最大功耗不大于 6mW；或要求工作在低电源电压（如 1.5～4V）时，具有低的静态功耗和保持良好的电气性能。

低功耗运算放大器用于对能源有严格限制的遥测、遥感、生物医学和空间技术研究的设备中，并用于车载电话、蜂窝电话、耳机/扬声器驱动及计算机的音频放大。

此类运算放大器的型号有 MAX4165/4166/4167/4168/4169、μPC253、ICL7600、ICL7641、CA3078 及 TLC2252 等。

5）高压型

为了得到高的输出电压或大的输出功率,此类运算放大器要求其内部电路中的三极管的耐压要高些、动态工作范围要宽些。

目前的产品有 D41（电源可达±150V）、LM143 及 HA2645（电源为 48～80V）等。

6）大功率型

大功率型运算放大器应用于电动机驱动、伺服放大器、程控电源、音频放大器及执行组件驱动器等。如运算放大器 OPA502，其输出电流达 10A，电源电压范围为±15V到±45V。又如运算放大器 OPA541，其输出电流峰值达 10A，电源电压可达±40V。其他型号有 LM1900、LH0021 及 OPA2541 等。

7）高保真型

此类运算放大器的失真度极低，用于专业音响设备、I/V 变换器、频谱分析仪、有源滤波器及传感放大器等。例如，运算放大器 OPA604，其 1kHz 的失真为 0.0003%，低噪声，转换速率高达 25V/μs，单位增益带宽为 20MHz，电源电压为±4.5V 到±24V。

8）可变增益型

可变增益型运算放大器有两类。一类是由外接的控制电压来调整开环差模增益，如 CA3080、LM13600、VCA610 及 AD603 等。其中，VCA610 当控制电压从 0 变到-2V 时，其开环差模电压增益从-40dB 连续变到+40dB。

另一类是利用数字编码信号来控制开环差模增益，如 AD526。其控制变量为 A2、A1 及 A0。当给定不同的二进制码时，其开环差模增益将不同。

此外，运算放大器还有电压放大型，如 μA741、LM324 及 C14573；电流放大型，如 LM3900 和 F1900；互阻放大型，如 AD8009 和 AD8011；互导放大型，如 LM308 等。

3.3.2 输出调零与单电源供电

1. 集成运算放大器的输出调零

为了提高集成运算放大器的精度，消除因失调电压和失调电流引起的误差，需要对集成运算放大器进行调零。调零就是实现零输入时输出亦为零。

集成运算放大器的调零电路有两类。一类是内调零，集成运算放大器设置外接调零可变电阻的管脚，按说明书连接即可，如 μA741 运算放大器的①和⑤管脚。另一类是外调零，即集成运算放大器没有外接调零电位器的管脚，可以在集成运算放大器的输入端加一个补偿电压，以抵消集成运算放大器本身的失调电压，达到调零目的。

常用的辅助调零电路如图 3.16 所示。

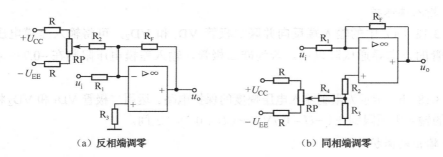

（a）反相端调零 （b）同相端调零

图 3.16　辅助调零电路

2. 集成运算放大器的单电源供电

双电源集成运算放大器采用单电源供电时，该集成运算放大器内部各点对地的电位都将相应提高，因而输入为零时，输出不再为零，这是通过调零电路无法解决的。为了使双电源集成运算放大器在单电源供电下也能正常工作,必须增加直流偏置电路将输入端的电位提升,并采用电容来隔断直流、只允许通过交流量,如图 3.17 所示。其中,图 3.17（a）适用于反相输入交流放大,若 $R_1=R_2$,则 U_{CC} 通过 R_1、R_2、C_2 给运放的同相端提供了 $\dfrac{U_{CC}}{2}$ 的直流偏置电压,而同相端的交流电位仍然为零;图 3.17（b）适用于同相输入交流放大,U_{CC} 通过 R_1、R_2、R_3、C_2 依然给运放的同相端提供了 $\dfrac{U_{CC}}{2}$ 的直流偏置电压,而不影响同相端的交流信号输入。

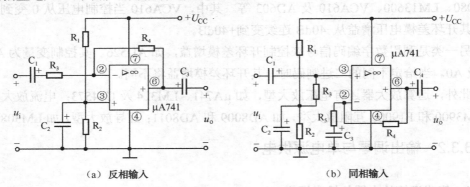

（a）反相输入　　　　　　　　　　　（b）同相输入

图 3.17　单电源供电电路

3.3.3　保护与相位补偿

1. 集成运算放大器的保护

集成运算放大器在使用过程中,常因为输入信号过大、输出端功耗过大、电源电压过大或极性接反而损坏。为了使集成运算放大器安全工作,常设置保护电路。各种保护电路如图 3.18 所示。

1）输入端保护

图 3.18（a）中的输入端反向并联二极管 VD_1 和 VD_2,可将输入差模电压限制在二极管的正向导通压降以内。若为硅二极管,输入差模电压限制在 $-0.7 \sim +0.7V$ 之间。

图 3.18（b）所示为限制输入电压幅度的保护电路。运用二极管 VD_1 和 VD_2 将同相输入端的输入电压限制在（$-U-0.7V$）～（$U+0.7V$）之间。

2）输出端保护

图 3.18（c）所示为输出端保护电路。将双向限幅稳压管接在输出端与反相端之间,就可将输出电压限制在稳压管的稳压值 $\pm U_Z$ 的范围内。

图 3.18（d）所示也是输出保护电路。限流电阻 R 与稳压管 VD_Z,一方面将集成运算放大器的输出端与负载隔离开来,限制了运算放大器的输出电流;另一方面也使输出电压限制在稳压管的 $\pm U_Z$ 范围内。

3）电源保护

图 3.18（e）所示电路可防止正负电源接反。若电源极性接反，则二极管 VD₁ 或 VD₂ 反向截止，错误极性的电源电压不会加到集成运算放大器上。

图 3.18（f）所示电路可防止电源过压。若电源电压过高，则 VD_Z 导通，R 两端压降增大，集成运算放大器电源电压被限制在安全电压范围内。

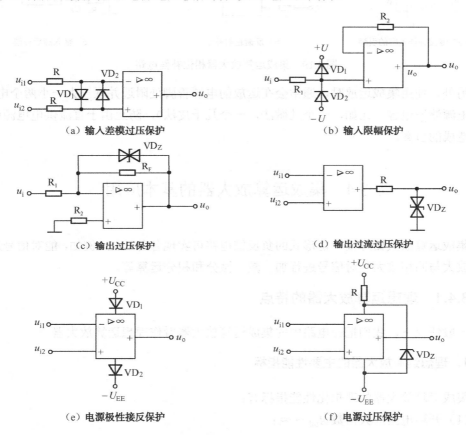

图 3.18　集成运算放大器的各种保护电路

2．集成运算放大器的相位补偿

集成运算放大器在实际使用中遇到最棘手的问题就是自激。即无输入信号时，运放的输出端就产生了一定频率和幅度的输出信号。当运放有输入信号以后，这种自激振荡就叠加在正常的输出信号上，使运放电路根本无法正常工作。

要消除自激，通常是破坏自激形成的相位条件，这就是相位补偿。补偿分为内补偿与外补偿。内补偿就是将补偿元件放在集成运算放大器内部。外补偿需外接 R_C 补偿元件，各种外补偿电路如图 3.19 所示。

有些集成运算放大器有专接补偿电容的管脚，图 3.19（a）是集成运算放大器 5G24 通过⑧和⑨脚外接 30pF 补偿小电容 C_B。图 3.19（b）所示是将补偿电容 C_B 并联在反馈电阻上，是外部超前补偿。图 3.19（c）中将补偿元件 R_B 和 C_B 串联后接在反向端与同相端之间，属于输入端 R_C 滞后补偿。

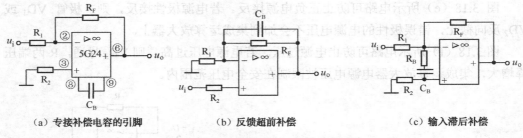

(a) 专接补偿电容的引脚　　(b) 反馈超前补偿　　(c) 输入滞后补偿

图 3.19　集成运算放大器相位补偿电路

　　另外，使用集成运放时，通常会在运放的电源管脚处附近并联一大一小两个电容，称为电源滤波电容（比如，一个几微法，一个几千皮法），防止由于直流供电电源的波动而造成的自激。

3.4　集成运算放大器的基本应用

　　集成运算放大器外接一定形式的负反馈电路可实现各种功能。例如，能对信号进行反相放大与同相放大，对信号进行加、减、微分和积分运算等。

3.4.1　理想运算放大器的特点

　　一般情况下，我们把在电路中的集成运算放大器看作理想运算放大器。

1．理想运算放大器的主要性能指标

　　集成运算放大器的理想化性能指标有：
　　（1）开环电压放大倍数 $A_{ud} \to \infty$；
　　（2）输入电阻 $r_{id} \to \infty$；
　　（3）输出电阻 $r_{od} \to 0$；
　　（4）共模抑制比 $K_{CMR} \to \infty$。
　　此外，理想运放的失调和失调温漂均为零。当然，实际上理想运算放大器并不存在，但由于集成运算放大器的各项技术指标都比较接近于理想值，在具体分析时将其理想化是允许的，这种理想化分析所带来的误差一般比较小，可以忽略不计。

2．"虚短"和"虚断"概念

　　对于理想的集成运算放大器，由于其 $A_{ud} \to \infty$，而运放作为有源器件，其最大输出电压不能超过运放的供电电源电压，因此集成运放在开环工作时即使两个输入端之间存在很小的电压差，也足以使运放的输出电压超出其线性范围而进入非线性区。因此，只有引入负反馈，使集成运放的两个输入端之间的电压差趋于零，才能保证集成运算放大

器工作在线性区。

理想集成运算放大器线性工作区的特点是存在着"虚短"和"虚断"。

1）虚短概念

当集成运算放大器工作在线性区时，输出电压在有限值之间变化，而集成运算放大器的 $A_{ud} \to \infty$，则 $u_{id} = u_{od}/A_{ud} \approx 0$，即 $u_{id} = u_+ - u_- \approx 0$，得

$$u_+ \approx u_- \tag{3-33}$$

即反相端与同相端的电压几乎相等,近似于短路又不是真正短路,人们将此称为虚短路,简称"虚短"。

另外，当运放的同相端接地时，即 $u_+ = 0$，根据虚短，则有 $u_- \approx 0$。这说明同相端接地时，反相端的电位会接近于地电位，所以此时反相端称为"虚地"。

2）虚断概念

由于集成运算放大器的输入电阻 $r_{id} \to \infty$，而集成运放两个输入端之间的电压差显然是有限的，因此必然有流入集成运放同相端和反相端的电流 $i_+ = i_- = \dfrac{u_{id}}{r_{id}} \to 0$，即运放两输入端的电流几乎为零，称为虚断路，简称"虚断"。

3.4.2 反相放大与同相放大

1. 反相输入比例运算

如图 3.20 所示为反相输入比例运算电路。输入信号 u_i 经过电阻 R_1 加到集成运算放大器的反相端，反馈电阻 R_F 接在输出端和反相输入端之间，构成电压并联负反馈，则集成运算放大器工作在线性区；同相端与"地"之间接平衡电阻 R_2，主要是保证静态时同相端与反相端外接的电阻相等，即 $R_2=R_1//R_F$，以保证运算放大器的两个输入端处于平衡对称的工作状态，从而消除输入偏置电流及其温度漂移的影响。

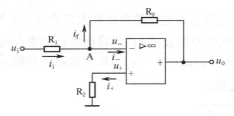

图 3.20　反相输入比例运算电路

根据虚断的概念，$i_+ = i_- \approx 0$，得 $u_+ = 0$，$i_i \approx i_f$；又根据虚短的概念，$u_- \approx u_+ = 0$，故称 A 点为虚地点。虚地是反相输入放大电路的一个重要特点。于是有

$$i_i = \frac{u_i}{R_1}, \quad i_f = -\frac{u_o}{R_F}$$

所以有

$$\frac{u_i}{R_1} = -\frac{u_o}{R_F}$$

移项后得电压放大倍数为

$$A_u = \frac{u_o}{u_i} = -\frac{R_F}{R_1} \qquad (3\text{-}34)$$

或

$$u_o = -\frac{R_F}{R_1} \times u_i \qquad (3\text{-}35)$$

上式表明，反相输入比例运算电路的电压放大倍数与 R_F 成正比，与 R_1 成反比，既可以实现输入信号的放大，也可以实现输入信号的衰减，式中负号表明输出电压与输入电压的相位相反。当 $R_1 = R_F = R$ 时，$u_o = -u_i$，即输入电压与输出电压大小相等、相位相反，反相放大成为反相器。

由于反相输入比例运算电路引入的是深度电压并联负反馈，因此它使闭环输入电阻和闭环输出电阻都减小，输入和输出电阻分别为

$$R_i \approx R_1 \qquad (3\text{-}36)$$

$$R_o \approx 0 \qquad (3\text{-}37)$$

2．同相输入比例运算

如图 3.21 所示，输入信号 u_i 经过电阻 R_2 接到集成运算放大器的同相端，反馈电阻引回到其反相端，构成了电压串联负反馈。

根据虚断概念，$i_+ = i_- \approx 0$，得 $u_+ = u_i$，又根据虚短的概念，可得 $u_- \approx u_+ = u_i$，于是有

$$u_i \approx u_- = u_o \times \frac{R_1}{R_1 + R_F}$$

移项后得电压放大倍数为

$$A_u = \frac{u_o}{u_i} = 1 + \frac{R_F}{R_1} \qquad (3\text{-}38)$$

或

$$u_o = \left(1 + \frac{R_F}{R_1}\right) \times u_i \qquad (3\text{-}39)$$

上式表明，同相输入比例运算电路的电压放大倍数恒大于等于 1，即只能实现输入信号的放大，不能实现输入信号的衰减，而且输出电压与输入电压的相位相同。当 $R_F = 0$ 或 $R_1 \rightarrow \infty$ 时，如图 3.22 所示，此时 $u_o = u_i$，即输出电压与输入电压大小相等、相位相同，该电路称为电压跟随器。

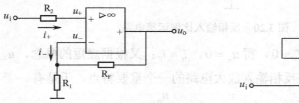

图 3.21　同相输入比例运算电路　　　　图 3.22　电压跟随器

由于同相输入放大电路引入的是深度电压串联负反馈，因此它使闭环输入电阻增大，而闭环输出电阻减小，输入和输出电阻分别为

$$R_i \rightarrow \infty \tag{3-40}$$
$$R_o \approx 0 \tag{3-41}$$

【例3.4.1】 电路如图3.23所示，试求当 R_5 的阻值为多大时，才能使 $u_o = -55u_i$。

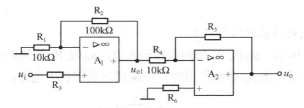

图3.23 例3.4.1电路图

解：在如图3.23所示的电路中，A_1 构成同相输入放大，A_2 构成反相输入放大，因此有

$$u_{o1} = \left(1 + \frac{R_2}{R_1}\right)u_i = \left(1 + \frac{100}{10}\right)u_i = 11u_i$$

$$u_o = -\frac{R_5}{R_4}u_{o1} = -\frac{R_5}{10} \times 11u_i = -55u_i$$

化简后得 $R_5 = 50\text{k}\Omega$。

3.4.3 加法运算与减法运算

1. 加法运算

在自动控制电路中,往往需要将多个采样信号按一定的比例叠加起来输入到放大电路中，这就需要用到加法运算电路，如图3.24所示。

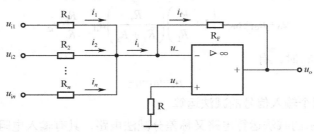

图3.24 加法运算电路

根据虚断的概念及结点电流定律，可得 $i_f = i_1 + i_2 + \cdots + i_n$。再根据虚短的概念可得

$$i_1 = \frac{u_{i1}}{R_1}, \quad i_2 = \frac{u_{i2}}{R_2}, \quad \cdots, \quad i_n = \frac{u_{in}}{R_n}$$

则输出电压为

$$u_o = -R_F i_f = -R_F\left(\frac{u_{i1}}{R_1} + \frac{u_{i2}}{R_2} + \cdots + \frac{u_{in}}{R_n}\right) \tag{3-42}$$

式（3-42）表明该电路实现了各信号的比例加法运算。如取 $R_1 = R_2 = \cdots = R_n = R_F$，则

有

$$u_o = -(u_{i1} + u_{i2} + \cdots + u_{in})$$ (3-43)

2. 减法运算

1）利用差分式电路实现减法运算

电路如图 3.25 所示，u_{i2} 经 R_1 加到反相输入端，u_{i1} 经 R_2 加到同相输入端。根据叠加定理，首先令 $u_{i1}=0$，当 u_{i2} 单独作用时，电路成为反相放大电路，其输出电压为

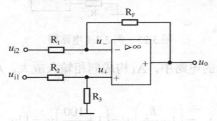

图 3.25 减法运算电路

$$u_{o2} = -\frac{R_F}{R_1} u_{i2}$$

再令 $u_{i2}=0$，u_{i1} 单独作用时，电路成为同相放大电路，同相端电压为

$$u_+ = \frac{R_3}{R_2 + R_3} u_{i1}$$

则输出电压为

$$u_{o1} = \left(1 + \frac{R_F}{R_1}\right) u_+ = \left(1 + \frac{R_F}{R_1}\right)\left(\frac{R_3}{R_2 + R_3}\right) u_{i1}$$

这样，当 u_{i1} 和 u_{i2} 同时输入时，有

$$u_o = u_{o1} + u_{o2} = \left(1 + \frac{R_F}{R_1}\right)\left(\frac{R_3}{R_2 + R_3}\right) u_{i1} - \frac{R_F}{R_1} u_{i2}$$ (3-44)

当 $R_1 = R_2 = R_3 = R_F$ 时，有

$$u_o = u_{i1} - u_{i2}$$ (3-45)

这样，就实现了两个输入信号的减法运算。

如图 3.25 所示的减法运算电路又称差分减法电路，具有输入电阻低和增益调整难两大缺点。为满足高输入电阻及增益可调的要求，工程上常采用由多级运算放大器组成的减法运算电路。

2）利用反相求和实现减法运算

多级运算放大器组成的减法电路如图 3.26 所示。第一级为反相放大电路,若取 $R_{F1}=R_1$，则 $u_{o1}=-u_{i1}$。第二级为反相加法运算电路，可导出

$$u_o = -\frac{R_{F2}}{R_2}(u_{o1} + u_{i2}) = \frac{R_{F2}}{R_2}(u_{i1} - u_{i2})$$ (3-46)

若取 $R_2 = R_{F2}$，则有

$$u_o = u_{i1} - u_{i2}$$ (3-47)

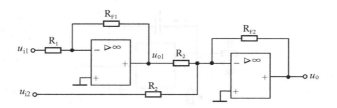

图 3.26 利用反相求和实现减法运算

这样，就实现了两个输入信号的减法运算。

【例 3.4.2】 加减法运算电路如图 3.27 所示，求输出与各输入电压之间的关系。

解：本题输入信号有 4 个，可利用叠加法求之。

① 当 u_{i1} 单独输入、其他输入端接地时，有 $u_{o1} = -\dfrac{R_F}{R_1} u_{i1} \approx -1.3 u_{i1}$

② 当 u_{i2} 单独输入、其他输入端接地时，有 $u_{o2} = -\dfrac{R_F}{R_2} u_{i2} \approx -1.9 u_{i2}$

③ 当 u_{i3} 单独输入、其他输入端接地时，有

$$u_{o3} = \left(1 + \frac{R_F}{R_1 \ /\!/ \ R_2}\right)\left(\frac{R_4 \ /\!/ \ R_5}{R_3 + R_4 \ /\!/ \ R_5}\right) u_{i3} \approx 2.3 u_{i3}$$

④ 当 u_{i4} 单独输入、其他输入端接地时，有

$$u_{o4} = \left(1 + \frac{R_F}{R_1 \ /\!/ \ R_2}\right)\left(\frac{R_3 \ /\!/ \ R_5}{R_4 + R_3 \ /\!/ \ R_5}\right) u_{i4} \approx 1.15 u_{i4}$$

由此可得到 $u_o = u_{o1} + u_{o2} + u_{o3} + u_{o4} = -1.3 u_{i1} - 1.9 u_{i2} + 2.3 u_{i3} + 1.15 u_{i4}$

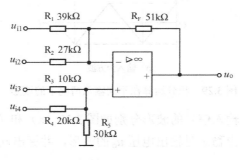

图 3.27 加减法运算电路

3.4.4 积分运算与微分运算

1. 积分运算

如图 3.28 所示为积分运算电路。

根据虚地的概念，$u_A \approx 0$，$i_R = u_i / R$。再根据虚断的概念，有 $i_c \approx i_R$，即电容 C 以电流 $i_c = u_i / R$ 进行充电。假设电容 C 的初始电压为零，那么

$$u_o = -\frac{1}{C}\int i_c \mathrm{d}t = -\frac{1}{C}\int \frac{u_i}{R}\mathrm{d}t = -\frac{1}{RC}\int u_i \mathrm{d}t \qquad (3\text{-}48)$$

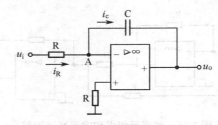

图 3.28 积分运算电路

上式表明，输出电压为输入电压对时间的积分，且相位相反。当求解 t_1 到 t_2 时间段的积分值时，有

$$u_o = -\frac{1}{RC}\int_{t_1}^{t_2} u_i \mathrm{d}t + u_o(t_1) \qquad (3\text{-}49)$$

式中，$u_o(t_1)$ 为积分起始时刻 t_1 的输出电压，即积分的起始值；积分的终值是 t_2 时刻的输出电压。当 u_i 为常量 U_i 时，有

$$u_o = -\frac{1}{RC}U_i(t_2 - t_1) + u_o(t_1) \qquad (3\text{-}50)$$

积分电路可以实现波形变换作用，如图 3.29 所示。当输入为阶跃信号时，若 t_0 时刻电容上的初始电压为零，则输出电压的波形如图 3.29（a）所示。当输入为方波和正弦波时，输出电压的波形分别如图 3.29（b）和（c）所示。

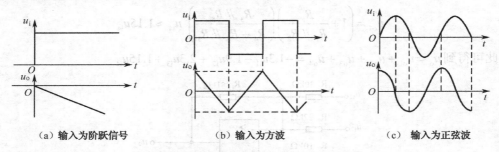

（a）输入为阶跃信号   （b）输入为方波   （c）输入为正弦波

图 3.29 积分运算在不同输入情况下的波形

【例 3.4.3】 电路及输入信号的波形分别如图 3.30（a）和（b）所示，电容器 C 的初始电压 $u_c(0)=0$，试画出稳态时输出电压 u_o 的波形，并标出 u_o 的幅值。

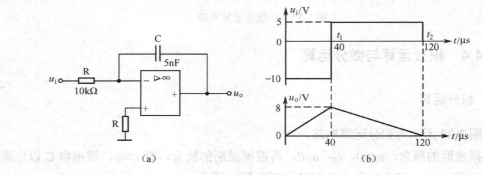

图 3.30 例 3.4.3 图

解：当 $t=t_1=40\mu s$ 时，有

$$u_o(t_1) = -\frac{u_i}{RC} t_1 = -\frac{-10\text{V} \times 40 \times 10^{-6}\text{s}}{10 \times 10^3 \Omega \times 5 \times 10^{-9}\text{F}} = 8\text{V}$$

当 $t = t_2 = 120\mu s$ 时，有

$$u_o(t_2) = u_o(t_1) - \frac{u_i}{RC}(t_2 - t_1) = 8\text{V} - \frac{5\text{V} \times (120 - 40) \times 10^{-6}\text{s}}{10 \times 10^3 \Omega \times 5 \times 10^{-9}\text{F}} = 0\text{V}$$

得输出波形如图 3.30（b）所示。

2. 微分运算

将积分电路中的 R 和 C 位置互换，就可得到微分运算电路，如图 3.31 所示。

在这个电路中，A 点为虚地，即 $u_A \approx 0$。再根据虚断的概念，有 $i_R \approx i_c$。假设电容 C 的初始电压为零，那么有 $i_c = C\dfrac{du_i}{dt}$，则输出电压为

$$u_o = -i_R \times R = -RC\frac{du_i}{dt} \qquad (3\text{-}51)$$

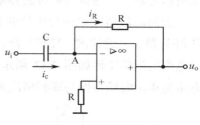

图 3.31　微分运算电路

上式表明，输出电压为输入电压对时间的微分，且相位相反。

如图 3.31 所示的微分电路只是一个原理电路，其实用性很差，这是因为当输入电压产生阶跃变化（例如，输入端有大的干扰）时，i_c 电流极大，会使集成运算放大器内部的晶体管进入饱和或截止状态，即使干扰消失以后，晶体管仍不能恢复到放大状态，也就是电路不能正常工作。同时，由于微分电路的反馈网络为滞后网络，它与集成运算放大器内部的滞后附加相移相加，易满足自激振荡条件，从而使电路不稳定。

实用的微分电路如图 3.32（a）所示，它在输入端串联了一个小电阻 R_1，以限制输入电流；同时在 R 上并联双向限幅稳压管，以限制输出电压，这就保证了集成运算放大器中的晶体管始终工作在放大区。另外，在 R 上并联小电容 C_1，起相位补偿作用。该电路的输出电压与输入电压近似为微分关系，当输入为方波，且 $R_C \ll T/2$（T 为方波的周期）时，输出为正负尖顶波，波形如图 3.32（b）所示。

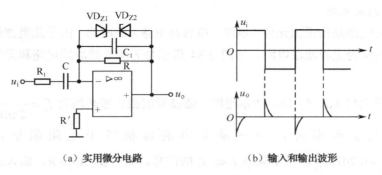

（a）实用微分电路　　　　　　　　（b）输入和输出波形

图 3.32　实用微分电路及波形

3.5 有源滤波器

在电子技术和自动控制系统中，广泛使用着滤波器。它的作用是让负载需要的某一频段的信号顺利通过电路，而其他频段的信号则被滤波器滤除，即过滤掉负载不需要的信号。通常把能够通过滤波器的信号频率范围定义为通带，而把受阻或衰减的信号频率范围称为阻带，通带与阻带的界限频率称为截止频率。

按照滤波器的通带与阻带的相互位置不同，滤波器通常可分为四类，即低通滤波（LPF）器、高通滤波（HPF）器、带通滤波（BPF）器和带阻滤波（BEF）器。四类滤波电路的幅频特性如图 3.33 所示，其中实线为理想特性，虚线为实际特性。各种滤波电路的实际幅频特性与理想情况是有差别的，设计者的任务是力求向理想特性逼近。

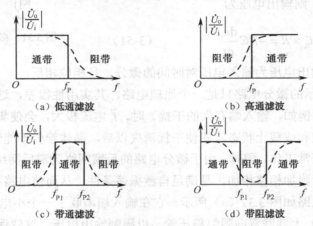

图 3.33　四种滤波电路的幅频特性

1. 无源滤波与有源滤波

1）无源滤波电路

无源滤波电路是由无源元件（电阻、电容及电感）组成的。由于此类滤波电路不用加电源，因而称为无源滤波电路。如图 3.34 所示是无源低通滤波电路和无源高通滤波电路。

对于如图 3.34（a）和（b）所示电路，滤波器的截止频率均为 $f_p = \dfrac{1}{2\pi RC}$。当信号频率等于截止频率时，也就是电容的容抗等于电阻阻值，此时由 $|\dot{U}_o| = \dfrac{1}{\sqrt{2}}|\dot{U}_i| = 0.707|\dot{U}_i|$。对于频率 $f \ll f_p$ 的信号，有容抗 $X_C \gg R$，输入信号能从如图 3.34（a）所示的低通滤波器通过，但不能从如图 3.34（b）所示的高通滤波器通过；而对于频率 $f \gg f_p$ 的信号，有容抗 $X_C \ll R$，输入信号不能从如图 3.34（a）所示的低通滤波器通过，但能从如图 3.34（b）所示的高通滤波器通过。它们的幅频特性如图 3.35 所示。

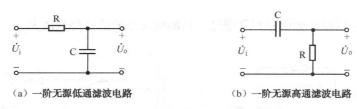

（a）一阶无源低通滤波电路 　　　　（b）一阶无源高通滤波电路

图 3.34　无源滤波电路

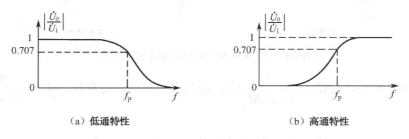

（a）低通特性　　　　　　　　（b）高通特性

图 3.35　无源滤波器的幅频特性

无源滤波器的优点是结构简单，无须外加电源。但存在以下缺点：

（1）R 和 C 上有信号电压降，故要消耗信号能量；

（2）带负载能力差，当在输出端接入负载 R_L 时，输出电压和滤波器的截止频率都随之改变；

（3）滤波性能不太理想，在通带与阻带之间存在着一个频率范围较宽的过渡区，即通带到阻带衰减太慢。

2）有源滤波电路

如果在无源滤波电路之后，加上一个放大环节，则构成一个有源滤波器，如图 3.36 所示。

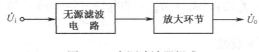

图 3.36　有源滤波器组成

有源滤波器的放大环节可由分立元件放大电路组成，也可以由集成运算放大器组成。若在放大电路中引入电压串联负反馈，以提高输入电阻、降低输出电阻，则可以克服无源滤波器带负载能力差的缺点。另外，还可以在放大电路中引入适量的正反馈（注意，正反馈不能强于负反馈），来提高滤波器截止频率附近的电压放大倍数，以补偿由于滤波器的阶次上升给滤波器截止频率附近的输出信号所造成的过多衰减，同时还可以使通带到阻带的衰减加快。由此可见，有源滤波器将大大提高滤波电路的性能。

2．有源低通滤波器

1）同相输入有源低通滤波

（1）一阶电路。

电路如图 3.37（a）所示，它由一节 RC 低通滤波电路及运放组成的同相放大电路组成。它不仅可以使低频信号顺利通过，还能使通过的信号得到放大。

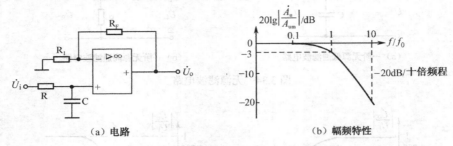

图 3.37　同相输入一阶有源低通滤波电路

根据虚断特性，有 $\dot{U}_+ = \dfrac{1}{1+j\omega RC}\dot{U}_i$；根据虚短特性，又有 $\dot{U}_+ = \dot{U}_- = \dfrac{R_1}{R_1+R_F}\dot{U}_o$。

因此有

$$\dot{A}_u = \frac{\dot{U}_o}{\dot{U}_i} = \frac{\dot{U}_o}{\dot{U}_+} \times \frac{\dot{U}_+}{\dot{U}_i} = \frac{R_1+R_F}{R_1} \times \frac{1}{1+j\omega RC} = \frac{A_{um}}{1+j\dfrac{f}{f_0}} \tag{3-52}$$

式中，$A_{um} = \dfrac{R_1+R_F}{R_1}$，为通带电压放大倍数；$f_0 = \dfrac{1}{2\pi RC}$，为特征频率。由于式（3-52）中分母 f 的最高次幂为一次，故称为一阶滤波器，其幅频特性表达式为

$$20\lg\left|\frac{\dot{A}_u}{A_{um}}\right| = -20\lg\sqrt{1+\left(\frac{f}{f_0}\right)^2} \quad (\text{dB}) \tag{3-53}$$

幅频特性曲线如图 3.37（b）所示。当 $f = f_0$ 时，$20\lg\left|\dfrac{\dot{A}_u}{A_{um}}\right| = -3\text{dB}$，所以通带的截止频率 $f_P = f_0$。当 $f \ll f_P$ 时，$\left|\dot{A}_u\right| = A_{um}$，$20\lg\left|\dfrac{\dot{A}_u}{A_{um}}\right| = 0\text{dB}$。当 $f \gg f_P$ 时，特性曲线按 $-20\text{dB}/$十倍频程的速率衰减。

该一阶低通滤波器的滤波特性与理想特性相比，差距很大。在理想情况下，希望当 $f > f_P$ 后，电压放大倍数立即下降到零，使大于截止频率的信号完全不能通过低通滤波器。但是，实际的一阶低通滤波器的对数幅频特性只是以每十倍频程衰减 20dB 的缓慢速率下降，即通带到阻带衰减太慢。

为了加快通带到阻带的衰减，使滤波特性接近于理想情况，可采用二阶低通滤波电路。

（2）简单的二阶电路。

简单的二阶有源低通滤波器如图 3.38（a）所示，它由两节 RC 低通滤波电路及运放组成的同相放大电路组成。

经推导，电压放大倍数表达式为

$$\dot{A}_u = \frac{\dot{U}_o}{\dot{U}_i} = \frac{A_{um}}{1 - \left(\dfrac{f}{f_0}\right)^2 + j3\dfrac{f}{f_0}} \qquad (3\text{-}54)$$

式中，$A_{um} = 1 + \dfrac{R_F}{R_1}$，称为通带电压放大倍数；$f_0 = \dfrac{1}{2\pi RC}$，称为特征频率。由于式（3-54）分母中 f 的最高次幂为二次，故称为二阶滤波器。若令式（3-54）分母的模等于 $\sqrt{2}$，则可求出该二阶低通滤波器的截止频率为

$$f_P \approx 0.37 f_0 \qquad (3\text{-}55)$$

其幅频特性如图 3.38（b）所示。虽然通带到阻带的衰减速率达到-40dB/十倍频程，但是 f_P 远离 f_0。若使 $f=f_0$ 附近的电压放大倍数更大，则可使 f_P 接近于 f_0，滤波特性趋于理想。可行的办法就是在放大电路中对 $f=f_0$ 频率附近的输入信号引入适量的正反馈。具体的电路结构请读者自行查阅资料。

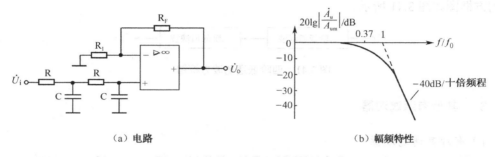

（a）电路　　　　　　　　　　　　（b）幅频特性

图 3.38　简单二阶有源低通滤波电路

2）反相输入有源低通滤波

（1）一阶电路。

电路如图 3.39 所示。与图 3.37（a）所示同相输入不同的是，滤波电容 C 与负反馈电阻 R_F 并联，因此输入信号的频率不同，负反馈的深度也不同。当输入信号的频率趋于零时，滤波电容 C 视为开路，电压放大倍数为最大；而输入信号的频率趋于无穷大时，滤波电容 C 视为短路，电压放大倍数为最小。由此可见，该电路也属于低通滤波电路。

电压放大倍数可写成

$$\dot{A}_u = \frac{\dot{U}_o}{\dot{U}_i} = -\frac{R_F \;//\; \dfrac{1}{j\omega C}}{R_1} = -\frac{R_F}{R_1} \times \frac{1}{1 + j\omega R_F C} = A_{um}\frac{1}{1 + j\dfrac{f}{f_0}} \qquad (3\text{-}56)$$

式中，$A_{um} = -\dfrac{R_F}{R_1}$，称通带电压放大倍数；$f_0 = \dfrac{1}{2\pi R_F C}$，称特征频率。通带截止频率 f_P 与 f_0 相同，幅频特性曲线与图 3.37（b）相同。

（2）简单二阶电路。

电路如图 3.40 所示，与图 3.39 的一阶电路相比较，它增加了一节由 R_1 和 C_1 组

成的低通滤波环节，因此构成了二阶低通滤波器。该电路的通带电压放大倍数为 $A_{um}=-R_F/(R_1+R_2)$，读者可以自行分析。（提示：在通带内，电容 C_1 和 C_2 可以怎么处理？）

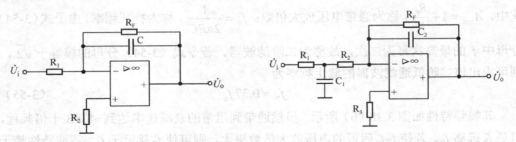

图 3.39　反相输入一阶有源低通滤波电路　　　图 3.40　反相输入简单二阶有源低通滤波电路

当多个低通滤波电路串联起来时，就可以得到高阶低通滤波电路。一个四阶低通滤波的方框图如图 3.41 所示。

图 3.41　四阶低通滤波方框图

3.　其他有源滤波器

1）有源高通滤波器

高通滤波电路与低通滤波电路具有对偶性，如果将如图 3.37、图 3.38 所示电路中的滤波环节的电容换成电阻，电阻换成电容，则可以分别得到图 3.42（a）、（b）所示的同相输入一阶、同相简单二阶的有源高通滤波电路。

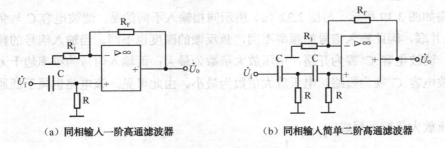

（a）同相输入一阶高通滤波器　　　　（b）同相输入简单二阶高通滤波器

图 3.42　有源高通滤波器

2）有源带通滤波器

带通滤波电路仅让某一频段的信号通过，而阻断该频段以外的所有信号。实现带通滤波的方法很多，其中一种办法就是将低通滤波电路与高通滤波电路串联，就可以得到带通滤波电路，如图 3.43 所示。当然要求低通滤波器的截止频率 f_{P1} 必须大于高通的 $(f_{P2}-f_{P1})$。

再将带通滤波电路与放大环节结合，就可以得到有源带通滤波器。

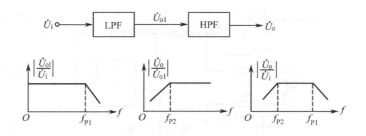

图 3.43　带通滤波电路的组成

3）有源带阻滤波器

与带通滤波电路相反，带阻滤波电路是阻止或衰减某一频段的信号，而让该频段以外的所有信号顺利通过。带阻滤波器又称为陷波器。

实现带阻滤波的方法很多，其中之一就是将低通滤波器和高通滤波器并联在一起，即将输入信号同时作用在低通滤波电路和高通滤波电路的输入端，再将低通滤波电路和高通滤波电路的输出信号相加，就可以得到带阻滤波器，如图 3.44 所示。当然，要求低通滤波器的截止频率 f_{P1} 必须小于高通滤波器的截止频率 f_{P2}（否则不能构成陷波器），则构成的带阻滤波器的阻带为 $(f_{P2} - f_{P1})$。

将带阻滤波电路与放大环节结合，就可以得到有源带阻滤波电路。

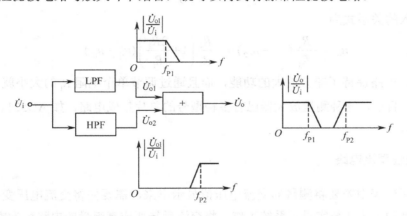

图 3.44　带阻滤波电路的组成

3.6　集成运算放大器实用电路举例

1. 高精度测量（仪器）放大电路

测量放大器又称为仪表放大器，它是数据采集、精密测量及工业自动控制系统中的重要组成部分，通常用于将传感器输出的微弱信号进行放大，具有高增益、高输入阻抗和高共模抑制比的特点。具体的测量放大电路多种多样，但其基本原理都如图 3.45 所示。

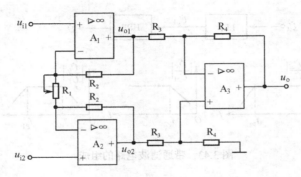

图 3.45　基本测量放大电路

图中 A_1 和 A_2 构成了两个特性参数完全相同的同相输入放大电路，故输入电阻很高。A_3 为第二级差分放大电路，具有抑制共模信号的能力。利用虚短特性可得到可调电阻 R_1 上的电压降为 $u_{i1} - u_{i2}$。鉴于理想运算放大器的虚断特性，流过 R_1 上的电流 $(u_{i1} - u_{i2})/R_1$ 就是流过电阻 R_2 的电流，因此有

$$\frac{u_{o1} - u_{o2}}{R_1 + 2R_2} = \frac{u_{i1} - u_{i2}}{R_1}$$

故得

$$u_{o1} - u_{o2} = \left(1 + \frac{2R_2}{R_1}\right)(u_{i1} - u_{i2})$$

输出与输入的关系式为

$$u_o = -\frac{R_4}{R_3}(u_{o1} - u_{o2}) = -\frac{R_4}{R_3}\left(1 + \frac{2R_2}{R_1}\right)(u_{i1} - u_{i2}) \tag{3-57}$$

可见，电路保持了差分放大的功能，而且通过调节单个电阻 R_1 的大小就可自由调节其增益。目前，这种测量放大器已有多种型号的单片集成电路，如 AD521、AD522、INA128 等。

2. 线性整流电路

在电子仪表中若要将测量的交流电压值显示出来，需要先将交流电压变换成直流量，再去推动表头或数字显示系统工作。将交流量转变成直流量的电路称为整流电路，一般采用二极管整流电路。但硅二极管的开启电压约为 0.5V，当输入到整流电路的交流电压峰值低于开启电压时，二极管是不能导通的，因此根本无法实现整流。即使交流电压的峰值大于 0.5V，由于二极管的非线性也会使输出的直流电压与输入的交流电压不成线性关系，并且信号越小，由于非线性产生的误差越大，从而降低了电子仪表的测量精度。

采用集成运算放大器和二极管配合使用，则可以实现线性整流，也叫作精密整流电路。

1）半波线性整流电路

半波线性整流电路如图 3.46（a）所示，VD_1 是钳位二极管，VD_2 是整流二极管。

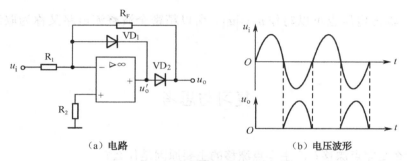

（a）电路　　　　　　　　　　（b）电压波形

图 3.46　半波线性整流电路

正弦信号 u_i 从集成运放的反相端输入，若 u_i 为正半周时，u_o' 必为负值，故 VD$_1$ 导通，对运放引入负反馈，使集成运放的反相端为虚地点，故 VD$_1$ 给输入电流 u_i/R_1 提供通路，u_o' 被 VD$_1$ 钳位在约-0.7V，并引起 VD$_2$ 截止，故 R$_F$ 中无电流，$u_o = 0$。

当 u_i 为负半周时，u_o' 必为正值，则 VD$_1$ 截止，VD$_2$ 导通，使 R$_F$ 对集成运放引入了负反馈，使运放的反相端为虚地点，运放电路构成了反相比例运算电路，$u_o = -\dfrac{R_F}{R_1}$。

当 $R_F = R_1$ 时，则有 $u_o = -u_i$。

由此可见，当输入信号为正弦波时，输出信号是半个周期的正弦波，故称为半波整流，如图 3.46（b）所示。而且，整流二极管被接在反馈环内，使电路的输出电压与二极管的开启电压无关，与输入电压呈线性关系，故为精密半波整流电路。

2）全波线性整流电路

在半波线性整流电路的基础上，加上一级加法器，就可构成全波线性整流电路，如图 3.47（a）所示。其输出电压为

$$u_o = -\left(\frac{R_{F2}}{R_4}u_i + \frac{R_{F2}}{R_3}u_{o1}\right) = -(u_i + 2u_{o1}) \tag{3-58}$$

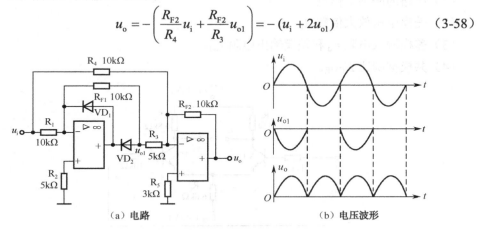

（a）电路　　　　　　　　　　　（b）电压波形

图 3.47　全波线性整流电路

当输入信号 u_i 为正半周时，根据半波整流原理，有 $u_{o1} = -u_i$，代入式（3-58）得

$$u_o = -(u_i + 2u_{o1}) = -(u_i - 2u_i) = u_i$$

当输入信号 u_i 为负半周时，根据半波整流原理，有 $u_{o1} = 0$，代入式（3-58）得

$$u_o = -(u_i + 2u_{o1}) = -u_i$$

全波线性整流电路的输入、输出波形如图 3.47（b）所示，是精密全波整流电路。

显然，输出电压也可以写作 $u_o = |u_i|$，所以精密全波整流电路又称为取绝对值电路。

复习与思考

1. 什么是零点漂移？产生零点漂移的主要原因是什么？
2. 差分放大电路为什么能很好地抑制零点漂移？
3. 模拟集成电路与分立元件放大电路相比较有哪些特点？
4. 何谓理想运算放大器？何谓"虚短"和"虚断"？
5. 为什么在集成运算放大器的线性应用电路中必须要引入负反馈？
6. 什么是无源滤波？什么是有源滤波？
7. 集成运算放大器在使用时为什么要调零？如何调零？
8. 集成运算放大器在使用时为什么要进行相位补偿？如何补偿？
9. 测量放大电路，为什么具有"高精度"测量特点？

习 题 3

3.1 差分放大电路如题图 3.1 所示，已知 $\beta_1=\beta_2=60$，$U_{BEQ1}=U_{BEQ2}=0.7V$，试求：
（1）电路的静态工作点。
（2）差模电压放大倍数 A_{ud}。
（3）差模输入电阻 r_{id} 和差模输出电阻 r_{od}。
（4）共模抑制比 K_{CMR}。

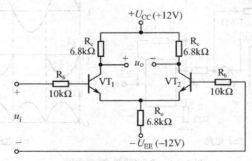

题图 3.1

3.2 差分放大及射极跟随器电路如题图 3.2 所示，已知 $\beta_1=\beta_2=\beta_3=100$，$U_{BEQ1}=U_{BEQ2}=U_{BEQ3}=0.7V$，试求：
（1）电路的静态工作点。
（2）差模输入电阻 r_{id}。

（3）差模电压放大倍数 $A_{ud}=u_o/u_i$。

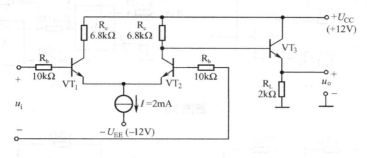

题图 3.2

3.3 由理想运算放大器构成的三个电路如题图 3.3 所示，试计算输出电压 u_o 值。

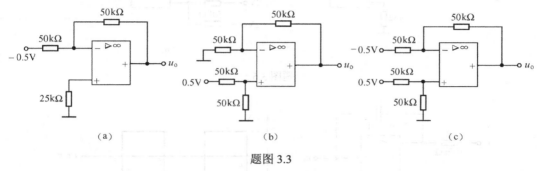

题图 3.3

3.4 由集成运算放大器组成的测量电压和测量电流的电路分别如题图 3.4（a）和（b）所示，输出端接 5V 电压表，欲得图中所示的电压和电流量程，试求 R_1、R_2 和 R_3 的阻值。

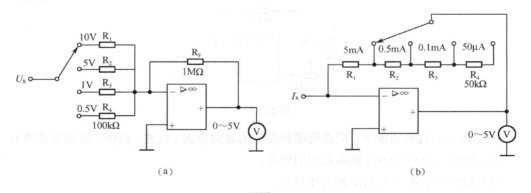

题图 3.4

3.5 由理想运算放大器构成的两个电路如题图 3.5 所示，试计算输出电压 u_o 的值。

3.6 由理想运算放大器构成的两个电路如题图 3.6 所示，试计算输出电压 u_o 的值。

3.7 积分电路及输入波形如题图 3.7 所示，已知 $t=0$ 时，$u_c=0$，试画出 u_o 的波形。

3.8 对于如题图 3.8 所示的一阶有源高通滤波电路，试推导其电压放大倍数表达式，并画出其幅频特性。

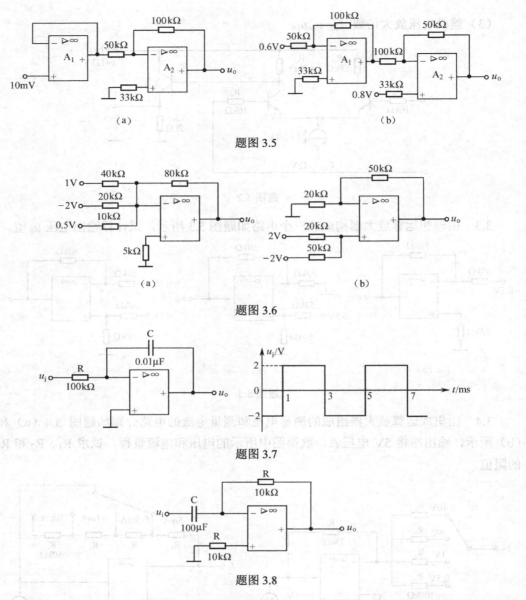

题图 3.5

题图 3.6

题图 3.7

题图 3.8

3.9 在下列几种情况下，应选用哪种类型的滤波电路（低通、高通、带通及带阻）。

（1）处理 4.43±1.3MHz 频率范围的信号。

（2）取出频率低于 15kHz 的有用信号。

（3）滤除频率低于 15kHz 的无用信号。

（4）希望滤除 465kHz 频率的干扰信号。

3.10 如题图 3.9 所示是一个光电偏差绝对值电压产生电路。其中 $VD_2 \sim VD_6$ 组成光电跟踪传感器，VD_2 为红外发光二极管，$VD_3 \sim VD_6$ 为光敏二极管，$u_1 \sim u_4$ 电压分别与 $VD_3 \sim VD_6$ 的光电流相对应。运算放大器 $A_1 \sim A_7$ 均采用 LM324。试问：

（1）$A_1 \sim A_4$ 是什么电路？电压放大倍数多大？

（2）A_5 是什么电路？写出 A_5 输出 u_o' 与输入 u_1、u_2、u_3 及 u_4 之间的关系式。

（3）A_6 是什么电路？调节 RP_1 可改变什么？

（4）A_7、VD_7 及 VD_8 等元件组成绝对值电路，无论 u_o'' 是正或是负，u_o 均为正。试分析其原理。

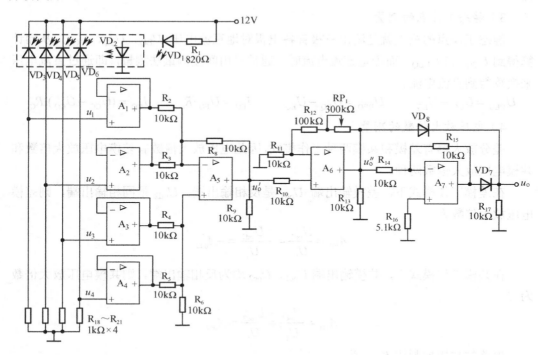

题图 3.9

实 训 项 目

项目 1　差分放大电路的测试

1. 要求

已知条件：U_{CC}=+12V，U_{EE}= − 12V，R_L=20kΩ，U_{id}=20mV（有效值）。
性能指标要求：R_{id}>10kΩ，A_{ud}>15，K_{CMR}>50dB。

2. 原理

1）基本原理

差分放大器是一种特殊的直接耦合放大器，它能有效地抑制零点漂移；它的基本性能是放大差模信号、抑制共模信号。常用共模抑制比来表征差分放大器对共模信号的抑制能力。

2）静态工作点的调整

实验电路通过调节电位器使两个三极管的集电极电压相等来调节电路的对称性。

3）静态工作点的测量

静态工作点的测量就是测出三极管各电极对地直流电压 U_{BQ}、U_{EQ}、U_{CQ}，从而计算得到 U_{CEQ} 和 U_{BEQ}。而测量直流电流时，通常采用间接测量法测量，即通过直流电压来换算得到直流电流。

$$U_{CEQ} = U_{CQ} - U_{EQ} \qquad U_{BEQ} = U_{BQ} - U_{EQ} \qquad I_{EQ} = U_{EQ}/R_e \qquad I_{CQ} = (U_{CC} - U_{CQ})/R_C$$

4）电压放大倍数的测量

差分放大器有差模和共模两种工作模式,因此电压放大倍数有差模电压放大倍数和共模电压放大倍数两种。

在差模工作模式下，差模输出端 U_{od1} 是反相输出端，U_{od2} 是同相输出端，则差模电压放大倍数为

$$A_{ud1} = \frac{U_{od1}}{U_i} = -\frac{U_{od2}}{U_i} = -A_{ud2}$$

在共模工作模式下，共模输出端 U_{oc1}、U_{oc2} 均为反相输出端，则共模电压放大倍数为

$$A_{uc1} = \frac{U_{oc1}}{U_i} = \frac{U_{oc2}}{U_i} = A_{uc2}$$

电路的共模抑制比 K_{CMR} 为

$$K_{CMR} = \left| \frac{A_{ud}}{A_{uc}} \right| \qquad 或 \qquad K_{CMR} = 20\lg \left| \frac{A_{ud}}{A_{uc}} \right| dB$$

5）输入电阻的测量

测试采用如项目图 1 所示的测试方法:在信号源和电路的输入端之间串接一个电阻 R，将微小的输入电流 I_i 转换成电压进行测量;在输出波形不失真的情况下输入信号 U_i，测量出 U_S 及 U_i，则输入电阻为

$$R_i = \frac{U_i}{I_i} = \frac{U_i}{(U_S - U_i)/R} = \frac{U_i}{U_S - U_i} R$$

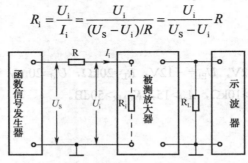

项目图 1　输入电阻测量原理图

6）输出电阻的测量

差分放大器单端输出时的差模输出电阻 R_o 的测量采用如项目图 2 所示的测试方法。

开关 K 打开时测出 U_o，开关 K 闭合时测出 U_{oL}，测输出电阻为

$$R_o = \frac{U_o - U_{oL}}{U_{oL}/R_L} = \frac{U_o - U_{oL}}{U_{oL}} R_L$$

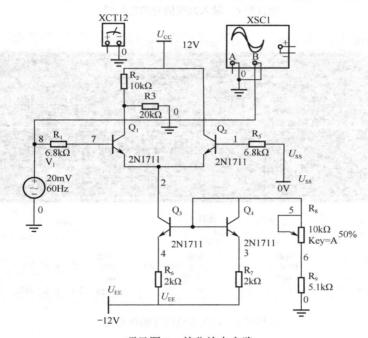

项目图 2　输出电阻测量原理图

3．设计原理图

利用 Multisim 仿真软件（见第 8 章），设计差分放大电路如项目图 3 所示。

项目图 3　差分放大电路

4．仿真结果

（1）输入共模信号时，仿真图如项目图 4 所示。

（2）输入差模信号时，仿真图如项目图 5 所示。

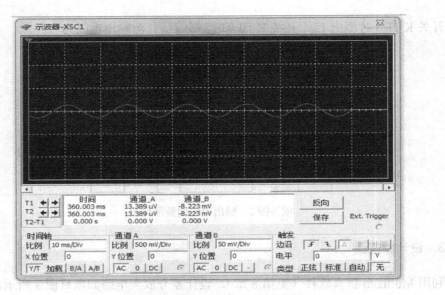

项目图 4　输入共模信号的仿真图

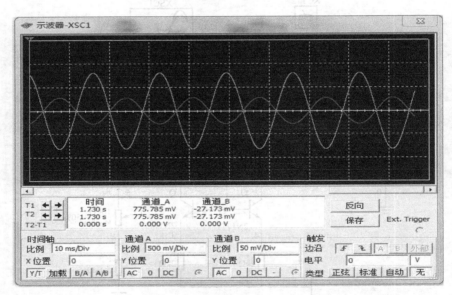

项目图 5　输入差模信号的仿真图

5. 参数计算

$$r_{be} = 300\Omega + (1+\beta)\frac{26\text{mV}}{(I_0/2)\,\text{mA}} = 6.3\text{k}\Omega$$

$$A_{ud} = U_c/U_{id} = 575\text{mV}/20\text{mV} \approx 28.8$$

$$A_{uc} = U_c/U_{ic} = 575\text{mV}/12\text{V} \approx 0.048$$

$$K_{CMR} = 20\lg\frac{A_{ud}}{A_{uc}} \approx 20 \times 2.8 = 56$$

项目 2　运算放大器基本应用电路测试

1．实验目的和要求

（1）熟悉 OP07 集成放大器的应用。

（2）掌握集成运算放大器组成的比例（含跟随器）、加法、减法、积分等基本运算电路的功能和测量。

（3）掌握集成运放构成的电压比较器、同（反）相迟滞比较器的电路原理和测量。

2．实验仪器和设备

（1）三相电综合实验台。

（2）模电三号实验板。

（3）TFG2030V 数字合成信号发生器。

（4）ATTEN 公司的 7020 型 25MC 数字示波器。

（5）数字万用表。

3．内容及要求

（1）比例放大器的测量。

（2）加（减）法器的测量。

（3）积分器的测量。

（4）电压比较器的测试。

（5）方波–三角波发生器的测试。

4．实验原理及要求

1）比例放大器的原理及测试

比例运算放大器的电路如项目图 6 所示。

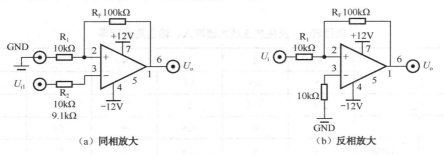

（a）同相放大　　　　　　　　（b）反相放大

项目图 6　比例放大器原理

比例放大器在没有引入反馈电阻的条件下，构成过零电压比较器。

要求：输入信号为 $f=100\text{Hz}$ 的正弦交流信号，幅值可调。

测量结果分别填入项目表 1、项目表 2 和项目表 3 中。

项目表1　同相比例放大器输入、输出测量值

直流输入电源		−1	−0.5	0	0.5	1
输出电压 U_o	理论值	−11	−5.5	0	5.5	11
	实测值	−10.7	−5.8	0	5.7	11.3
	误差	1.7%	3.7%	0	1.82%	0.92%

项目表2　跟随器输入、输出测量值

U_i		−2	−0.5	0	0.5	1
U_o	$R_L=1\text{k}\Omega$	−1.9	−0.51	0	0.49	1
	$R_L=10\text{k}\Omega$	−1.9	−0.50	0	0.50	1

项目表3　反向比例放大器输入、输出测量

直流输入电源		−1	−0.5	0	0.5	1
输出电压 U_o	理论值	10	5	0	−5	−10
	实测值	9.8	5	0	−5.3	−10
	误差	1.1%	0	0	2.1%	0

2）加（减）法器的原理和测量

（1）反相加法器的原理如项目图7所示，测量结果填入项目表4中。

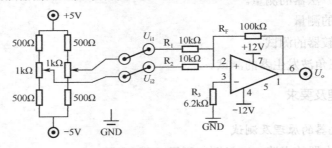

项目图7　反相加法器

项目表4　反相加法放大器输入、输出测量结果

		1	2	3	4	5	6
U_{i1}		2.5	2.5	2.5	−2.5	−2.5	−2.5
U_{i2}		2.5	−2.5	0	2.5	−2.5	0
U_o	理论值	−50	0	−25	0	50	25
	实测值	−49	0	−26	0	51	25
误差		2%	0	4%	0	2%	0

（2）减法器电路原理如项目图8所示，测量结果见项目表5。

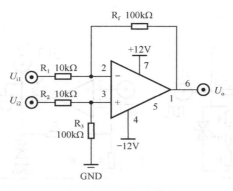

项目图8 减法器电路

项目表5 减法器的输入和输出的测量结果

		1	2	3	4	5	6
U_{i1}		1.0	1.0	1.0	1.0	1.0	1.0
U_{i2}		0.5	0.6	0.7	0.8	0.9	1.0
U_o	理论值	5.0	4.0	3.0	2.0	1.0	0
	实测值	4.8	4.2	3.1	2.0	0.9	0
误差		5.9%	2.6%	6.6%	0	10%	0

（3）积分器的原理如项目图9所示。

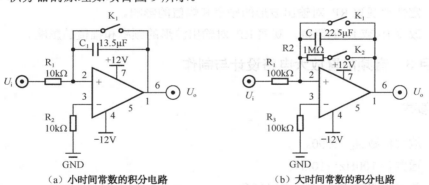

（a）小时间常数的积分电路　　　　　　（b）大时间常数的积分电路

项目图9 积分电路原理

分别输入频率为500Hz峰峰值为5V的方波和正弦信号，观察 U_i 和 U_o 的大小和相位关系，记录波形。

（4）方波-三角波发生器的原理如项目图10所示。

电路振荡频率：
$$f_0 = \frac{R_2}{4R_1(R_f + R_p)C_f}$$

方波幅值：
$$U_{om} = \pm U_Z$$

三角波的幅值：
$$U_{om} = \frac{R_1}{R_2}U_Z$$

调节 RP 可以改变电路的振荡频率，调节 R_1/R_2 的比值可以调节三角波的幅度。

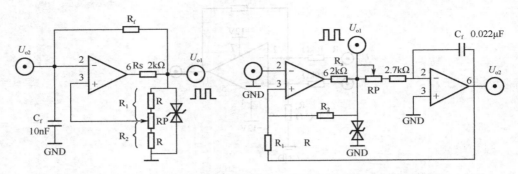

（a）单运放方波-三角波发生器原理　　　　　　（b）双运放方波-三角波发生器原理

项目图10　方波-三角波发生器原理图

要求：（1）调节电位器，观察输出的方波和三角波，测量其幅值、频率值，测量电位器的阻值并记录在项目表6中。

项目表6　方波-三角波发生器测量结果

	幅　　值	频　　率	RP
方波	2.20	465.5	
三角波	0.083	475.2	

（2）定性地观察 RP 对输出波形的频率和幅值的影响。

（3）改变 R_1 或 R_2 的阻值，观察 RP 对输出波形的频率和幅值的影响。

项目3　音频前置放大电路设计与制作

1. 要求

（1）放大倍数 $A_u \geq 1000$。

（2）通频带 100Hz～10kHz。

（3）放大电路的输入电阻 $R_i \geq 1M\Omega$。

（4）在负载电阻为 8Ω 的情况下，输出功率 $\geq 2W$。

（5）功率放大电路效率大于 50%。

（6）输出信号无明显失真。

2. 电路设计

1）第一级——反馈放大电路实现电压放大

如项目图11所示，信号接入电路后，通过用电容过滤掉输入信号中的直流部分首先经第一个 NE5532AI 与电阻 33kΩ 和 1kΩ 组成放大倍数为 34 倍的负反馈电路，再进入第二个放大倍数为 36 倍的负反馈电路。

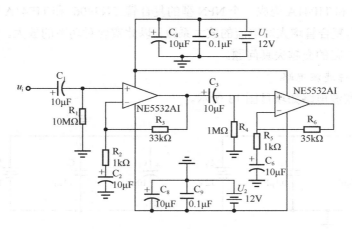

项目图 11 NE5532 负反馈放大电路实现电压放大

$$A_{u1}=(R_2+R_3)/R_2=(33+1)/1=34$$

$$A_{u2}=(R_5+R_6)/R_5=(35+1)/1=36$$

$$A_u=A_{u1}\times A_{u2}=34\times36=1224$$

所以输入信号经第一级连续两个负反馈电路放大，理论上已经达到了 1224 倍的电压放大倍数，即使信号流经电路会造成一定衰减，但是衰减后的放大倍数依然能够达到 1000 倍以上。

2）第二级——功率放大电路

信号经第一级放大电路放大电压后经过电容 C_7 过滤掉直流信号后流进第二级功率放大电路，通过两个复合管构成的 OCL 互补放大电路实现对输入信号的功率放大。

OCL 互补功率放大电路如项目图 12 所示。

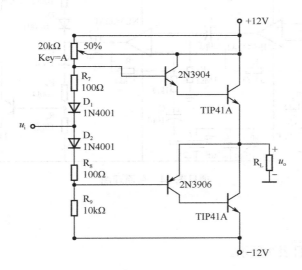

项目图 12 OCL 互补功率放大电路

由 2N3904 和 TIP41A 构成一个 NPN 型的复合管, 2N3906 和 TIP41A 构成一个 PNP 型的复合管。用复合管增大对电流的放大系数, 以此实现对功率的放大。使用二极管和电阻配合消除电路的交越失真问题。

3) 直流电源滤波电路

直流电源滤波电路如项目图 13 所示。

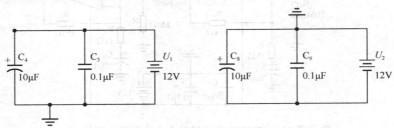

项目图 13　直流电源滤波电路

由于模拟电子电路对直流电源电压的稳定性要求很高, 因此通常会在电路中的电源电压两端并联一大一小两个电容, 如图中的 C_4、C_5 和 C_8、C_9, 利用电容"隔直通交"的性质可以对直流电源中的波动成分形成交流通路并将其引入接地, 避免因为直流电源电压的波动对电路产生影响。

在输入信号后接电容阻挡输入中附带的直流信号, 使信号中的直流信号不能流入, 从而避免直流信号对放大电路的影响。

4) 总原理图

总原理图如项目图 14 所示。

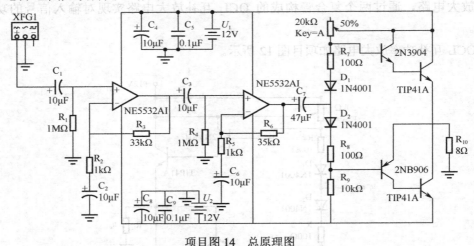

项目图 14　总原理图

3. 元件清单

元件清单如项目表 7 所示。

项目表7 元件清单

标 号	名 称	参 数	数 量
NE5532AI	NE5532		1
C_1、C_2、C_3、C_4、C_6、C_8	电解电容	10μF	6
C_7	电解电容	47μF	1
C_5、C_9	陶瓷电容	0.1μF	2
R_1、R_4	电阻	1MΩ	2
R_2、R_5	电阻	1kΩ	2
R_3	电阻	34kΩ	1
R_6	电阻	36kΩ	1
R_7、R_8	电阻	100Ω	2
R_9	电阻	10kΩ	1
R_{10}	扬声器	8Ω	1
R_{11}	电位器	20kΩ	1
1N4001	二极管		2
2N3904	三极管		1
2N3906	三极管		1
TIP41A	三极管		2

4．仿真

1）第一级仿真检查

（1）断开第二级，将信号发生器接入电路输入信号。将示波器连接到第一级的第一个负反馈输出上，调整输入信号的频率，仿真查看波形。波形如项目图15所示。

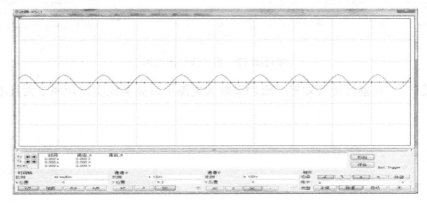

项目图15 第一个负反馈的输出波形

（2）将示波器连接到第二个负反馈输出上观察。

波形如项目图16所示。

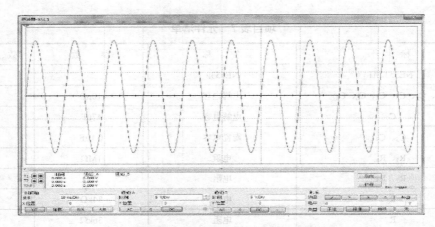

项目图 16　第二个负反馈的输出波形

经过仿真，观察波形可知电路第一级放大电路完好，输出波形未发生失真；

2）第二级仿真检查

输入信号调整到 20V 的 $U_{\text{p-p}}$ 连接到第二级的输入上，观察输出波形如项目图 17 所示。

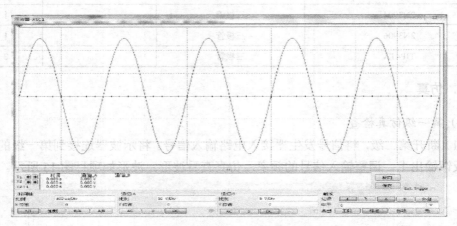

项目图 17　第二级输出波形

经过仿真，观察波形可知第二级功率放大电路可以完美地实现功率放大且不发生失真。

第4章 波形的产生、变换与处理

学习指导

本章主要讲述了正弦波振荡电路和非正弦波产生电路。正弦波振荡电路主要有 RC 型和 LC 型两大类，它们由四部分组成：放大电路、选频网络、正反馈网络和稳幅环节。一般从相位和幅值平衡条件来计算振荡频率和放大电路所需的增益。而石英晶体振荡器是 LC 振荡电路的一种特殊形式，由于晶体的等效谐振回 Q 值很高，因而振荡频率有很高的稳定性。非正弦波发生电路由滞回比较器和 RC 延时电路组成，主要参数是振荡幅值和振荡频率。由于滞回比较器引入了正反馈，从而加速了输出电压的变化；延时电路使比较器输出电压周期性地从高电平跃变为低电平，再从低电平跃变为高电平，而不停留在某一状态，从而使电路产生自激振荡。本章讨论了方波、矩形波、三角波和锯齿波产生电路，最后介绍了利用集成运放实现信号的转换。

教学目标

（1）熟练掌握正弦波振荡器产生自激振荡的条件和 RC 串并联电路的正弦波发生电路的起振条件和振荡频率 f。

（2）正确理解变压器耦合和三点式 LC 正弦波发生电路的工作原理、频率估值。理解石英晶体振荡器工作原理，集成运算构成的非正弦发生电路的工作原理。

（3）掌握三种比较器（简单、窗口、滞回）的工作原理、阈值的求解方法，以及输出电压与输入电压的关系。

（4）了解电压比较器参数，集成电压比较器的特点。

4.1 正弦波信号发生器

正弦波信号发生器也称为正弦波振荡器，与前面学习的自激类似，它是一种没有输入就有输出的现象。和前面学习的放电电路不同，正弦波振荡器是一种利用正反馈、不需要输入就能自行产生输出信号的电路。

1. 产生正弦波的振荡条件

要弄清楚振荡条件，应当从两个方面考虑：（1）没有输入就有输出的原因；（2）输出的内容。

如图 4.1 所示，引入正反馈的正弦波信号发生器由一个放大器 $\dot{A}$ 和反馈网络 $\dot{F}$ 组成。在电路刚接通的瞬间，将正弦波电压 u_i 输入到放大电路后，产生输出的正弦波电压

u_o，同时产生反馈电压 u_f。若此时立即将输入 u_i 置零，用反馈电压 u_f 代替原来的输入电压 u_i，则输出电压 u_o 将保持不变，这样就实现了没有输入就有输出。

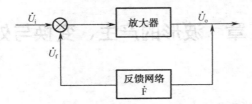

图 4.1　振荡电路的示意图

由此得出维持振荡器输出等幅振荡的平衡条件为

$$\dot{U}_f = \dot{U}_i \tag{4-1}$$

已知放大器电压增益

$$\dot{A} = A\angle\varphi A$$

反馈网络的反馈系数

$$\dot{F} = F\angle\varphi F \tag{4-2}$$

由 $\dot{U}_f = \dot{U}_i$，得到

$$\dot{U}_f = \dot{F}\dot{U}_o = \dot{A}\dot{F}\dot{U}_i \tag{4-3}$$

综上可得

$$\dot{A}\dot{F} = 1$$

即

$$\dot{A}\dot{F} = AF\angle(\varphi A + \varphi F) = 1 \tag{4-4}$$

于是，可以得到自激振荡的平衡条件

$$\begin{cases} |\dot{A}\dot{F}| = 1 \\ \varphi_A + \varphi_F = 2n\pi, \ n = 0, 1, 2, \cdots \end{cases} \tag{4-5}$$

其中：

（1）$|\dot{A}\dot{F}| = 1$ 称为幅度平衡条件，说明当反馈电压 u_f 与输入电压 u_i 的大小相等时，产生等幅振荡；当 $|\dot{A}\dot{F}| > 1$ 时，振荡输出越来越大，产生增幅振荡，称为起振条件；若 $|\dot{A}\dot{F}| < 1$，则振荡输出越来越小，直到最后输出为零而停振。

（2）$\varphi_A + \varphi_F = \pm 2n\pi$，（$n = 0$，1，2，…）称为相位平衡条件，说明产生振荡时，反馈电压的相位与所需输入电压的相位相同，即形成正反馈。因此，由相位平衡条件可确定振荡器的振荡频率。

幅度起振条件和平衡条件可以通过调节电路参数来满足，所以相位平衡条件是否满足就成为判断正弦波振荡电路能否振荡的关键。

判断相位平衡条件一般采用瞬时极性法，即假设断开反馈网络与放大电路输入端的连接线（用×表示），并视放大电路的输入阻抗为反馈网络的负载。然后，假定某一瞬时，有一个瞬时极性为"+"的信号电压 u_i 作用于放大电路的输入端，经放大和反馈后得到相应的反馈电压 u_f 的极性。再根据放大电路和反馈网络的相频特性，来分析 u_f 与 u_i 的相位关系。若在某一特定频率上，u_f 与 u_i 的相位差为 $\pm 2n\pi$（$n = 0$，1，2，…），即为正反馈时，可认为电路满足相位平衡条件。

起始由接通电源造成的电扰动所引起的振荡信号十分微弱,但是由于不断地对它进行放大—选频—正反馈—再放大等多次循环,于是一个与振荡回路固有频率相同的自激振荡便由小到大地增长起来。最后由于晶体管特性的非线性,振幅会自动稳定到一定的幅度,振荡电路达到稳态振荡。

注意,为了保证振荡器在接通电源后能完成输出信号从小到大直至平衡在一定幅值的过程,电路的起振条件必须满足$|AF| > 1$。

2. 正弦波信号发生器的组成

正弦波振荡器是以基本放大器为基础再加正反馈网络组成的,具体可分为基本放大电路、选频网络和正反馈网络三个部分,如图4.2所示。

图4.2　正弦波信号发生器组成框图

1)基本放大电路

利用三极管的电流放大作用或集成运放的放大作用,使电路具有足够大的放大倍数。

2)选频网络

它仅对某一特定频率的信号产生谐振,从而保证正弦波振荡器能输出具有单一信号频率的正弦波。

3)反馈网络

将输出信号正反馈到放大电路的输入端,作为输入信号,使电路产生自激振荡。

以如图4.3所示电路为例,当开关S拨向"1"时,该电路为基本放大器,当输入信号为正弦波时,放大器输出负载互感耦合变压器L_2上的电压为u_f,调整互感M及回路参数,可以使$u_i = u_f$。

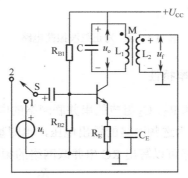

图4.3　正弦波振荡建立的过程

此时,若将开关S快速拨向"2"点,则集电极电路和基极电路都维持开关S接到"1"点时的状态,即始终维持着与 u_i 相同频率的正弦信号。这时,基本放大器就变为正弦波振荡器。

按振荡频率来分，正弦波信号发生器有高频信号发生器、中频信号发生器和低频信号发生器；按结构来分，正弦波信号发生器主要有 RC 型、LC 型及石英晶体型三大类。不同类型的振荡电路输出的信号频率不同。RC 信号发生器的振荡频率较低，一般在 1MHz 以下，LC 信号发生器的振荡频率多在 1MHz 以上，石英晶体信号发生器的特点是振荡频率非常稳定。

4.1.1 RC 正弦波振荡电路

为了获得单一频率的正弦波，正弦波振荡电路必须由放大电路和正反馈网络组成。此外电路中还必须包含选频网络和稳幅环节。增加选频网络是为了获得单一频率的正弦波振荡，而稳幅环节是为了得到稳定的等幅振荡信号。由 R、C 元件组成选频网络的正弦波振荡电路，称为 RC 正弦波振荡电路。在需要几十千赫兹以下的低频信号时，常用 RC 正弦波振荡器。

1．电路组成

图 4.4（a）是 RC 正弦波振荡电路，其中集成运放是基本放大电路，R_F 和 R_3 构成负反馈支路没有选频作用，起稳幅作用。R_1、C_1 和 R_2、C_2 组成 RC 串、并联选频网络同时兼作正反馈网络，使电路产生振荡。上述两个反馈支路正好形成四臂电桥，也称为文氏桥振荡电路。

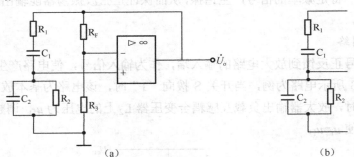

（a）　　　　　　　　　　　　　　（b）

图 4.4　RC 为正弦波振荡电路

2．RC 串并联网络的频率特性

图 4.4（b）是由 R_1、C_1 和 R_2、C_2 组成的串并联网络的电路图，其中 $\dot{U}$ 为输入电压，即放大电路的输出电压。$\dot{U}_f$ 为选频网络的输出电压，也即基本放大网络的输入电压。

由如图 4.4（a）所示电路可以写出 RC 串并联网络的频率特性表示式，即

$$F = \frac{\dot{U}_f}{\dot{U}} = \frac{Z_2}{Z_1 + Z_2} = \frac{\dfrac{R_2}{1 + j\omega R_2 C_2}}{R_1 + \dfrac{1}{j\omega C_1} + \dfrac{R_2}{1 + j\omega R_2 C_2}}$$

$$= \frac{1}{\left(1 + \dfrac{R_1}{R_2} + \dfrac{C_2}{C_1}\right) + \mathrm{j}\left(\omega C_2 R_1 - \dfrac{1}{\omega C_1 R_2}\right)} \tag{4-6}$$

若选取 $R_1 = R_2 = R$，$C_1 = C_2 = C$，且令 $\omega_0 = \dfrac{1}{RC}$，则上式可以简化为

$$\dot{F} = \frac{1}{3 + \mathrm{j}\left(\dfrac{\omega}{\omega_0} - \dfrac{\omega_0}{\omega}\right)} \tag{4-7}$$

其幅频特性为

$$|\dot{F}| = \frac{1}{\sqrt{3^2 + \mathrm{j}\left(\dfrac{\omega}{\omega_0} - \dfrac{\omega_0}{\omega}\right)^2}}$$

相频特性为

$$\varphi_{\mathrm{F}} = -\arctan \frac{\dfrac{\omega}{\omega_0} - \dfrac{\omega_0}{\omega}}{3}$$

显然，当 $\omega = \omega_0 = \dfrac{1}{RC}$ 时，$\dot{F}$ 的幅值最大，即 $|\dot{F}|_{\max} = \dfrac{1}{3}$，而且相角为零，即 $\varphi_{\mathrm{F}} = 0$。

由以上分析，可以得出反馈系数 $\dot{F}$ 的幅频特性和相频特性曲线，如图 4.5 所示。可见该网络在频率为 ω_0 时的反馈系数最大，为 $\dfrac{1}{3}$，且相移为 0，具有选频特性。

当输入信号 $\dot{U}$ 的频率 ω 较低时，由于 $1/\omega C_1 \gg R_1$，$1/\omega C_2 \gg R_2$，则信号频率越低，输出信号 $\dot{U}_{\mathrm{f}}$ 的幅值越小，且 $\dot{U}_{\mathrm{f}}$ 比 $\dot{U}$ 的相位超前。当频率趋近零时，$|\dot{U}_{\mathrm{f}}|$ 也趋近于零，相移超前约 $+\dfrac{\pi}{2}$。

当输入信号 $\dot{U}$ 的频率较高时，由于 $1/\omega C_1 \ll R_1$，$1/\omega C_2 \ll R_2$，则信号频率越高，输出信号 $\dot{U}_{\mathrm{f}}$ 的幅值也越小，且 $\dot{U}_{\mathrm{f}}$ 比 $\dot{U}$ 的相位越滞后。在频率趋近无穷大时，$|\dot{U}_{\mathrm{f}}|$ 趋近于零，相移滞后约 $-\dfrac{\pi}{2}$。

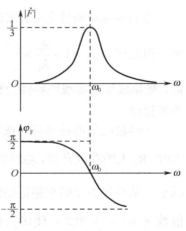

图 4.5　反馈系数 $\dot{F}$ 的幅频和相频特性曲线

由此可见，当信号频率由零向无穷大变化时，输出电压的相移由 $+\dfrac{\pi}{2}$ 向 $-\dfrac{\pi}{2}$ 变化。当信号的频率为某一频率时，输出电压幅度最大，相移为零。

1）振荡频率

图 4.4（a）中集成运放和 R_{F} 和 R_3 构成负反馈放大电路，为同相比例放大电路，其电压放大倍数为 $A_{\mathrm{f}} = 1 + \dfrac{R_{\mathrm{F}}}{R_3}$，并且在相当宽的中频范围内，$\varphi_{\mathrm{A}} = 0$。

此时 RC 串并联网络作为正反馈网络，对电扰动中 $\omega = \omega_0 = \dfrac{1}{RC}$ 的频率成分，$\varphi_F = 0$，刚好满足 $\varphi_A + \varphi_F = \pm 2n\pi$ 的相位平衡条件，因此若再满足起振条件，该电路一定能产生振荡，其振荡频率只能是 $f_0 = \dfrac{1}{2\pi RC}$。而对其他任何频率，因为 $\dot{U}_{\mathrm{o}}$ 与 $\dot{U}_{\mathrm{f}}$ 不同相（$\varphi_F \neq 0$），所以均不满足相位平衡条件，不可能产生正弦波振荡，实现了电路的选频特性。

2）起振条件

振荡电路在刚接通电源时由电扰动引起的输出信号较小，要想得到理想的输出幅度，还必须满足起振条件 $|\dot{A}\dot{F}| > 1$。

如上所述，当 $f = f_0$ 时，RC 串并联网络的反馈系数 $|\dot{F}|_{\max} = \dfrac{1}{3}$ 是最大的。根据起振条件，可以求出若电路的电压放大倍数满足 $|\dot{A}| > 3$，该振荡电路就可以起振。由于文氏桥振荡电路中基本放大电路的电压放大倍数为 $A_{\mathrm{f}} = 1 + \dfrac{R_{\mathrm{F}}}{R_3}$，所以电路起振条件为

$$A_{\mathrm{f}} = 1 + \frac{R_{\mathrm{F}}}{R_3} > 3，即 R_{\mathrm{F}} > 2R_3。$$

3）稳幅作用

当满足起振条件之后，文氏桥振荡电路开始起振，输出频率等于 $f_0 = \dfrac{1}{2\pi RC}$ 的正弦波。但是因为 $A_{\mathrm{f}} = 1 + \dfrac{R_{\mathrm{F}}}{R_3} > 3$，所以输出正弦波的幅度会不断增大。当输出幅度过大以后，受集成运放非线性特性的影响，输出波形会产生严重的非线性失真，因此必须采取稳幅措施。

一种稳幅的办法是可以选用具有负温度系数的热敏电阻作 R_{F}。当输出幅度 $|\dot{U}_{\mathrm{o}}|$ 增大时，R_{F} 上的温度升高，功耗加大，阻值减小，于是电压放大倍数 $A_{\mathrm{f}} = 1 + \dfrac{R_{\mathrm{F}}}{R_3}$ 下降，$|\dot{U}_{\mathrm{o}}|$ 减小，从而使输出幅度保持稳定。相反，当 $|\dot{U}_{\mathrm{o}}|$ 减小时，R_{F} 的阻值增大，使电压放大倍数 $A_{\mathrm{f}} = 1 + \dfrac{R_{\mathrm{F}}}{R_3}$ 增大，使 $|\dot{U}_{\mathrm{o}}|$ 保持稳定，从而实现了稳幅作用。另外，如图 4.4（a）所示电路中，R_{F} 和 R_3 构成了电压串联负反馈，还具有稳定输出电压，减小非线性失真，改善输出波形的作用。

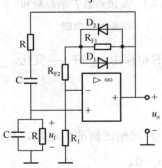

图 4.6　利用二极管稳幅的正弦波振荡电路

如图 4.6 所示，两个二极管 D_1 和 D_2 构成稳幅电路。读者可以自行分析它们是如何起到稳幅作用的。

【例 4.1.1】 图 4.4 的 RC 正弦波振荡电路中，已知 $R_1 = R_2 = R = 8.2\mathrm{k}\Omega$，$C_1 = C_2 = C = 0.02\mu\mathrm{F}$，$R_3 = 1.5\mathrm{k}\Omega$，计算振荡频率 f_{o}，并估算 R_{F} 的阻值。

解：R_{F} 取值应满足起振条件 $R_{\mathrm{F}} > 2R_3 = 3\mathrm{k}\Omega$，选取 $R_{\mathrm{F}} = 3.6\mathrm{k}\Omega$。

$$f_\text{o} = \frac{1}{2\pi CR} = \frac{1}{6.28 \times 0.02 \times 10^{-6} \times 8.2 \times 10^3} \approx 971\text{Hz}$$

4.1.2 LC 正弦波信号发生器

分析 LC 正弦波振荡电路主要从两方面考虑：（1）电路组成是否合理，是否包括了基本放大部分、选频网路和正反馈网络；（2）用瞬时极性法判断电路是否满足相位平衡条件，即是否引入了正反馈；（3）是否可以满足振幅的起振条件和平衡条件。

LC 正弦波振荡电路以 LC 谐振回路构成选频网络，可以产生 1MHz 以上的高频正弦信号。根据正反馈网络的不同，LC 正弦波振荡器可分为变压器耦合、电感反馈式、电容反馈式等类型。

1. 变压器反馈式 LC 振荡电路

如图 4.7 和图 4.8 所示分别为共射、共基变压器耦合式 LC 振荡电路，这是两种常见的 LC 振荡电路，是通过变压器耦合将反馈信号送到基本放大电路的输入端，产生正弦波振荡。

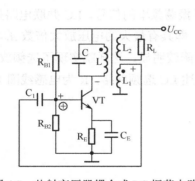
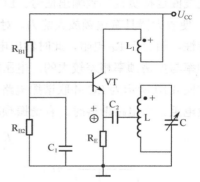

图 4.7　共射变压器耦合式 LC 振荡电路　　　　图 4.8　共基变压器耦合式 LC 振荡电路

1）共射变压器耦合式 LC 振荡电路

共射变压器耦合式 LC 振荡电路如图 4.7 所示。三极管组成共射极放大电路。LC 并联网络作为选频网络，同时充当三极管的集电极负载。正反馈信号通过变压器线圈 L_1 经耦合电容 C_1 送回共射极放大电路的输入端。L_2 接负载电阻 R_L，C_E 是射极旁路电容。

利用瞬时极性法来判断如图 4.7 所示电路是否满足相位平衡条件：假设在共射极电路的基极输入端输入一个信号，设其瞬时极性为"+"，则根据共射极放大电路的反相放大作用，三极管集电极的瞬时极性为"−"，即 $\varphi_A = \pi$。由于变压器耦合，反馈线圈 L_1 的同名端瞬时极性为"+"，即 $\varphi_F = \pi$，经耦合电容（不移相）反馈到输入端，与输入信号极性相同，满足 $\varphi_A + \varphi_F = \pm 2n\pi$ 的相位平衡条件。因此，只要三极管的放大倍数 β 合适，L_1 与 L_2 的匝数比合适，即可满足振幅平衡条件。

2）共基极 LC 振荡电路

如图 4.8 所示为共基极变压器耦合式 LC 振荡电路。LC 为选频网络，反馈信号从 L_1 耦合到 L 再通过耦合电容 C_2 引回到三极管的发射极。

用瞬时极性法判断如图4.8所示电路是否满足相位平衡条件：假设在三极管共基极放大电路的输入端发射极输入一个信号，设其瞬时极性为"+"，则根据共基极放大电路同相放大的特性，可知三极管集电极的瞬时极性为"+"，即$\varphi_A = 0$，反馈线圈L_1的同名端瞬时极性为"+"，引入正反馈$\varphi_F = 0$，满足相位平衡条件。谐振时LC回路呈纯阻性。正反馈的大小可通过调节L_1的匝数或L与L_1两个线圈之间的距离来改变。只要满足起振条件，就可以输出正弦波。

共射变压器耦合式LC振荡电路的功率增益高，容易起振，但由于共射电流放大系数β随工作频率的增高而急剧降低，所以当改变频率时振荡幅度将随之变化，因此共射变压器耦合式LC振荡电路常用于固定频率的信号发生器。共基变压器耦合式LC振荡电路输出波形较好，振荡频率调节方便，一般采用固定电感与可变电容配合调节。

2. LC并联谐振回路的选频特性

下面以如图4.9所示电路为例，分析LC电路的选频作用。R_{b1}、R_{b2}给共射极放大电路提供静态偏置，R_e、C_e为射极电阻和旁路电容，用于改善电路的动态性能，变压器副边线圈连接负载得到输出信号。LC并联电路取代共射极放大器中的集电极偏置电阻R_C，使放大器具有选频放大能力。对于频率等于振荡频率的信号，LC并联电路呈纯电阻特性，相当于R_C电阻，此时输出电压将最大，即具有最大的电压放大倍数A_u，而信号频率与振荡频率相差较大的，电压放大倍数下降较明显，这样就实现了选频放大。

如图4.10所示为LC并联谐振电路，也就是上述LC选频网络，R为电感线圈L中的等效电阻。当电路谐振时，有谐振频率

$$f_0 \approx \frac{1}{2\pi\sqrt{LC}}$$

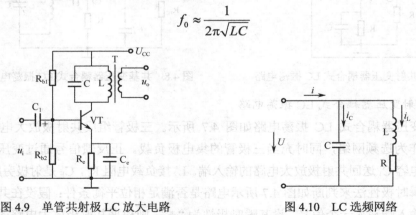

图4.9　单管共射极LC放大电路　　　　图4.10　LC选频网络

谐振时的阻抗为

$$Z_0 = \frac{1}{RC} \quad (阻性)$$

谐振时，电路总电流很小，支路电流很大，电感与电容的无功功率互相补偿，电路呈阻性。LC选频网络的等效阻抗与信号频率之间的关系曲线，称为LC选频网络的频率特性曲线（也称为谐振曲线）。如图4.11（a）所示为LC并联电路的幅频特性曲线，如图4.11（b）所示为LC并联电路的相频特性曲线。

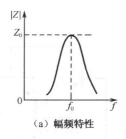
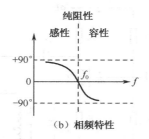

(a) 幅频特性　　　　　　　　　　(b) 相频特性

图 4.11　LC 并联电路的频率特性

当信号频率 $f = f_0$ 时，LC 并联电路呈纯阻性且阻抗最大，所以电路的谐振频率

$$f_0 = \frac{1}{2\pi\sqrt{LC}}$$

（4-8）

当 $f < f_0$ 时，$\varphi > 0$，LC 并联电路呈电感性。

当 $f < f_0$ 时，$\varphi > 0$，LC 并联电路呈电容性。

并联电路的品质因数 Q 定义为谐振时电路中感抗 X_L 或容抗 X_C 与等效损耗电阻 R 之比，即 X_L/R 或 X_C/R。R 越小，则 Q 值越大，阻抗频率特性曲线就越尖锐，LC 并联电路的选频特性也就越强。

以 LC 并联谐振回路作为选频网络的变压器耦合式 LC 振荡器中，由于反馈电压与输出电压靠原副边线圈耦合，因而耦合不紧密，损耗较大。

3. 三点式 LC 振荡器

三点式 LC 振荡电路分为电感三点式和电容三点式两种。它们的共同点是：LC 三点式电路中的三个元件首尾相接，形成一个闭环，两两元件之间有一个节点，共三个节点，其中一个节点为交流零电位点，一个节点为输入节点，一个为输出节点，故称为三点式。

其中与晶体管发射极相连的为两个相同性质的电抗，与基极相连的为两个相反性质的电抗，这一接法俗称"射同基反"，凡是按这一法则连接的三点式振荡电路必定满足相位平衡条件，否则不能起振。两个电感与射极相连称为电感三点式，两个电容与射极相连称为电容三点式。

1）电感三点式信号发生器

如图 4.12（a）、（b）所示是电感三点式振荡电路的原理电路和交流通路。

LC 谐振回路接在三极管的基极与集电极之间，谐振时 LC 回路呈纯阻性。利用瞬时极性法，设基极瞬时极性为"+"，则集电极瞬时极性为"−"，反馈信号瞬时极性为"+"，形成正反馈，满足 $\varphi_A + \varphi_F = \pm 2n\pi$ 的相位平衡条件。改变线圈抽头位置，可调节正反馈量的大小，从而调节输出幅度。该电路振荡频率为

$$f_0 = \frac{1}{2\pi\sqrt{(L_1 + L_2 + 2M)C}}$$

（4-9）

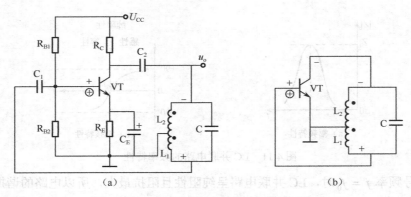

图 4.12　电感三点式振荡电路

式中，M 为 L_1 与 L_2 之间的互感。由于 L_1 与 L_2 之间耦合很紧，故电路容易起振，输出幅度较大。谐振电容通常采用可变电容，以便于调节振荡频率，其工作频率可达几十兆赫兹。但因反馈电压取自电感，故输出信号中含有的高次谐波较多，波形较差，常用于对波形要求不高的信号发生器中。

2）电容三点式信号发生器

如图 4.13 所示是电容三点式信号发生器的原理电路。其工作原理分析与电感三点式信号发生器相似，振荡频率为

$$f_0 = \frac{1}{2\pi\sqrt{(L_1 + L_2 + 2M)C}} \tag{4-9}$$

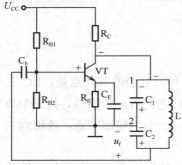

图 4.13　电容三点式信号发生器

由于 C_1 和 C_2 的电容量可以取得较小，所以振荡频率可以提高，一般为 100MHz 以上。又由于反馈信号取自电容 C_2，它对反馈信号中所含高次谐波阻抗小，因此，输出波形较好。其缺点是频率调节不便和调节范围较小，因为电容的大小既与振荡频率有关，又与反馈量有关，即与起振条件有关，调节电容有可能造成停振。一般只用于高频振荡电路中。为克服调节范围小的缺点，常在 L 支路中串联一个容量较小的可调电容，用它来调节振荡频率。

4．石英晶体振荡器

正弦振荡器最主要的指标是频谱纯度高，频率稳定度高、振幅稳定等。例如，无线电广播发射机的频率稳定度要求为 10^{-5}，无线通信发射机频率稳定度要求 $10^{-8} \sim 10^{-10}$ 数量级，之前讨论的振荡电路很难达到要求。用石英晶体代替选频网络，就变成了石英晶体振荡电路，它的突出优点是频率稳定度高，在要求频率稳定度高于 10^{-6} 以上的设备中石英晶体振荡器得到了广泛应用。目前有许多石英晶体振荡器模块，只要加电，就会输出振荡波形，使用十分方便，一般用作时钟基准。

1）石英晶体谐振器的符号、等效电路及电抗特性

如图 4.14（a）所示为石英晶体的结构图。石英晶体是 SiO_2 晶体，具有各向异性的

物理特性，若在晶片两面施加机械力，沿受力面方向将产生电场，这就是石英晶体的压电效应。若在石英晶体两极加上交变电压时，晶体将随交变电压周期性地机械振动，当交变电压的频率与晶体的固有频率一致时，振荡电流最大，这种现象称为压电效应。

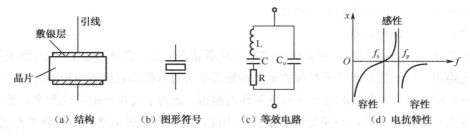

（a）结构　　（b）图形符号　　（c）等效电路　　（d）电抗特性

图 4.14　石英晶体

利用石英晶体的压电效应可构成谐振器，等效电路如图 4.14（c）所示，其中 C_0 代表石英谐振器的静态电容及分布电容，一般约为几皮法～几十皮法，石英晶体的谐振特性可用串联谐振回路来表示，如图 4.14（c）中 L、C、R 支路所示。其中，L 很大（10^{-3}～10^2H），C 很小（10^{-2}～10^{-1}pF），R 也很小（小于 100Ω），所以 Q 值很高，可达 10^4～10^6。由石英晶体构成的振荡器具有很高的频率稳定度。从石英谐振器的等效电路可知，它有两个谐振频率，一个是串联谐振频率 f_s，它是支路谐振时的频率。即

$$f_s = \frac{1}{2\pi\sqrt{LC}} \tag{4-10}$$

另一个是并联谐振频率 f_p，它是等效电路的谐振频率。即

$$f_p = \frac{1}{2\pi\sqrt{L\dfrac{CC_0}{C+C_0}}} = f_s\sqrt{1+\frac{C}{C_0}} \tag{4-11}$$

一般 C_0 远大于 C，由上两式可知，f_s 与 f_p 这两个频率非常接近，而且 f_p 稍大于 f_s。从石英谐振器的等效电路可以求出它的电抗频率特性，如图 4.14（d）所示。频率在 f_s 与 f_p 之间，呈电感性，在此区域以外，呈电容性。

2）石英晶体振荡器的分类

由石英晶体构成的振荡电路通常叫作"晶振电路"。晶振电路的种类很多，但从晶体在电路中的作用来看可分为两类：并联型晶振电路和串联型晶振电路。

（1）并联型晶振电路。

如图 4.15 所示是在电子仪器中作频率源用的石英晶体振荡器，振荡回路由 C_1、C_2 和晶体组成。与电容三点式振荡电路相比，石英晶体与 C_1、C_2 组成并联谐振电路，石英晶体起电感的作用，属于电容反馈式振荡电路。因此，振荡频率 f_0 一定处在晶体的 f_s 与 f_p 之间，振荡回路的谐振频率可写为等效电路并联谐振时的并联谐振频率

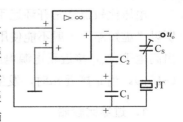

图 4.15　并联型晶振电路

$$f_0 = \frac{1}{2\pi\sqrt{LC}} \tag{4-12}$$

其中，$C_L=\dfrac{C_1C_2}{C_1C_2}$，代入 f_s 得，$f_o=f_s\sqrt{1+\dfrac{C}{C_0+C_L}}$

由于 $C<<C_0$，因此 f_s 和 f_p 非常接近。石英晶体在频率为 f_s 时呈纯阻性，在 f_s 和 f_p 之间呈感性，在此区域之外均呈容性。

（2）串联型晶振电路。

如图 4.16 所示是利用石英晶体组成的串联型晶振电路。晶体接在 C_1、C_2 组成的正反馈电路中。当振荡频率等于晶体的串联谐振频率 f_s 时，晶体阻抗近似短路，这时正反馈最强，相移为零，电路满足自激振荡条件而起振。而对于 f_s 以外的其他频率，晶体的阻抗增大，相移不为零，不满足自激条件。因此，串联型晶振电路的振荡频率 $f_o=f_s$。

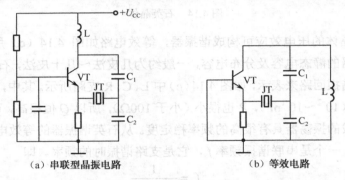

（a）串联型晶振电路　　　　　　（b）等效电路

图 4.16　串联型晶振电路

调节电阻 R 可获得良好的正弦波输出，若 R 值过大而使正反馈量太小，会使电路不满足振幅条件而停振。若 R 值过小而使反馈量太大，输出波形将会失真，得到梯形波输出。如图 4.16 所示电路适用于产生几到几百千赫兹的振荡电压。当 LCR 支路发生串联谐振时，等效为纯电阻 R，阻抗最小，串联谐振频率为 f_s。

4.2　电压比较器

电压比较器是一类重要的模拟集成电路，可用于电压比较、电平鉴别、波形整形、波形产生及"模数变换（A/D）"等。

电压比较器通常开环运用或引入正反馈，因为运算放大器工作在"非线性状态"，所以"虚短路"一般不能使用。电压比较器开环工作时，其增益很大。当 $u_-<u_+$ 时，输出高电平 U_{oH} 接近正电源电压（U_{CC}）；当 $u_->u_+$ 时，输出低电平 U_{oL} 接近负电源电压（$-U_{EE}$）。当 u_- 接近 u_+ 时，发生转换。

1. 过零比较器

如图 4.17（a）所示，令参考电平 $U_{REF}=0$，即为同向过零比较器。输入信号 u_i 与 0 比较，$u_i>0$，输出为高（U_{oH}）电平；而 $u_i<0$，输出为低电平。如图 4.17（b）所示，令参考电平 $U_{REF}=0$，即为反向过零比较器。输入信号 u_i 与 0 比较，$u_i>0$，输出为低（U_{oL}）

电平；而 $u_i<0$，输出为高电平。

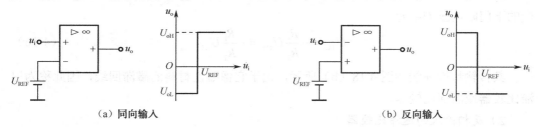

（a）同向输入　　　　　　　　　　　　　　（b）反向输入

图 4.17　一般单门限比较器

2．一般单门限比较电路

如图 4.17（a）所示，令参考电平 $U_{REF}\neq0$，即为同向一般单门限比较器。输入信号 u_i 与 U_{REF} 比较，$u_i>U_{REF}$，输出为高（U_{oH}）电平；而 $u_i<U_{REF}$，输出为低电平，其波形如图 4.17（a）所示。如图 4.17（b）所示，令参考电平 $U_{REF}\neq0$，即为反向输入一般单门限比较器。令参考电平 $U_{REF}\neq0$，则输入信号 u_i 与 U_{REF} 比较，$u_i>U_{REF}$，输出为低（U_{oL}）电平；而 $u_i<U_{REF}$，输出为高电平，其波形如图 4.17（b）所示。

一般单门限比较器可用于整形，将不规则的输入波形整形成规则的矩形波。

3．迟滞比较电路

1）同相输入的迟滞比较器

电路如图 4.18（a）所示，信号与反馈都加到运放同相端，而反相端接地（$U_-=0$）。当 u_i 为负极性时，u_o 也为负，且 $U_o=U_{oL}$。只有当 u_i 极性变正，且当同相端电压 $U_+=U_-=0$ 时，输出状态才可能由负（U_{oL}）向正（U_{oH}）跳变，据此可以确定 $U_{oL}\rightarrow U_{oH}$ 跳变的上门限电压 U_{TH} 为

$$U_i = \frac{R_2}{R_1+R_2} + U_o \frac{R_2}{R_1+R_2} = 0 \tag{4-13}$$

$$U_{TH} = \frac{R_2}{R_1+R_2} + U_{oL} \frac{R_2}{R_1+R_2} = 0 \tag{4-14}$$

$$U_{TH} = -\frac{R_1}{R_2}U_{oL} = \frac{R_1}{R_2}|U_{EE}| \tag{4-15}$$

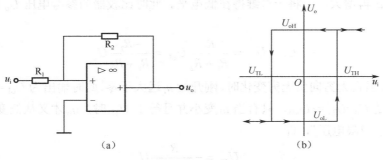

（a）　　　　　　　　　　　　　　（b）

图 4.18　同相滞回比较电路

当 u_i 由正向负变化时，可确定 u_o 由高电平（$U_{oH}=U_{CC}$）向低电平（$U_{oL}=-U_{EE}$）跳变的下门限电压 U_{TL} 为

$$U_{TL} = -\frac{R_1}{R_2}U_{oH} = -\frac{R_1}{R_2}U_{CC} \tag{4-16}$$

其传输特性曲线如图 4.18（b）所示，由于它像磁性材料的磁滞回线，因此称为迟滞比较器或滞回比较器。

2）反相输入的迟滞比较器

反相输入的迟滞比较器电路如图 4.19（a）所示。当 $U_{REF}=0$ 时，R_1 将 u_o 反馈到运放的同相端与 R_2 一起构成正反馈，其正反馈系数为 F。

$$F = \frac{R_2}{R_1 + R_2} \tag{4-17}$$

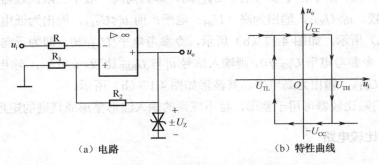

（a）电路　　　　　　　　（b）特性曲线

图 4.19　反相输入的迟滞比较器

因为信号加在运放反相端，所以当 $U_p>u_i$ 时，u_o 必为正，且等于高电平 $U_{oH}=U_z$。此时，同相端电压（$U+$）为参考电平 U_p；$U_p<u_i$ 时，u_o 必为负，且等于低电平 $U_{oL}=-U_{oH}=-U_z$。此时，同相端电压（$U+$）为参考电平 $-U_p$：

$$U_p = U_{TH} = \frac{R_2}{R_1 + R_2}U_{oH} = \frac{R_2}{R_1 + R_2}U_z \tag{4-18}$$

如图 4.19（b）所示，滞回特性曲线的具体作法如下，先从左至右，再从右至左。

（1）当 u_i 由负无穷向正无穷方向变化时，输出首先为 $U_{oL}=-U_z$，此时 $U_p=U_{TH}=+U_z$，当 u_i 由负值增大，且 $u_i=U_{TH}$ 时，输出将由高电平 U_{oH} 转换为低电平 U_{oL}。此时所对应的 u_i 称为"上门限电压"，即 U_{TH}。

（2）当 u_i 再增大，u_o 将一直维持在低电平。此时比较器的参考电压 U_p 也将发生变化，即

$$U_P = U_{TL} = \frac{R_2}{R_1 + R_2}U_{oL} = \frac{-R_2}{R_1 + R_2}U_z \tag{4-19}$$

（3）当 u_i 由正无穷向负无穷变化时，刚开始 u_i 远大于零，此时输出为 $U_{oL}=-U_{oH}=-U_z$，比较电平将是 $U_p=U_{TL}=-U_{TH}$，只有当 u_i 变小并且等于 U_{TL} 时，u_o 才又从低变高。所以，称 U_{TL} 为"下门限电压"，即

$$U_{TL} = -\frac{R_2}{R_1 + R_2}U_z \tag{4-20}$$

4.3 方波、三角波信号发生器

方波、三角波信号发生器是一个正反馈电路，通常也称为张弛振荡器。它由两部分组成：一部分是比较器，另一部分是积分器，比较器是用来控制状态转换时间的电路，一般用迟滞比较器，而积分器作为定时电路，如图4.20所示。

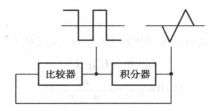

图4.20　方波、三角波信号发生器框图

1. 单运放方波、三角波振荡器

单运放将状态记忆电路和定时电路集中在一起，如图4.21（a）所示，其中带正反馈的运放构成迟滞比较器，RC构成积分器即定时电路。其波形如图4.21（b）所示。

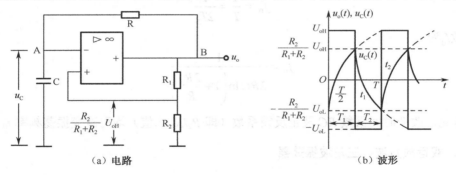

（a）电路　　　　　　　　　　　（b）波形

图4.21　单运放方波、三角波振荡器

假定输出为高电平（U_{oH}），且电容初始电压 $u_C(0)=0$，那么电容被充电，$u_C(t)$以指数规律上升，并趋向 U_{oH}。此时，运放同相端电压 U_+ 为

$$U_+ = F_\text{正}U_{oH} = \frac{R_2}{R_1 + R_2}U_{oH} = \frac{R_2}{R_1 + R_2}U_{CC} \tag{4-21}$$

该电压为比较器的参考电平。当 u_C 上升到该电平值时，即 $U_-=U_+$，则输出状态要发生翻转，即由高电平跳变到低电平 U_{oL}。将此时的 U_+ 记为高门限电压 U_{TH}，即

$$U_{TH} = F_\text{正}U_{oH} = \frac{R_2}{R_1 + R_2}U_{oH} \tag{4-22}$$

一旦 U_o 变为低电平，电容就开始放电，后又反充电，u_C 以指数规律下降，并趋向 U_{oL}。但是，因为此时的 U_+ 变为另一个参考电平（下门限电压）

$$U_+ = F_{正}U_{oL} = \frac{-R_2}{R_1+R_2}|U_{EE}| \qquad (4\text{-}23)$$

所以，当 u_C 下降到 U_{TL} 时，输出又从低电平跳变到高电平。周而复始，运放输出为方波，其峰-峰值为

$$U_{opp}=U_{oH}-U_{oL}=2U_{CC} \qquad (4\text{-}24)$$

因为电容充电和放电时间常数均等于 RC，所以 $T_1=T_2$，占空比 $D=T_2/T=50\%$。

现在来计算振荡频率 f_0。首先计算时间 T_1。如图 4-21（b）所示，根据三要素法，电容电压 $u_C(t)$ 为

$$u_C(t) = U_C(\infty) - [U_C(\infty) - U_C(0)]e^{\frac{t}{\tau}} \qquad (4\text{-}25)$$

趋向值：
$$U_C(\infty)=U_{oH}=U_{CC}$$

初始值：
$$U_C(0)=U_{TL}=-\frac{R_2}{R_1+R_2}|U_{oL}|$$

时常数：
$$\tau=RC$$

转换值：当 $t=T_1$ 时，$u_C(T_1) = U_{TH} = \frac{R_2}{R_1+R_2}U_{oH}$

$$U_2 = \tau \ln\frac{U_{oH}-U_{TL}}{U_{oH}-U_{TH}}$$

$$f_0 = \frac{1}{T} = \frac{1}{2T_2}$$

故 f_0 为

$$f_0 = \frac{1}{2RC\ln\left(1+\dfrac{2R_2}{R_1}\right)}$$

可见，改变时间常数 RC 及正反馈系数（即 R_2/R_1 比值）均可改变振荡频率 f_0。

2．双运放方波、三角波振荡器

如图 4.21 所示的 RC 电路不是理想的积分器，它不能保证电容恒流充放电，所以三角波的线性度不好。如果将 RC 电路改为理想积分器，保证电容恒流充放电，则可以产生线性度很好的三角波。

如图 4.22 所示，运放 A_1 构成同相输入的迟滞比较器，A_2 为理想积分器。A_1 输出为方波，该方波通过电阻 R 给电容 C 恒流充放电，形成三角波，反过来三角波又去控制迟滞比较器的状态转换，周而复始形成振荡，其波形如图 4.23 所示。

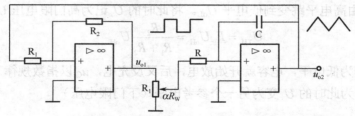

图 4.22　双运放方波、三角波振荡器

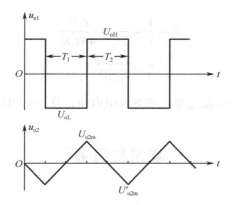

图 4.23 双运放方波、三角波振荡器输出波形

1）u_{o1} 和 u_{o2} 幅度的计算

（1）u_{o1} 的幅度。

由图 4.23 可见，u_{o1} 的高电平 $U_{oH}=U_{CC}$，低电平 $U_{oL}=-U_{EE}$，所以其峰-峰值为 $U_{o1pp}=2U_{CC}$，u_{o2} 为三角波。当 u_{o1} 为高电平时，C 充电，充电电流 $i_C=\dfrac{\alpha U_{oH}}{R}$（$\alpha$ 为电位器 R_W 的分压比），u_{o2} 随时间线性下降。再看 A_1，其反相端接地，当 U_+ 过零时，A_1 输出状态翻转，而 U_+ 等于 u_{o1} 和 u_{o2} 的叠加，即

$$U_+ = \frac{R_1}{R_1+R_2}U_{oH} + \frac{R_1}{R_1+R_2}u_{o2} = U_- = 0$$

$$u_{o2} = U_{o2m} = \frac{-R_1}{R_2}U_{oH} = -\frac{R_1}{R_2}U_{CC}$$

（2）u_{o2} 的幅度。

同理，当 u_{o2} 为低电平时，C 反充电，充电电流 $i_C=\dfrac{\alpha U_{oL}}{R}$，$u_{o2}$ 随时间线性上升，当 U_+ 再次过零时，算出

$$U'_+ = \frac{R_1}{R_1+R_2}U_{oL} + \frac{R_1}{R_1+R_2}u_{o2} = U_- = 0$$

$$u'_{o2} = U'_{o2m} = \frac{-R_1}{R_2}U_{oL} = \frac{R_1}{R_2} = |U_{EE}|$$

所以

$$U'_{o2pp} = 2\frac{R_1}{R_2}U_{CC}$$

可见，若 $R_1>R_2$，三角波的幅度可以超过方波的幅度。

2）频率 f_0 的计算

在 T_1 时间间隔内，电容 C 的电压增加了 $\Delta U_C = 2\dfrac{R_1}{R_2}U_{CC}$。由 $\Delta U_C=\Delta Q/C$ 计算得

$$\Delta U_C = 2\frac{R_1}{R_2}U_{CC} = \frac{\Delta Q}{C} = \frac{1}{C}\int i_C \mathrm{d}t = \frac{1}{C}\cdot\frac{\alpha U_{CC}}{R}T_1$$

$$f_0 = \frac{1}{T} = \frac{1}{2T_1} = \frac{\alpha R_2}{4RCR_1}$$

故

$$T_1 = \frac{2RCR_1}{\alpha R_2}$$

可见，改变分压比 α 可以改变恒流充放电电流，从而可以微调振荡频率。

复习与思考

本章主要讲述了正弦波振荡电路和非正弦波产生电路。正弦波振荡电路主要有 RC 型和 LC 型两大类，它们由四部分组成：放大电路、选频网络、反馈网络和稳幅环节。一般从相位和幅值平衡条件来计算振荡频率和放大电路所需的增益。而石英晶体振荡器是 LC 振荡电路的一种特殊形式，由于晶体的等效谐振回路 Q 值很高，因而振荡频率有很高的稳定性。

电压比较器主要分为单门限电压比较器、滞回比较器和窗口比较器，其输入信号为模拟信号，而输出则为高电平或低电平。电压比较器是模拟电路与数字电路之间的接口电路。

非正弦波发生电路包括方波、三角波等产生电路，由滞回比较器和 RC 延时电路组成，主要参数是振荡幅值和振荡频率。由于滞回比较器引入了正反馈，从而加速了输出电压的变化，使输出方波的边沿陡峭。

思考：为什么 RC 正弦波振荡电路适宜产生低频正弦波，而 LC 型正弦波振荡电路适宜产生高频正弦波？

如何调整方波、三角波产生电路输出方波和三角波的频率与幅值？

习 题 4

4.1 试标出如题图 4.1 所示各电路中变压器的同名端，使其满足相位平衡条件。

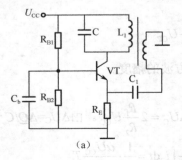
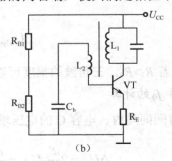

(a)　　　　　　　　　　　　　　(b)

题图 4.1

4.2 试将如题图 4.2 所示电路连成桥式振荡器（图中 R_t 为负温度系数热敏电阻）。

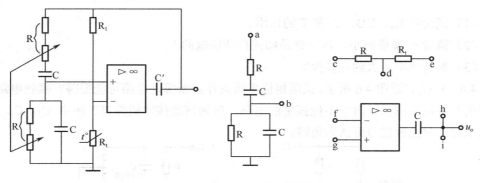

题图 4.2

4.3 试判断如题图 4.3 所示各振荡电路能否满足相位平衡条件。

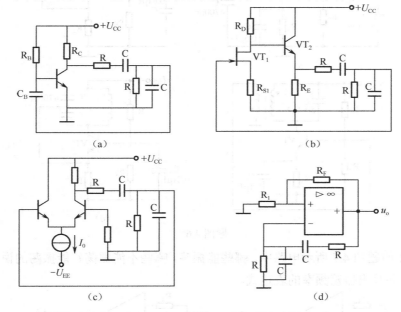

题图 4.3

4.4 RC 正弦波振荡电路如题图 4.4 所示，求：（1）振荡频率 f_0；（2）分析热敏电阻的温度特性。

4.5 正弦振荡电路如题图 4.5 所示。

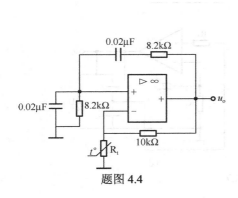

题图 4.4

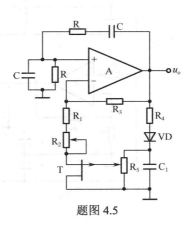

题图 4.5

（1）试说明 R_4、VD、C_1 和 T 的作用。

（2）假设 u_o 幅值减小，该电路是如何自动稳幅的？

（3）振荡频率 f_0 大约是多少？

4.6 电路如题图 4.6 所示，试用相位平衡条件判断哪些电路可能振荡？哪些电路不可振荡？并说明理由。对于不能振荡的电路，应如何改接才能振荡？图中 C_1、C_e、C_b 为大电容，对交流信号可认为短路。

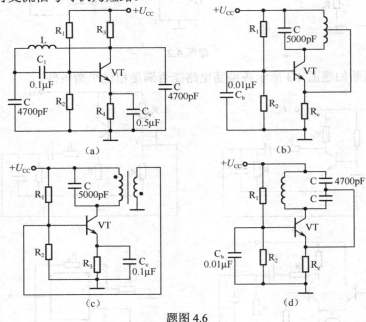

题图 4.6

4.7 在如题图 4.7 所示电路中，哪些能振荡，哪些不能振荡？能振荡的说出振荡电路的类型，并写出振荡频率的表达式。

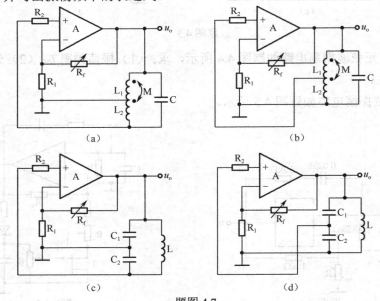

题图 4.7

实 训 项 目

RC 正弦波振荡器制作与调试

1. 实训目标

（1）掌握 RC 串并联振荡器的组成及其振荡条件。

（2）提高测量、调试振荡器和具备 RC 正弦波振荡器的组装能力。

（3）熟悉常用电子仪器及模拟电路实验设备的使用。

（4）掌握负反馈对振荡电路的稳幅作用。

2. 预习要求

（1）预习 RC 串并联正弦波振荡器的工作原理。

（2）进一步掌握频率计、交流毫伏表、示波器工作原理及正确使用方法。

3. 实训电路及原理

实训电路如项目图 1 所示。

工作原理如下。

从结构上看，RC 串并联正弦波振荡器是没有输入信号的带选频网络的正反馈放大器。若用 R、C 元件组成选频网络，桥式正弦波振荡电路由 RC 串并联选频网络和同相放大电路组成，如项目图 1 所示的是一个典型的桥式正弦波振荡电路。图中 RC 串并联选频网络将输出电压反馈到集成运算放大电路的同相输入端，形成正反馈。

根据产生振荡的相位条件，可得电路的振荡频率 $f_0 = \dfrac{1}{2\pi RC}$，电路起振时应满足 $\dfrac{R_f}{R_1} > 2$。一般用来产

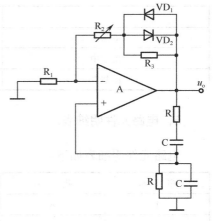

项目图 1　RC 串并联正弦波振荡器

生 1Hz～1MHz 的低频信号。$R_f = R_2 + (R_3 // R_d)$，R_d 为二极管正向导通时的等效电阻。当电路稳定振荡时，其幅值平衡条件为 $\dfrac{R_f}{R_1} = 2$。图中的稳

幅电路由两个反向并联的二极管和电阻 R_3 组成，利用二极管的正向电阻的非线性实现稳幅作用（两个二极管的特性应相同，最好是硅二极管）。为了限制二极管非线性所引起的失真，在二极管两端并联一个电阻 R_3，R_3 通常选取几千欧，并通过实验来调整，让其值与二极管正向电阻接近时，稳幅作用和波形失真都有较好的结果。

4. 实训内容

（1）按项目图 1 正确安装各元件。

（2）检查各元件装配无误后，接通电源，按起振条件调整电路，使其产生稳定的振荡输出。

（3）用示波器观察输出波形，调整电阻 R_2，当最大不失真输出时，用频率计测量振荡频率和输出电压幅度。

（4）当 $C=0.2\mu F$，改变 R，重复（1）、（2）两步，分别测量振荡频率，分析振荡频率 f_0 与 RC 之间的关系。

序　号	R（kΩ）	f_0
1	10	
2	100	

（5）当 $R=10k\Omega$ 时，改变 C，重复（1）、（2）两步，分别测量振荡频率，分析振荡频率 f_0 与 RC 之间的关系。

序　号	C（μF）	f_0
1	0.2	
2	2	

调整 R_2 在不同位置，用示波器观察输出波形的变化。

	u_o 波形
R_2 居左	
R_2 居中	
R_2 居右	

5. 电路元件明细表

电路元件明细表如下。

序　号	代　号	名　称	型号、规格	数　量
1	A	集成运放	μA741 或 LM324	1
2	R	电阻	10kΩ	2
3	R	电阻	100kΩ	2
4	C	金属膜电容器	0.2μF	2
5	C	金属膜电容器	2μF	2
6	VD$_1$、VD$_2$	二极管	1N4148	2
7	R_2	电位器	100kΩ	1
8	R_1	电阻	33kΩ	1
9	R_3	电阻	10kΩ	1

6．实训报告

（1）电路中哪些参数与振荡频率有关？将振荡频率的实测值与理论估算值比较，分析产生误差的原因。

（2）总结改变负反馈深度对振荡电路起振的幅值条件及输出波形的影响。

（3）作出 RC 串并联网络的幅频特性曲线。

第 5 章　功率放大电路

学习指导

以提供给负载足够大的功率为主要目标的放大电路，称为功率放大电路。因为要求有足够的输出功率来驱动负载，所以其主要任务就是要在电压放大之后能进行电流放大。电流放大主要使用射极跟随器和源极输出电路，与前面电压放大电路不同的是，流过放大器的电流会随着功率的增大而加大，所以会导致功率管严重发热，因而散热问题就成为功率放大电路要解决的主要问题。与前面学习的小信号放大电路不同，功率放大电路工作在大信号区，所以不可避免地会产生非线性失真。因而，在功率放大电路中，如何既能减小非线性失真，又能尽可能提高输出效率，就成为功率放大电路要重点解决的问题。

教学目标

（1）理解功率放大电路的特殊问题和提高功率放大器效率的途径。

（2）掌握乙类互补对称功率放大电路的结构和工作原理及指标计算。

（3）了解功率管的选择方法。

（4）了解功率管的安全运行。

（5）了解集成功率放大电路。

5.1　互补功率放大电路

5.1.1　功率放大电路的主要特点

1. 定义

在模拟电子电路中需要有这样一类电路，它们能够对负载提供足够大的功率来驱动它们，这类电路就是人们常说的功率放大电路，简称功放。

2. 要求

对功放电路的基本要求是在功率器件安全运行的前提下，在基本不失真的条件下，使功放电路的输出功率尽可能地大，效率尽可能地高。

3. 分类

根据功率放大电路中三极管在输入正弦信号的一个周期内的导通情况，可将功率放大电路分为下列三种工作状态，如表 5.1 所示。

表 5.1 三种功率放大电路比较

分 类	Q 点位置	波 形 图	特 点	效 率
甲类	Q 点在交流负载线中点附近		功放管在输入信号整个周期都处于放大状态，优点是输出信号无失真；缺点是耗散功率很大，效率很低	≤50%
乙类	Q 点在截止区		功放管仅在输入信号半个周期内导通。优点是效率高；缺点是输出信号失真大	≤78%
甲乙类	Q 点接近截止区		功放管的导通时间略大于半个周期。输出信号失真较小	介于甲类和乙之间

结论： 甲类工作状态的特点是非线性失真小，但是效率最低；乙类状态失真较大，但是效率较高；丙类状态失真最大，效率也最高，它只用于高频放大器中。甲乙类状态兼有甲类失真小和乙类效率高的优点，它是甲类和乙类状态的折中方案。

4．主要指标

（1）输出功率：在正弦输入信号的情况下，不失真地输出信号的最大输出电压 U_{om} 和最大输出电流 I_{om} 的有效值的乘积为 P_{om}，这是交变电压和交变电流的乘积，是交流功率，它的直流成分所产生的功率不是输出功率。

$$P_o = \frac{U_{om}}{\sqrt{2}} \times \frac{I_{om}}{\sqrt{2}} = \frac{1}{2} U_{om} I_{om}$$

（2）效率 η：最大输出功率 P_o 和电源输入的直流功率 P_E 的比值。

$$\eta = \frac{P_o}{P_E}$$

（3）集电极的损耗功率 P_c：

$$P_c = P_E - P_o$$

（4）电路为了尽量给出大的功率，晶体管往往用在极限情况，应该注意器件的安全运用。集电极的损耗功率和晶体管的散热条件有关。在使用时应注意在功率管上加散热片。

$$\gamma = \sqrt{\frac{\Sigma P_n}{P_1}} \quad (n=2, \ 3, \ 4, \ \cdots)$$

$$\gamma = \sqrt{\gamma_2^2 + \gamma_3^2 + \gamma_4^2 + \cdots}$$

电源提供的功率分为两部分：输出信号的功率、管耗的功率。因此，降低管耗即可有效提高功放电路的效率。从功放电路的状态可知，静态电流是产生管耗的主要因素，提高效率应尽可能降低功放电路的静态工作点，使静态电流很小或为零，这就是功放电流经常采用乙类或甲乙类工作状态。

一部 25W 的甲类功放供电器的能力至少够 100W 甲乙类功放使用。所以，甲类功放的体积和重量都比甲乙类大，而且成本高、售价贵。

工作在乙类或者甲乙类工作状态的功放供电器虽然减小了静态功耗，提高了效率，却都出现了严重的波形失真。因此，既要保持静态时管耗小，又要使失真不太严重，这就需要在电路结构上采取措施，解决的方法是，采用互补对称或推挽功率放大电路。

5.1.2　互补对称功率放大器

功放电路采用乙类工作状态可以提高效率，但功放管工作在乙类工作状态时，管子的静态工作电流为零，输出波形被削去一半，从而产生了严重的非线性失真。为了解决这一对矛盾，在电路组成上，乙类互补对称功放电路采用两个特性相同的异型管（NPN管和 PNP 管），将两管的基极和发射极分别连接在一起，信号从两管基极输入，从发射极输出。由于电路结构对称，两管输出电流波形互相补偿，最后在负载得到不失真的波形，其原理电路如图 5.1（a）所示。VT_1 为 NPN 型三极管，VT_2 为 PNP 型三极管。两管的基极连在一起，作为信号输入端；发射极也连在一起，作为信号的输出端，直接与负载 R_L 相连。这样的连接方法要求 VT_1 和 VT_2 管的特性参数基本相同。两管接成射极输出器电路的形式是为了增强带负载能力。该电路称为双电源互补对称电路又称为无输出电容（Output Capacitor Less）的功放电路，简称 OCL 电路。

1. 静态分析

静态（$u_i=0$）时，两管静态电流为零，由于两管特性对称，所以输出端的静态电压也为零。

2．动态工作情况

当输入信号 u_i 为正半周时，VT_1 发射结正偏导通，VT_2 发射结反偏截止，各极电流如图 5.1（a）中实线所示。当输入信号 u_i 为负半周时，VT_1 发射结反偏截止，VT_2 发射结正偏导通，各极电流如图 5.1（a）中虚线所示。VT_1、VT_2 两管分别在正、负半周轮流工作，负载 R_L 获得了完整的正弦波信号电压，如图 5.1（c）所示。

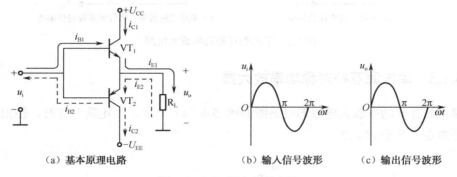

（a）基本原理电路 　　　　（b）输入信号波形 　　　（c）输出信号波形

图 5.1　OCL 基本原理电路

3．消除交越失真的方法

严格地讲，当输入信号很小，达不到三极管的开启电压时，三极管不导通。因此在正、负半周交替过零处会出现一些非线性失真，这个失真称为交越失真，如图 5.2 所示。

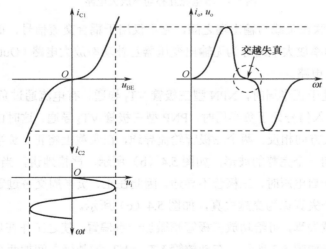

图 5.2　交越失真

为了消除交越失真，可提供适当的直流偏压使其工作在甲乙类状态，如图 5.3 所示。

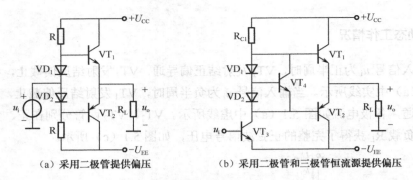

（a）采用二极管提供偏压 　　　　　　（b）采用二极管和三极管恒流源提供偏压

图 5.3　甲乙类互补功率放大电路

5.1.3　单电源互补对称功率放大器

单电源互补功率放大电路的电路图如图 5.4（a）所示。当电路对称时，输出端 A 点的静态电位等于 $U_{CC}/2$。

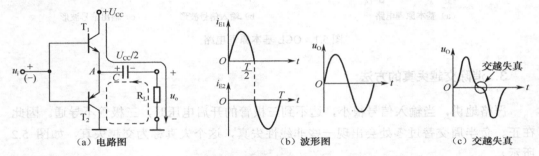

（a）电路图　　　　　　（b）波形图　　　　　　（c）交越失真

图 5.4　单电源互补功率放大电路

电容器 C_L 串联在负载与输出端之间，它不仅用于耦合交流信号，而且起着等效电源的作用。这种功率放大电路称为无输出变压器互补功率放大电路（Output Transformer Less），简称 OTL 电路。

当输入信号处于正半周时，NPN 型三极管 VT_1 导通，有电流通过负载 R_L，方向如图 5.4 所示。当输入信号处于负半周时，PNP 型三极管 VT_2 导通，这时由电容 C_L 供电，I_L 方向与图中箭头方向相反。两个三极管轮流导通，在负载上将正、负半周电流合成在一起，就可以得到一个完整的波形，如图 5.4（b）所示。严格地讲，当输入信号很小，达不到三极管的开启电压时，三极管不导通。因此在正、负半周交替过零处会出现一些非线性失真，这个失真称为交越失真，如图 5.4（c）所示。

为了消除交越失真，可给功放三极管稍微加一点偏置，使之工作在甲乙类。此时的互补功率放大电路如图 5.5 所示，在功放管 VT_2、VT_3 的基极之间加两个正向串联二极管 VD_1、VD_2，便可以得到适当的正向偏压，从而使 VT_2、VT_3 在静态时能处于微导通状态。

功放管的选择要求如下。

（1）功放管集电极的最大允许功耗 $P_{CM} \geq 0.2 P_{OM}$。

（2）功放管的最大耐压 $U_{(BR)CEO} \geq 2U_{CC}$。

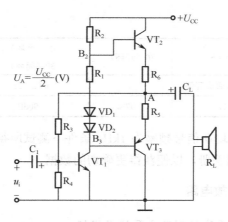

图 5.5　消除交越失真的单电源互补功率放大电路

（3）功放管的最大集电极电流 $I_{\mathrm{CM}} \geq \dfrac{U_{\mathrm{CC}}}{R_{\mathrm{L}}}$。

在实际选择过程中，其极限参数还应留有一定余量，一般提高（50～100）%。

5.2　集成功率放大器

集成功率放大器简称集成功放，它是在集成运放基础上发展起来的，其内部电路与集成运放相似。但是，由于其安全、高效、大功率和低失真的要求，使得它与集成运放又有很大的不同。集成功放电路内部多施加深度负反馈，使其工作稳定。集成功放广泛应用于收录机、电视机、开关功率电路、伺服放大电路中，输出功率由几百毫瓦到几十瓦。

除单片集成功放电路外，还有集成功率驱动器，它与外配的大功率管及少量阻容元件构成大功率放大电路，有的集成电路本身包含两个功率放大器，称为双通道功放。

1．集成功率放大器的主要性能指标

集成功率放大器的主要性能指标除最大输出功率外，还有电源电压范围、电源静态电流、电压增益、频带宽度、输入阻抗、总谐波失真等，如表 5.2 所示。

表 5.2　几种集成功放的主要技术参数表

型　号	LM386-4	LM2877	TDA1514A	TDA1566
电路类型	OTL	OTL（双通道）	OCL	BTL（双通道）
电源电压范围（V）	5～18	6～24	±10～±30	6～18
静态电流（mA）	4	25	56	80
输入阻抗（kΩ）	50		1000	120
输出功率（W）	1（U_{CC}=16V，R_{L}=32Ω）	4.5	48（U_{CC}=±23V，R_{L}=4Ω）	22（U_{CC}=14.4V，R_{L}=4Ω）

电压增益（dB）	26～46	70（开环）	89（开环） 30（闭环）	26（闭环）
频带宽度（kHz）	300（1，8管脚开路）		0.02～25	0.02～15
谐波失真（%dB）	0.2%	0.07%	−90dB	0.1%

表 5.2 中的电压增益均在信号频率为 1kHz 条件下测试所得。表中所示均为典型数据，使用时应进一步查阅手册，以便获得更确切的数据。

2．LM386 组成的功放电路

1）LM386 的外形、管脚排列及主要技术指标

LM386 是一种低电压通用型音频集成功率放大器，广泛应用于收音机、对讲机和信号发生器中，LM 386 的外形与管脚图如图 5.6 所示，它采用 8 脚双列直插式塑料封装。LM386 有两个信号输入端，2 脚为反相输入端，3 脚为同相输入端；每个输入端的输入阻抗均为 50kΩ，而且输入端对地的直流电位接近于零，即使输入端对地短路，输出端直流电平也不会产生大的偏离。LM386 的主要技术指标、参数如表 5.3 所示。

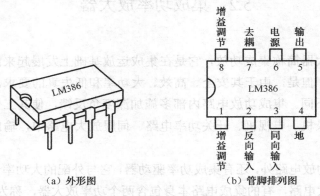

（a）外形图　　　　　　　　（b）管脚排列图

图 5.6　LM386 外形与管脚排列

表 5.3　LM386 主要技术参数表

参 数 名 称	符号及单位	参 考 值	测 试 条 件
电源电压	U_{CC}（V）	4～12	
输入阻抗	R_i（kΩ）	50	
静态电流	I_{CC}（mA）	4～8	U_{CC}=6V，u_i=0
输出功率	P_o（mW）	325	U_{CC}=6V，R_L=8Ω，THD=10%
带宽	B_W（kHz）	300	U_{CC}=6V，1 脚、8 脚断开
谐波失真	THD（%）	0.2	U_{CC}=6V，R_L=8Ω，P_o=125mW f=1kHz，1 脚、8 脚断开
电压增益	A_{uf}（dB）	20～46	1 脚、8 脚接不同电阻

2）LM386 应用电路

用 LM 386 组成的 OTL 功放电路如图 5.7 所示，信号从 3 脚同相输入端输入，从 5 脚经耦合电容（220μF）输出。

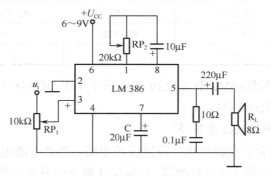

图 5.7　LM386 应用电路

如图 5.7 所示，7 脚所接 20μF 的电容为去耦滤波电容。1 脚与 8 脚所接电容、电阻用于调节电路的闭环电压增益，电容取值为 10μF，电阻 RP$_2$ 在 0～20kΩ 范围内取值；改变电阻值，可使集成功放的电压放大倍数在 20～200 之间变化，RP$_2$ 值越小，电压增益越大。当需要高增益时，可取 RP$_2$=0，只将一个 10μF 电容接在 1 脚与 8 脚之间即可。输出端 5 脚所接 10Ω电阻和 0.1μF 电容组成阻抗校正网络，抵消负载中的感抗分量，防止电路自激，有时也可省去不用。该电路如用作收音机的功放电路，只需将输入端接收音机检波电路的输出端即可。

3．TDA2030 组成的功放电路

1）TDA2030 外形、管脚排列及主要技术指标

TDA2030 管脚排列如图 5.8 所示。它只有 5 个管脚、外接元件少，接线简单。它的电气性能稳定、可靠，适应长时间连续工作，且芯片内部具有过载保护和热切断保护电路。该芯片适用于收录机及高保真立体扩音装置中的音频功率放大器。

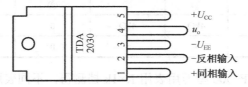

图 5.8　TDA2030 管脚排列

TDA2030 的主要技术指标、参数如表 5.4 所示。

表 5.4　TDA2030A 主要技术参数表

参　数	符号及单位	数　值	测 试 条 件
电源电压	U_{CC}（V）	±6～±18	—
静态电流	I_{CC}（mA）	I_{CCO}<40	—
输出峰值电流	I_{OM}（A）	I_{OM}=3.5	

参　数	符号及单位	数　值	测 试 条 件
输出功率	P_o（W）	P_o=14	U_{CC}=14V，R_L=4Ω，THD<0.5%，f=1kHz
输入阻抗	R_i（kΩ）	140	A_u=30dB，R_L=4Ω，P_o=14W
−3dB 功率带宽	BW（Hz）	10～140k	R_L=4Ω，P_o=14W
谐波失真	THD	<0.5%	R_L=4Ω，P_o=0.1～14W

TDA2030A 能在最低±6V、最高±22V 的电压下工作，在±19V、8Ω阻抗时能够输出 16W 的有效功率，THD≤0.1%。

2）TDA2030 的特点及注意事项

（1）TDA2030 具有负载泄放电压反冲保护电路，如果电源电压峰值为 40V，那么在 5 脚与电源之间必须插入 LC 滤波器，以保证 5 脚上的脉冲串维持在规定的幅度内。

（2）热保护：限热保护能够容易承受输出的过载（甚至是长时间的），或者当环境温度过高时起保护作用。

（3）与普通电路相比较，散热片可以有更小的安全系数。万一结温超过时，也不会对器件有所损害，如果发生这种情况，P_o（当然还有 P_{tot}）和 I_o 就会减少。

（4）印制电路板设计时必须较好地考虑地线与输出的去耦，因为这些电路有大的电流通过。

（5）装配时散热片与 TDA2030 之间不需要绝缘，引线长度应尽可能短，焊接温度不得超过 260℃，12s。

（6）虽然 TDA2030 所需的元件很少，但所选的元件必须是品质有保障的元件。

3）TDA2030 检测方法

（1）电阻法。

正常情况下 TDA2030 各脚对③脚阻值如表 5.5 所示。

表 5.5　TDA2030 各脚对③脚阻值

引　脚		①	②	③	④	⑤
阻值	黑表笔接③脚	4kΩ	4kΩ	0	3kΩ	3kΩ
	红表笔接③脚	∞	∞	0	18kΩ	3kΩ

以上数据是采用 MF-500 型万用表用 R×1k 挡测得，不同表所测阻值会有区别。

（2）电压法。

将 TDA2030 接成 OTL 电路，去掉负载，①脚用电容对地交流短路，然后将电源电压从 0～36V 逐渐升高，用万用表测电源电压和④脚对地电压。若 TDA2030 性能完好，则④脚电压应始终为电源电压的一半，否则说明电路内部对称性差，用作功率放大器将产生失真。

4）TDA2030 实用电路

TDA2030 接成 OCL（双电源）典型应用电路如图 5.9 所示。

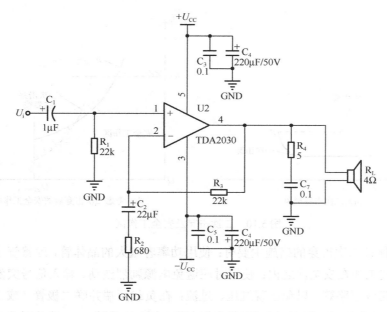

图 5.9 TDA2030 双电源典型应用电路

图 5.9 中 R_3、R_2、C_2 使 TDA2030 接成交流电压串联负反馈电路。闭环增益由下式估算

$$A_{uf} = 1 + \frac{R_3}{R_2}$$

C_5、C_6 为电源低频去耦电容，C_3、C_4 为电源高频去耦电容。R_4 与 C_7 组成阻容吸收网络，用以避免电感性负载产生过电压击穿芯片内功率管。为防止输出电压过大，可在输出端④脚与正、负电源接一个反偏二极管组成输出电压限幅电路。

5.3 功率放大电路的安全运行

5.3.1 功放管的散热和安全使用

在功放电路中，由于功放管集电极电流和电压的变化幅度大，输出功率大，同时功放管本身的耗散功率也大。因此，应采取保护措施以保证功放管的安全运行。主要应注意二次击穿和散热两方面的问题。

1. 功放管的二次击穿

功放管的二次击穿是指当三极管集电结上的反偏电压过大时，三极管将被击穿。类似二极管的反向击穿，也分为"一次击穿"和"二次击穿"。一次击穿是可逆的，二次击穿将使功放管的性能变差或损坏，如图 5.10（a）所示。功放管考虑到二次击穿后的安全工作区如图 5.10（b）所示。

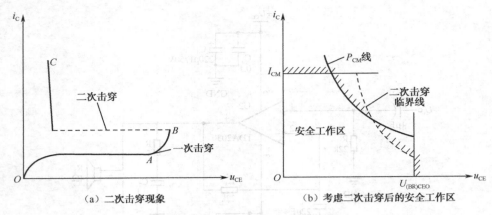

（a）二次击穿现象　　　　　　　　（b）考虑二次击穿后的安全工作区

图 5.10　二次击穿及安全工作区

防止晶体管二次击穿的措施主要有：使用功率容量大的晶体管，改善管子散热的情况，以确保其工作在安全区之内；使用时应避免电源剧烈波动、输入信号突然大幅度增加、负载开路或短路等，以免出现过压、过流；在负载两端并联二极管（或二极管和电容），以防止负载的感性引起功放管过压或过流，在功放管的 c、e 端并联稳压管以吸收瞬时过压。

2．功放管的散热

功放管损坏的重要原因是其实际功率超过额定功耗 P_{CM}。三极管的耗散功率取决于内部的 PN 结（主要是集电结）温度 T_j，当 T_j 超过手册中规定的最高允许结温 T_{jM} 时，集电极电流将急剧增大而使管子损坏，这种现象称为"热致击穿"或"热崩"。硅管的允许结温值为 120～180℃，锗管的允许结温为 85℃左右。

散热条件越好，对于相同结温下所允许的管耗就越大，使功放电路有较大功率输出而不损坏管子。如大功率管 3AD50，手册中规定 $T_{jM}=90℃$，不加散热器时，极限功耗 $P_{CM}=1W$，如果采用手册中规定尺寸为 120mm×120mm×4mm 的散热板进行散热，极限功耗可提高到 $P_{CM}=10W$。为了在相同散热面积下减小散热器所占空间，可采用如图 5.11 所示的几种常用散热器，分别为齿轮形、指状形和翼形，所加散热器面积大小，可参考大功率管产品手册上规定的尺寸。除上述散热器商品外，还可用铝板自制平板散热器。

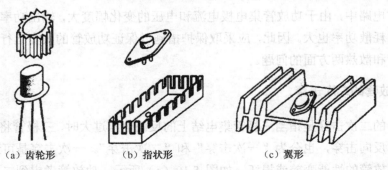

（a）齿轮形　　　　　（b）指状形　　　　　（c）翼形

图 5.11　散热器的几种形状

当功率放大电路在工作时，如果功放管散热器（或无散热器时的管壳）上的温度较高，手感发烫，易引起功率管的损坏，这时应立即分析检查。如果原属于正常使用的功放电路，功率管突然发热，应检查和排除电路中的故障；如果属于新设计的功放电路，在调试时功率管有发烫现象，这时除了需要调整电路参数或排除故障外，还应检查设计是否合理，管子选型和散热条件是否存在问题。

5.3.2　功率放大器的保护

（1）保护的作用：①防止在强信号输入或输出负载短路时，大电流烧坏功放输出管；②防止在强信号输入或开机、关机时，大电流冲击而损坏扬声器。

（2）保护电路的类型：①切断负载式；②分流式；③切断信号式。

复习与思考

1．功率放大器的主要任务是在允许的失真范围内，向负载提供足够大的交流功率，因此功放管常工作于极限应用状态。为了保证功放管安全、可靠和高效地工作，必须尽量减小功放管的管耗，并考虑功放管的散热问题。

2．甲类单管功放电路简单，最大的缺点是效率低；乙类功放采用双管推挽输出，效率高，缺点是产生交越失真。甲乙类功放克服了交越失真，并具有较高的效率。

3．为了减少输出变压器和输出电容给功放带来的不便和失真，出现了单电源供电的 OTL 和双电源供电的 OCL 功放电路。

4．集成功率放大器具有体积小、工作可靠、调试组装方便的优点，目前得到广泛的应用。

5．为保证功率放大电路的安全工作，必须合理选择器件，增强功率管的散热效果，防止二次击穿并根据需要选择好保护电路。

习　题　5

5.1　选择题。

（1）功率放大电路的转换效率是指____。

A．输出功率与晶体管所消耗的功率之比

B．输出功率与电源提供的平均功率之比

C．晶体管所消耗的功率与电源提供的平均功率之比

（2）乙类功率放大电路的输出电压信号波形存在____。

A．饱和失真　　　　B．交越失真　　　　C．截止失真

（3）乙类双电源互补对称功率放大电路中，若最大输出功率为 2W，则电路中功放管的集电极最大功耗约为____。

A. 0.1W   B. 0.4W   C. 0.2W

（4）在选择功放电路中的晶体管时，应当特别注意的参数有＿＿＿。

A. β B. I_{CM} C. I_{CBO}

D. $U_{(BR)CEO}$ E. P_{CM}

（5）乙类双电源互补对称功率放大电路的转换效率理论上最高可达到＿＿＿。

A. 25%   B. 50%   C. 78.5%

5.2   如题图 5.1 所示电路中，设 BJT 的 $\beta=100$，$U_{BE}=0.7V$，$U_{CES}=0.5V$，$I_{CEO}=0$，电容 C 对交流可视为短路。输入信号 u_i 为正弦波。

（1）计算电路可能达到的最大不失真输出功率 P_{om}。

（2）此时 R_B 应调节到什么数值？

（3）此时电路的效率 η 是多少？

5.3   一双电源互补对称功率放大电路如题图 5.2 所示，已知 $U_{CC}=12V$，$R_L=8\Omega$，u_i 为正弦波。

（1）在 BJT 的饱和压降 $U_{CES}=0$ 的条件下，负载上可能得到的最大输出功率 P_{om} 为多少？每个管子允许的管耗 P_{CM} 至少应为多少？每个管子的耐压 $|U_{(BR)CEO}|$ 至少应大于多少？

（2）当输出功率达到最大时，电源供给的功率 P_V 为多少？当输出功率最大时的输入电压有效值应为多大？

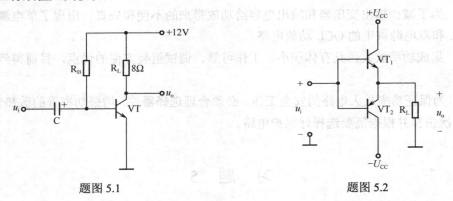

题图 5.1   题图 5.2

5.4   电路如题图 5.2 所示，已知 $U_{CC}=15V$，$R_L=16\Omega$，u_i 为正弦波。

（1）在输入信号 $U_i=8V$（有效值）时，求电路的输出功率、管耗、直流电源供给的功率和效率。

（2）当输入信号幅值 $U_{im}=U_{CC}=15V$ 时，求电路的输出功率、管耗、直流电源供给的功率和效率。

（3）当输入信号幅值 $U_{im}=U_{CC}=20V$ 时，电路的输出会发生什么现象？

5.5   在如题图 5.3 所示电路中，已知 $U_{CC}=16V$，$R_L=4\Omega$，VT_1 和 VT_2 的饱和压降 $|U_{CES}|=2V$，输入电压足够大。

（1）最大输出功率 P_{om} 和效率 η 各为多少？

（2）晶体管的最大功耗 P_{Tmax} 为多少？

5.6　在如题图 5.4 所示电路中，已知 $U_{CC}=15V$，VT_1 和 VT_2 的饱和压降$|U_{CES}|=2V$，输入电压足够大。

（1）最大不失真输出电压的有效值是多少？

（2）负载电阻 R_L 上电流的最大值是多少？

（3）分别求最大输出功率 P_{om} 和效率 η。

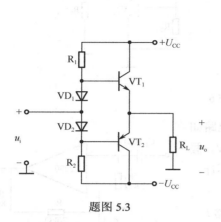 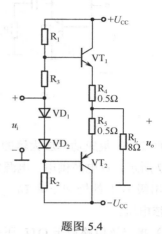

题图 5.3　　　　　　　　　　　　　　题图 5.4

5.7　一带前置推动级的甲乙类双电源互补对称功放电路如题图 5.5 所示，图中 $U_{CC}=20V$，$R_L=8\Omega$，VT_1 和 VT_2 的$|U_{CES}|=2V$。

（1）当 VT_3 输出信号 $U_{o3}=10V$（有效值）时，计算电路的输出功率、管耗、直流电源供给的功率和效率。

（2）计算该电路的最大不失真输出功率、效率和达到最大不失真输出时所需 U_{o3} 的有效值。

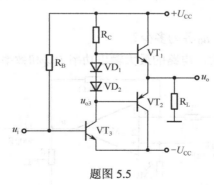

题图 5.5

5.8　一乙类单电源互补对称（OTL）电路如题图 5.6（a）所示，设 VT_1 和 VT_2 的特性完全对称，u_i 为正弦波，$R_L=8\Omega$。

（1）静态时，电容 C 两端的电压应是多少？

（2）若管子的饱和压降 U_{CES} 可以忽略不计。忽略交越失真，当最大不失真输出功率可达到 9W 时，电源电压 U_{CC} 至少应为多少？

（3）为了消除该电路的交越失真，电路修改为如题图 5.6（b）所示，若此修改电路实际运行中还存在交越失真，应调整哪一个电阻？如何调整？

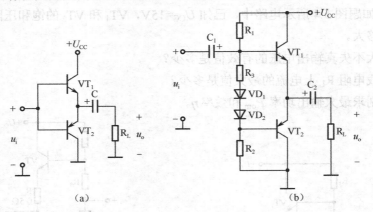

题图 5.6

5.9　2030 集成功率放大器的一种应用电路如题图 5.7 所示，双电源供电，电源电压为±15V，假定其输出级 BJT 的饱和压降 U_{CES} 可以忽略不计，u_i 为正弦电压。

（1）指出该电路属于 OTL 还是 OCL 电路？

（2）求理想情况下最大输出功率 P_{om}。

（3）求电路输出级的效率 η。

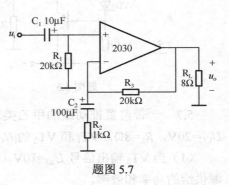

题图 5.7

5.10　LM1877N-9 为 2 通道低频功率放大电路，单电源供电，最大不失真输出电压的峰-峰值 $U_{OPP}=(U_{CC}-6)V$，开环电压增益为 70dB。如题图 5.8 所示为 LM1877N-9 中一个通道组成的实用电路，电源电压为 24V，$C_1 \sim C_3$ 对交流信号可视为短路，R_3 和 C_4 起相位补偿作用，可以认为负载为 8Ω。

（1）静态时，u_P、u_N、u_0 各为多少？

（2）设输入电压足够大，电路的最大输出功率 P_{om} 和效率 η 各为多少？

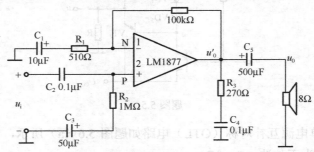

题图 5.8

实 训 项 目

项目1　小功率集成功率放大电路的制作与调试

1．功放电路的设计分析

LM1875T 的主要特点：

（1）开环增益可达 90dB。

（2）失真极低，1kHz、20W 时失真仅为 0.015%。

（3）内置短路保护电路和超温保护电路。

（4）峰值电流高达 4A。

（5）支持电压范围宽（16～60V）。

（6）内置输出保护二极管。

（7）外围电路简单，元件少。

（8）输出功率大，P_o=20W（R_L=4Ω）。

NE5532 是高性能低噪声双运算放大器，具有噪声低（5nV）、频率响应宽（0～10MHz）及电源电压范围大（±3～±20V）等特点。用 NE5532 作前级音调电路推动 LM1875T 功放电路可以获得极佳的效果。项目图 1 是基于 NE5532 设计的前级音调电路，JP1 为音频输入端。考虑到音源 CD、DVD、计算机声卡等输出级都有隔直电容，故音频输入端省去了输入耦合电容。U_{xA} 为双路前级放大部分，放大倍数约为 2 倍。U_{xB} 和前面的阻容元件组成反馈式音调控制电路，双联电位器 W_1（W_{1A}、W_{1B}）用于调节低音；W_2（W_{2A}、W_{2B}）用于调节高音；W_3（W_{3A}、W_{3B}）为音量电位器，可根据实际情况调整增益大小。

基于 LM1875 的功放电路如项目图 2 所示，提供了约 23 倍的电压增益。图中 C_1 是隔直电容，其性能对功放的性能效果影响很大，推荐名厂出品的薄膜电容。与 LM1875 资料上提供的典型电路相比，该电路增加了一个 10Ω 的悬浮地电阻（也可以省去），用于提高信噪比。当供电电压为±25V、外接 8Ω 喇叭时功放电路能够提供 25W 的输出功率。

2．功放电路的制作

项目图 3 是功放电路的 PCB，项目图 4 是功放电路的实物板。

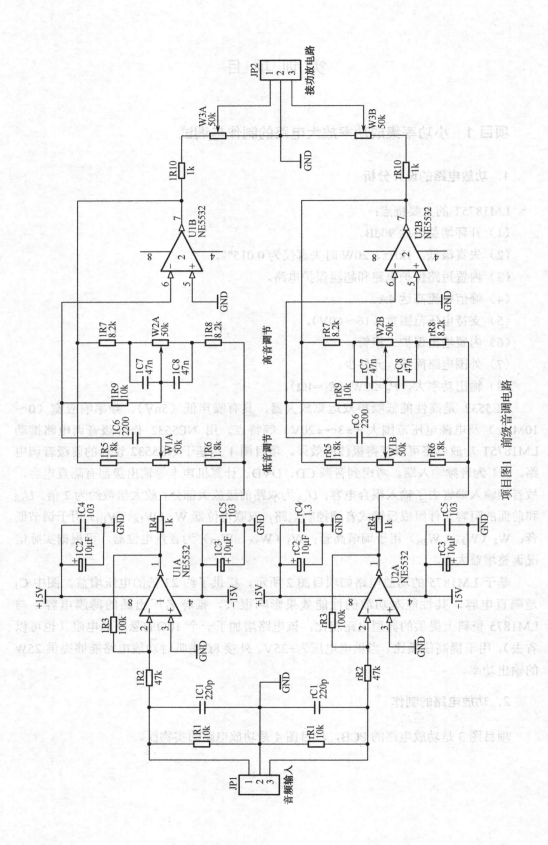

前级音调电路　　项目图1

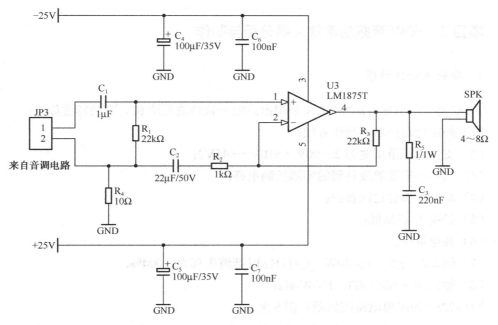

项目图2　LM1875 功放电路（单通道）

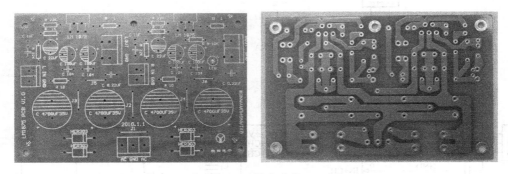

项目图3　功放电路的 PCB

项目图4　功放电路的实物板

项目2 50W音频功率放大器分析与制作

1. 电路的设计分析

TDA7250为SGS-THOMSON公司出品的一款功放驱动IC，它的特性如下：

（1）外围电路简单，制作方便；

（2）支持电压范围宽为2～90V（±10V～±45V）；

（3）具有不需要温度补偿的零漂控制电路；

（4）功率晶体管过流保护；

（5）静噪/待机功能；

（6）耗电量少；

（7）低谐波失真，P_o=40W、f_o=1kHz时谐波失真为0.004%；

（8）输出功率60W/8Ω、100W/4Ω。

TDA7250的应用电路图如项目图5所示。

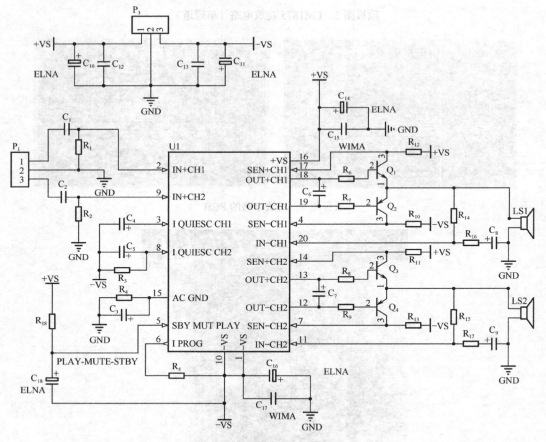

项目图5　TDA7250原理图

从项目图5中的电路可以看出TDA7250的过流保护原理是检测电阻R_{10}、R_{11}、R_{12}、

R_{13} 的电压。当晶体管过流时，根据 $U=I \cdot R$，电阻的端电压随之增加，到达一定的电压后，TDA7250 就将晶体管基极的电压置零，从而达到晶体管过流保护的作用。电阻 R_{14}、R_{15}、R_{16}、R_{17} 为负反馈回路，整个电路的增益由 R_{14}、R_{15} 和 R_{16}、R_{17} 的比值决定，公式为 $G_V=1+R_{14}/R_{16}$ 或者 $G_V=1+R_{15}/R_{17}$。

2．功放电路的制作

项目图 6 是 TDA7250 功放电路的 PCB，项目图 7 是 TDA7250 功放电路的实物板。

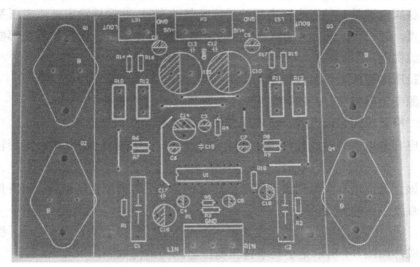

项目图 6　TDA7250 功放电路的 PCB

项目图 7　TDA7250 功放电路的实物图

第 6 章　直流稳压电源

学习指导

　　直流稳压电源是一种当电网电压波动或负载改变时，能保持输出直流电压基本不变的电源装置。电子计算机、测量仪器、自动控制系统等许多电子设备和装置都要求用直流稳压电源供电。

　　直流稳压电源的工作过程通常为以下四个部分。

　　由电源变压器将 220V 交流电压变换为所需要的交流电压值。

　　利用二极管单向导电性将交流电压整流为单向脉动的直流电压。

　　通过电容或电感等储能元件组成的滤波电路来减小其脉动成分，从而得到较平滑的直流电压。

　　由于该直流电压易受电网波动及负载变化的影响，必须加稳压电路，利用负反馈来维持输出直流电压的稳定。

　　由此，常用的小功率直流稳压电源由电源变压器、整流电路、滤波电路、稳压电路四部分组成，如图 6.1 所示是小功率直流稳压电源的结构框图。

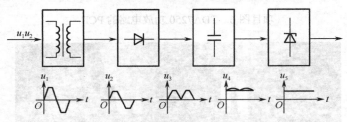

图 6.1　小功率直流稳压电源结构、波形

教学目标

　　（1）熟练掌握单相整流电路、电容滤波电路的工作原理及输出电压的估算。

　　（2）掌握滤波电路的工作原理及输出电压的估算。

　　（3）掌握串联型稳压电路的工作原理。

　　（4）了解集成三端稳压器。

　　（5）了解新能源技术。

6.1　直流稳压电源介绍

　　经过变压器变压后的仍然是交流电，需要转换为直流电才能提供给后级电路，这个转换电路就是整流电路。整流电路可分为单相整流电路和三相整流电路，单相整流电路又分为半波整流、全波整流和桥式整流电路。在小功率电路中，一般采用单相桥式整流电路。

6.1.1 整流电路

在直流稳压电源中利用二极管的单向导电特性，将方向变化的交流电整流为直流电。

1. 半波整流电路

半波整流电路如图 6.2（a）所示，其中经电源变压器变压，副线圈端变压为所需交流电压 u_2，VD_1 是整流二极管，R_1 是负载。副线圈是一个方向和大小随时间变化的正弦波电压，波形如图 6.2（b）所示。

半波整流电路的工作过程如下。

ωt 为 $0 \sim \pi$ 期间是这个电压的正半周，这时次级上端为正下端为负，二极管 VD_1 正向导通，电源电压加到负载 R_1 上，负载 R_1 中有电流通过；ωt 为 $\pi \sim 2\pi$ 期间是这个电压的负半周，这时副线圈上端为负、下端为正，二极管 VD_1 反向截止，没有电压加到负载 R_1 上，负载 R_1 中没有电流通过。在 ωt 为 $2\pi \sim 3\pi$、$3\pi \sim 4\pi$ 等后续周期中重复上述过程，这样电源负半周的波形被"削"掉，得到一个单一方向的电压，波形如图 6.2（b）所示。

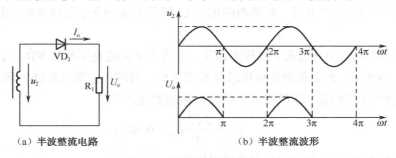

（a）半波整流电路 　　　　　　　　　　（b）半波整流波形

图 6.2　半波整流电路及波形

设副线圈电压有效值为 U_2，理想状态下负载 R_1 两端的电压

$$U_o = \frac{\sqrt{2}}{\pi} U_2 = 0.45 U_2 \tag{6-1}$$

整流二极管 VD_1 承受的反向峰值电压为

$$U_D = \sqrt{2} U_2 = 1.4 U_2 \tag{6-2}$$

由于半波整流电路只利用电源的正半周，电源的利用效率非常低，所以半波整流电路仅在高电压、小电流等少数情况下使用，一般电源电路中很少使用。

2. 全波整流电路

由于半波整流电路的效率较低，于是人们很自然地想到将电源的负半周也利用起来，这样就有了全波整流电路。全波整流电路图如图 6.3 所示。相对半波整流电路，全波整流电路用到了两个整流二极管 VD_1、VD_2，变压器副线圈引出一个中心抽头。这个电路实质上是将两个半波整流电路组合到一起。

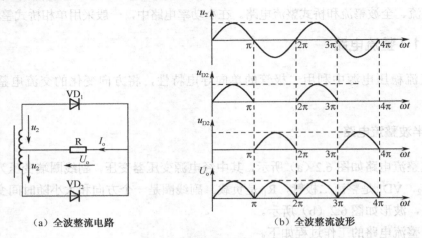

（a）全波整流电路　　　　　　　　　　　（b）全波整流波形

图 6.3　全波整流电路、波形

全波整流电路的工作过程如下。

在 ωt 为 0~π 期间副线圈上端为正、下端为负，VD_1 正向导通，VD_2 反向截止，电源电压经 VD_1 加到 R 上，R 两端的电压 U_o 右端为正、左端为负，其电流经 VD_1 流向 R。

在 ωt 为 π~2π 期间副线圈上端为负、下端为正，VD_2 正向导通，反向截止，副线圈电源电压 u_2 经 VD_2 加到 R 上，R 两端的电压 U_o 还是右端为正、左端为负，电流经 VD_2 流向 R。

后续周期中重复上述过程。这样电源正、负两个半周的电压经过 VD_1、VD_2 整流后分别加到 R 的两端，R 上得到的电压总是右正左负，其波形如图 6.3（b）所示。

设副线圈电压为 U_2，理想状态下负载 R 两端的电压为

$$U_o = \frac{2\sqrt{2}}{\pi}U_2 = 0.9U_2 \qquad (6-3)$$

整流二极管 VD_1 和 VD_2 承受的反向峰值电压为

$$U_D = 2\sqrt{2}U_2 = 2.82U_2 \qquad (6-4)$$

全波整流电路每个整流二极管上流过的电流只是负载电流的一半，比半波整流小一半。全波整流输出电压的直流成分（较半波）增大，脉动程度减小，但变压器需要中心抽头、制造麻烦，整流二极管需承受的反向电压高，故一般适用于要求输出电压不太高的场合。

3. 单相桥式整流电路

桥式整流电路是由电源变压器、4 个整流二极管 VD_1~VD_4 和负载电阻 R_L 组成。4 个整流二极管接成电桥形式，故称桥式整流电路，如图 6.4（a）所示，图中 Tr 为电源变压器，它的作用是将交流电网电压 u_1 变成整流电路要求的交流电压 $U_2 = \sqrt{2}U_2\sin\omega t$，图 6.4（b）是它的简化画法。

桥式整流电路的工作原理如下。

在 u_2 的正半周，VD_1、VD_3 导通，VD_2、VD_4 截止，电流由 Tr 次级上端经 $VD_1 \rightarrow$ $R_L \rightarrow VD_3$ 回到 Tr 次级下端，在负载 R_L 上得到一半波整流电压。

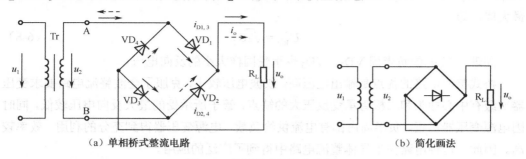

（a）单相桥式整流电路　　　　　　　　　　（b）简化画法

图 6.4　单相桥式整流电路图

在 u_2 的负半周，VD_1、VD_3 截止，VD_2、VD_4 导通，电流由 Tr 次级的下端经 $VD_2 \rightarrow$ $R_L \rightarrow VD_4$ 回到 Tr 次级上端，在负载 R_L 上得到另一半波整流电压。这样就在负载 R_L 上得到一个与全波整流相同的电压波形，其电流的计算与全波整流相同，在电源电压 u_2 的正、负半周内（设 A 端为正，B 端为负时是正半周）电流通路分别用图 6.4（a）中实线和虚线箭头表示。负载 R_L 上的电压 u_o 的波形如图 6.5 所示。电流 i_o 的波形与 u_o 的波形相同。显然，它们都是单方向的全波脉动波形。

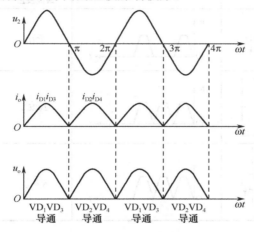

图 6.5　单相桥式整流波形图

单相桥式整流电压的平均值为

$$U_o = \frac{1}{\pi} \int_0^\pi \sqrt{2} U_2 \sin \omega t \mathrm{d}\omega t = \frac{2\sqrt{2}}{\pi} U_2 = 0.9 U_2 \tag{6-5}$$

流过负载电阻 R_L 的电流平均值为

$$I_o = \frac{0.9 U_2}{R_L} \tag{6-6}$$

在桥式整流电路中，二极管 VD_1、VD_3 和 VD_2、VD_4 是两两轮流导通的，所以流经每个二极管的平均电流为

$$I_D = \frac{1}{2} I_L = \frac{0.45 U_2}{R_L} \tag{6-7}$$

二极管在截止时管子承受的最大反向电压 U_{RM} 可从图 6.5 看出。在 u_2 正半周时，VD_1、VD_3 导通，VD_2、VD_4 截止。此时 VD_2、VD_4 所承受到的最大反向电压均为 u_2 的最大值，即

$$U_{RM} = \sqrt{2}U_2 \tag{6-8}$$

同理，在 u_2 的负半周 VD_1、VD_3 也承受同样大小的反向电压。

桥式整流电路的优点是输出电压高，纹波电压较小，克服了全波整流电路要求变压器次级有中心抽头和二极管承受反压大的缺点，管子所承受的最大反向电压较低，同时因电源变压器在正、负半周内都有电流供给负载，电源变压器得到充分的利用，效率较高。因此，这种电路在半导体整流电路中得到了广泛的应用。

电路的缺点是用二极管较多。目前市场上已有许多品种的半桥和全桥整流电路出售，而且价格便宜，这对桥式整流电路的缺点是一大弥补。在半导体器件发展快，成本较低的今天，此缺点并不突出，因而桥式整流电路在实际中应用较为广泛。

表 6.1 给出了常见的几种整流电路的电路图、整流电压的波形及计算公式。

表 6.1　几种整流电路对比

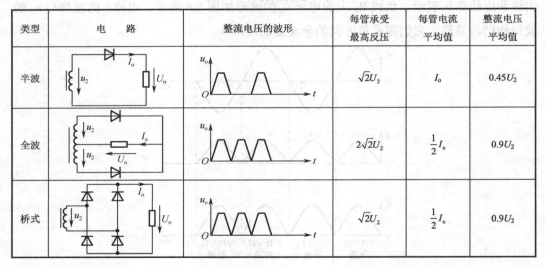

类型	电　路	整流电压的波形	每管承受 最高反压	每管电流 平均值	整流电压 平均值
半波			$\sqrt{2}U_2$	I_o	$0.45U_2$
全波			$2\sqrt{2}U_2$	$\dfrac{1}{2}I_o$	$0.9U_2$
桥式			$\sqrt{2}U_2$	$\dfrac{1}{2}I_o$	$0.9U_2$

4. 倍压整流电路

倍压整流电路由电源变压器、整流二极管、倍压电容和负载电阻组成。它可以输出高于变压器次级电压二倍、三倍或 n 倍的电压，一般用于高电压、小电流的场合。

二倍压整流电路如图 6.6（a）所示。其工作原理是：在 u_2 的正半周，VD_1 导通，VD_2 截止，电容 C_1 被充电到接近 u_2 的峰值 u_{2m}，在 u_2 的负半周，VD_1 截止，VD_2 导通，这时变压器次级电压 u_2 与 C_1 所充电压极性一致，二者串联，且通过 VD_2 向 C_2 充电使 C_2 上充电电压可接近 $2u_{2m}$。当负载 R_L 并接在 C_2 两端时（R_L 一般较大），R_L 上的电压 U_L 也可接近 $2u_{2m}$。图 6.6（b）为 n 倍压整流电路，整流原理相同。可见，只要增加整流二极管和电容的数目，便可得到所需要的 n 倍压（n 个二极管和 n 个电容）电路。

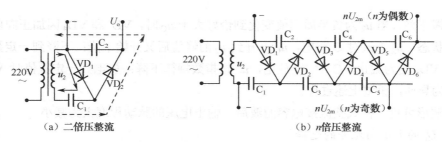

（a）二倍压整流　　　　　　　　　（b）n倍压整流

图 6.6　桥式整流电容滤波电路及波形

6.1.2　滤波电路

整流电路虽然能把交流电转换为直流电，但是输出的是脉动成分较大的直流电，其中仍含有很大的交流成分，称为纹波。在一些要求直流电平滑的场合不适用。因此要滤除整流电压中的纹波，这一过程称为滤波。常用的滤波电路有电容滤波、电感滤波、复式滤波及有源滤波。这里仅讨论电容滤波电路和电感滤波电路。

1．电容滤波电路

电容滤波电路是最简单的滤波器，它是在整流电路的负载上并联一个电容 C。电容一般采用带有正、负极性的大容量电容器，如电解电容、钽电容等，电路形式如图 6.7（a）所示。

1）滤波原理

利用电容元件在整流二极管导通期间存储能量、在截止期间释放能量的作用，使输出电压变得比较平滑；或从另一角度来看，电容对交、直流成分反映出来的阻抗不同，把它们合理地安排在电路中，即可达到降低交流成分而保留直流成分的目的，体现出滤波作用。波形如图 6.7（b）所示。当 u_2 为正半周并且数值大于电容两端电压 u_C 时，二极管 VD_1 和 VD_3 导通，VD_2 和 VD_4 截止，电流一路流经负载电阻 R_L，另一路对电容 C 充电。

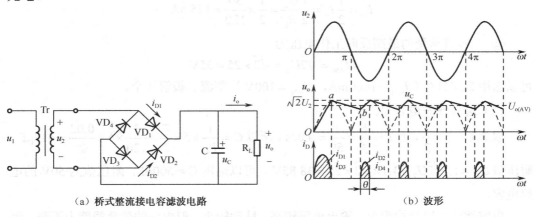

（a）桥式整流接电容滤波电路　　　　　　　（b）波形

图 6.7　桥式整流电容滤波电路及波形

当 $u_C > u_2$ 时，VD_1 和 VD_3 反向偏置而截止，电容通过负载电阻 R_L 放电，u_C 按指数规律缓慢下降。当 u_2 为负半周幅值变化到恰好大于 u_C 时，VD_2 和 VD_4 因加正向电压变为导通状态，u_2 再次对 C 充电，u_C 上升到 u_2 的峰值后又开始下降；下降到一定数值时 VD_2 和 VD_4 变为截止，C 对 R_L 放电，u_C 按指数规律下降；放电到一定数值时 VD_1 和 VD_3 变为导通，重复上述过程。

由波形可见，桥式整流接电容滤波后，输出电压的脉动程度大为减小。

2）U_o 的大小与元件的选择

电容充电时间常数为 $\tau_1=rC$（r 为二极管正向电阻），由于 r 值较小，所以充电速度快；放电时间常数为 $\tau_2=R_LC$，由于 R_L 值较大，所以放电速度慢。R_LC 越大，滤波后输出电压越平滑，并且其平均值越大。

当负载 R_L 开路时，τ_2 无穷大，电容 C 无放电回路，U_o 达到最大，即 $U_o=\sqrt{2}U_2$；当 R_L 很小时，输出电压几乎与无滤波时相同。因此，电容滤波器输出电压在 $0.9U_2$～$\sqrt{2}U_2$ 范围内波动，在工程上一般采用经验公式估算其大小。

半波整流（有电容滤波） $U_o=U_2$

全波整流（有电容滤波） $U_o=1.2U_2$

为了获得比较平滑的输出电压，一般要求 $R_LC \geqslant (3\sim5)\dfrac{T}{2}$，式中 T 为交流电源的周期。关于滤波电容值的选取应视负载电流的大小而定。一般在几十微法到几千微法，电容耐压要考虑电网电压 10%的波动，应大于 $1.1\sqrt{2}U_2$。

【例 6.1.1】 需要一单相桥式整流电容滤波电路，电路如图 6-7（a）所示。交流电源频率 $f = 50\text{Hz}$，负载电阻 $R_L=120\Omega$，要求直流电压 $U_o=30\text{V}$，试选择整流元件及滤波电容。

解：（1）选择整流二极管。

$$U_2=\frac{U_m}{1.2}=\frac{30}{1.2}=25\text{V}$$

① 流过二极管的平均电流为

$$I_D=\frac{1}{2}I_o=\frac{1}{2}\frac{U_o}{R_L}=\frac{1}{2}\times\frac{30}{120}=125\text{mA}$$

② 二极管承受的最高反向工作电压为

$$U_{RM}=\sqrt{2}U_2=\sqrt{2}\times25=35\text{V}$$

可以选用 2CZ11A（$I_{RM}=1000\text{mA}$，$U_{RM}=100\text{V}$）整流二极管 4 个。

（2）选择滤波电容 C。

取 $R_LC=5\times\dfrac{T}{2}$，而 $T=\dfrac{1}{f}=\dfrac{1}{50}=0.02\text{s}$，所以 $C=\dfrac{1}{R_L}\times5\times\dfrac{T}{2}=\dfrac{1}{120}\times5\times\dfrac{0.02}{2}=417\mu\text{F}$；

耐压值 $U_C=1.1\sqrt{2}U_2=1.1\times\sqrt{2}\times25=38.85\text{V}$，可以选用 $C=500\mu\text{F}$，耐压值为 50V 的电解电容。

电容滤波电路结构简单，输出电压较高，脉动较小，但电路的带负载能力不强，因此，电容滤波通常适合在小电流且变动不大的电子设备中使用。

2. 电感滤波电路

从能量的观点看，电感滤波原理如下：当电感中通过交变电流时，电感两端便产生出一反电势阻碍电流的变化：当电流增大时，反电势会阻碍电流的增大，并将一部分能量以磁场能量存储起来；当电流减小时，反电势会阻碍电流的减小，电感释放出存储的能量。这就大大减小了输出电流的变化，使其变得平滑，达到了滤波目的。当忽略 L 的直流电阻时，R_L 上的直流电压 U_L 与不加滤波时负载上的电压相同，即 $U_L = 0.9U_2$。

电感滤波的特点如下：

（1）电感滤波的外特性和脉动特性好。U_L 随 I_L 的增大下降不多，基本上是平坦的（下降是由 L 的直流电阻引起的）。

（2）电感滤波电路整流二极管的导通角 $\theta = \pi$。

（3）电感滤波输出电压较电容滤波低，故一般电感滤波适用于输出电压不高，输出电流较大及负载变化较大的场合。

当单独使用电容或电感进行滤波，而滤波仍不理想时，可采用复合滤波电路，如图 6.8 所示。

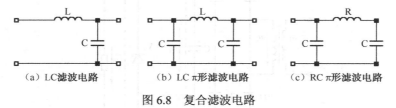

（a）LC滤波电路　　　　（b）LC π形滤波电路　　　　（c）RC π形滤波电路

图 6.8　复合滤波电路

电路组成原则为：把对交流阻抗大的元件（如电感、电阻）与负载串联，以降低较大的纹波电压；而把对交流阻抗小的元件（如电容）与负载并联，以旁路较大的纹波电流。其滤波原理与电容、电感滤波类似。

这种滤波电路比单电容滤波效果好，但也只适用于负载电流不大的场合。

6.1.3　稳压电路

经整流滤波后输出的直流电压，虽然平滑程度较好，但其稳定性是比较差的。主要原因有以下几个方面。

（1）由于输入电压不稳定（通常交流电网允许有±10%的波动），导致整流、滤波电路输出直流电压不稳定。

（2）当环境温度发生改变时，电路元件（特别是半导体器件）参数发生变化，也会使输出电压发生变化。

（3）当负载电流 I_L 变化时，由于整流滤波电路有内阻，输出直流电压会发生变化。所以，经整流滤波后的直流电压，必须采取一定的稳压措施，才能适合电子设备的需要。

对稳压电路的主要要求如下：

（1）稳压系数 $s\left(=\dfrac{\Delta U_{\mathrm{o}}/U_{\mathrm{o}}}{\Delta U_{\mathrm{i}}/U_{\mathrm{i}}}\right)$ 要小，稳定度高，即输出电压相对变化量要远小于输入电压变化量。

（2）输出电阻 R_{o} 小。$R_{\mathrm{o}}=\Delta U_{\mathrm{o}}/\Delta I_{\mathrm{L}}$，$R_{\mathrm{o}}$ 一般为 $\mathrm{m\Omega}$ 数量级，表示负载电流变化时，输出电压稳定。

（3）温度系数 S_{T} 小。$S_{\mathrm{T}}=\Delta U_{\mathrm{o}}/\Delta T$（mV/℃），$S_{\mathrm{T}}$ 表示温度变化时，输出电压稳定。

常用的稳压电路有并联型和串联型稳压电路两种类型。

1．并联型稳压电路

如图 6.9 所示，虚线框内是最简单的一种稳压电路，因其稳压管 $\mathrm{V_Z}$ 与负载电阻 R_{L} 并联，故称并联型稳压电路。这种电路主要用于对稳压要求不高的场合，有时也作为基准电压源。

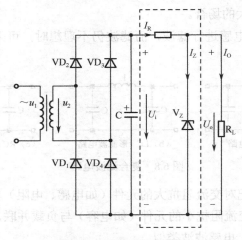

图 6.9　并联型稳压电路

1）并联型稳压原理

当电网电压 U_{i} 升高时，负载电压 U_{o} 也要增加，由稳压管的稳压特性可知，只要稳压管的 U_{Z} 略增大，稳压管的电流 I_{Z} 就会急剧增大，因此电阻 R 上的压降急剧增加，这就抵偿了 U_{i} 的增加，从而使负载电压 U_{o} 近似保持不变。当 U_{i} 因交流电源电压降低而降低时，稳压过程与上述过程相反。

如果保持电源电压不变，当负载电流 I_{o} 增大时，电阻 R 上的压降也增大，负载电压 U_{o} 因而下降，稳压管电流 I_{Z} 急剧减小，从而补偿了 I_{o} 的增加，使得通过电阻 R 的电流和电阻上的压降近似保持不变，因此负载电压 U_{o} 也就近似稳定不变。当负载电流减小时，稳压过程相反。

$$U_{\mathrm{Z}}=U_{\mathrm{o}}$$
$$I_{\mathrm{Z\,max}}=(1.5\sim3)I_{\mathrm{o\,max}} \qquad (6\text{-}9)$$
$$U_{\mathrm{i}}=(2\sim3)U_{\mathrm{o}}$$

2）并联型稳压电路的优点

（1）电路简单。

（2）在负载电流比较小时，稳压性能比较好。

（3）对瞬时变化的适应性较好。

3）稳压管稳压电路的缺点

（1）输出电压不能调节。

（2）输出负载电流变化范围小，且受稳压管电流范围限制（$\Delta I_{Lmax}=I_{Zmax}-I_{Zmin}$）。

（3）电压稳定度不易很高。

【例 6.1.2】 有一稳压管稳压电路，如图 6.9 所示。负载电阻 R_L 的阻值由开路变到
3kΩ，交流电压经整流滤波后得出 U_i=45V。现在要求输出直流电压 U_o=15V，试选择稳
压管 V_Z。

解：根据输出直流电压 U_o=15V 的要求，有

$$U_Z = U_o = 15V$$

由输出电压 U_o=15V 及最小负载电阻 R_L=3kΩ 的要求，负载电流最大值

$$I_{omax} = \frac{U_o}{R_L} = \frac{15}{3} = 5mA$$

查半导体器件手册，选择稳压管 2CW20，其稳定电压 U_Z=(13.5～17)V，稳定电流
$I_Z = 5mA$，$I_{Zmax} = 15mA$。

2．串联型稳压电路

1）简单型串联稳压性电路

分立元件组成的稳压电源电路如图 6.10 所示，该电路就是典型的串联稳压电源，
其中变压器用于将 220V 市电降成需要的电压后，经过桥式整流和滤波，将交流电变成
直流电并滤去纹波，经过简单的串联稳压电路，输出端得到稳定的直流电压。图中 V_Z
与 R 组成硅稳压管稳压电路，给晶体管基极提供一个稳定的电压，叫基准电压 U_Z。R
又是晶体管的偏流电阻，使晶体管工作于合适的工作状态，由电路可知

$$U_o=U_i-U_{CE}$$
$$U_{BE}=U_B-U_E=U_Z-U_o$$

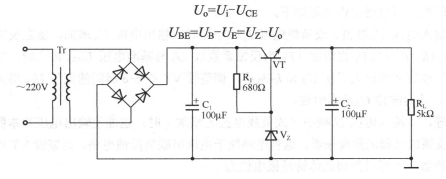

图 6.10　简单的串联稳压电源

该电路的稳压原理：当输入电压 U_i 增加（或负载电流 I_L 减小），使输出电压 U_o 增
大时，三极管的 U_{BE} 减小，从而使 I_B、I_C 减小，U_{CE} 增加（相当于 R_{CE} 增大），结果使

U_o基本不变。这一稳压过程可表示为

$$U_i\uparrow(\text{或}\ I_L\downarrow)\to U_o\uparrow\to U_{BE}\downarrow\to I_B\downarrow\to I_C\downarrow\to U_{CE}\uparrow\to U_o\downarrow$$

U_i减小或I_L增大同理。从放大电路的角度看，该稳压电路是一射极输出器（R_L接于VT的射极），其输出电压U_o是跟随输入电压变化的，因$U_B=U_Z$，故U_o稳定。

这种稳压电路，由于直接用输出电压的微小变化量去控制调整管，其控制作用较小，所以稳压效果不好。但是带一级放大电路会有所改善，如下所述。

2）带运放的串联稳压型电路

如图6.11所示是串联反馈型稳压电路的一般结构图，图中U_i是滤波电路的输出电压，VT为调整管，A为比较放大器，U_{REF}为基准电压，取样电阻R_1与R_2组成反馈网络用来反映输出电压的变化。这种稳压电路的主回路是工作于线性状态的调整管VT与负载串联，故称为串联型稳压电路。

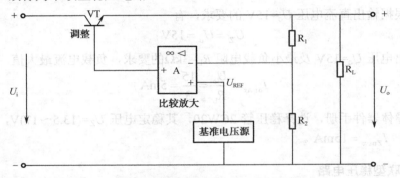

图6.11　串联型稳压电路的一般结构图

因为输出电压$U_o=U_i+U_{CE}$，输入电压U_i是滤波后的小波动直流信号，经过稳压要得到不变的输出电压U_o，可见变化的成分要通过变化量U_{CE}抵消，输出电压U_o由反馈网络取样，经放大器放大后控制调整管VT的c-e极间的电压，从而达到稳定输出电压U_o的目的。

$$U_o=U_{REF}\frac{R_1+R_2}{R_2}\tag{6-10}$$

串联型稳压电路工作原理如下。

当输入电压U_i增加（或负载电流I_o减小）时，输出电压U_o增加，随之反馈电压$U_F=U_oR_2/(R_1+R_2)=F_UU_o$也增加（$F_U$为反馈系数）。$U_F$与基准电压$U_{REF}$相比较，其差值电压经比较放大器放大后使$U_B$和$I_C$减小，调整管VT的c-e极间的电压$U_{CE}$增大，使$U_o$下降，从而维持$U_o$基本恒定。

同理，当输入电压U_i减小（或负载电流I_o增加）时，也能使输出电压基本保持不变。从反馈放大器的角度来看，这种电路属于电压串联负反馈电路。调整管VT连接成射极跟随器，因而可得到晶体管基极电位为

$$U_B=A_u(U_{REF}-F_UU_o)\approx U_o$$

或

$$U_o=U_{REF}\frac{A_u}{1+A_uF_U}$$

式中，A_u 是比较放大器的电压放大倍数，F_U 为反馈系数。在深度负反馈条件下，即 $|1+A_\mathrm{u}F_\mathrm{U}|\gg 1$ 时，可得

$$U_\mathrm{o}\approx U_{\mathrm{REF}}\frac{1}{F_\mathrm{U}}\approx U_{\mathrm{REF}}\frac{R_1+R_2}{R_2}$$

可见，调整管 VT 的调整作用是依靠 F_U 和 U_{REF} 之间的偏差来实现的，必须有偏差才能调整。如果 U_o 绝对不变，调整管的 U_{CE} 也绝对不变，那么电路就不能起调整作用了，所以 U_o 不可能达到绝对稳定，只能是基本稳定。因此，如图 6.11 所示的系统是一个闭环有差调整系统。当反馈越深时，调整作用越强，输出电压 U_o 也越稳定，电路的稳压系数和输出电阻 R_o 就越小。

【例 6.1.3】 晶体管构成的直流稳压电路如图 6.12 所示。已知：VT_2、VT_3 为差分比较放大器，稳压管的稳定电压 $U_Z=6\mathrm{V}$，$U_{\mathrm{CES}}=2\mathrm{V}$，$R_2=2\mathrm{k}\Omega$，$R_3=2\mathrm{k}\Omega$。

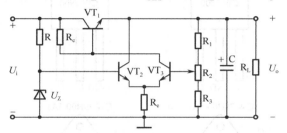

图 6.12　晶体管构成的直流稳压电路

（1）当 R_2 滑动端调至中间位置时，输出电压 $U_\mathrm{o}=10\mathrm{V}$，求 R_1；（2）确定输出电压 U_o 的调节范围。

解：（1）根据稳压电路原理内容，由 $\dfrac{\frac{1}{2}R_2+R_3}{R_1+R_2+R_3}U_\mathrm{o}\approx U_Z$ 解得

$$R_1=1\mathrm{k}\Omega$$

（2）当 R_2 滑动端调至最上端时，输出电压 U_o 最小，有

$$U_{\mathrm{omin}}=U_Z\left(\frac{R_1+R_2+R_3}{R_3+R_2}\right)=7.5\mathrm{V}$$

当 R_2 滑动端调至最下端时，输出电压 U_o 最大，有

$$U_{\mathrm{omax}}=\left(\frac{R_1+R_2+R_3}{R_3}\right)U_Z=15\mathrm{V}$$

因此，输出电压 U_o 的可调范围为 7.5～15V。

6.2　三端集成稳压器

三端集成稳压器由采样、基准、放大和调整四个单元电路组成。常见到的三端稳压集成电路有正电压输出的 W78×× 系列和负电压输出的 W79×× 系列。后两位数字代

表该三端集成稳压电压，输出电压有 5V、6V、7V、8V、9V、10V、12V、15V、18V、20V 和 24V 共 11 个档次。该系列的输出电流分 5 档，78××系列是 1.5A，78M××是 0.5A，78 L××是 0.1A。

三端集成稳压器只有三个管脚输出，如图 6.13 所示，分别是输入端、输出端和接地端。将元件有标识的一面朝向自己，若是 78 系列，则三个管脚分别为输入端、接地端和输出端；若是 79 系列，则三个管脚分别为接地端、输入端和输出端。用 78/79 系列三端集成稳压器来组成稳压电源所需的外围元件极少，电路内部还有过流、过热及调整管的保护电路，使用起来可靠、方便，而且价格便宜。

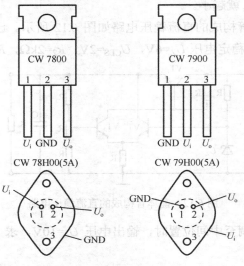

图 6.13　三端集成稳压器外形

1．输出电压固定的集成稳压器

如图 6.14 所示为三端集成稳压器的典型电路。正常工作时，输入、输出电压差 2～3V，输出电压固定。电容 C_1 用来实现频率补偿，C_1 为 0.33μF；C_2 用来减小由于负载电流瞬时变化而引起的高频干扰，C_2 为 0.1μF。使用三端集成稳压器时注意一定要加散热器，否则不能工作到额定电流。

2．输出电压可调的集成稳压器

三端可调集成稳压器是在三端固定式集成稳压器的基础上发展起来的生产量大、应用面广的产品，它也有正电压输出 LM117、LM217 和 LM317 系列，负电压输出 LM137、LM237 和 LM337 系列两种类型；既保留了三端集成稳压器的简单结构形式，又克服了固定式输出电压不可调的缺点；在内部电路设计上及集成化工艺方面采用了先进的技术，性能指标比三端固定式集成稳压器高一个数量级，输出电压在 1.25～37V 范围内连续可调；稳压精度高、价格便宜，称为第二代三端集成稳压器。

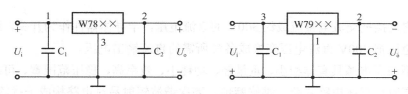

图 6.14 典型应用电路

LM317 是三端可调集成稳压器的一种，它具有输出 1.5A 电流的能力，典型应用的电路如图 6.15 所示，电路的输出电压范围为 1.25～37V。输出电压的近似表达式是

$$U_{o} = U_{REF}\left(1 + \frac{R_2}{R_1}\right) \qquad (6-11)$$

式中，U_{REF}=1.25V。如果 R_1=240Ω，R_2=2.4kΩ，则输出电压近似为 13.75V。

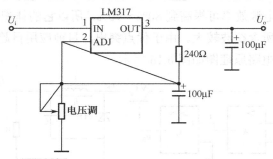

图 6.15　三端可调稳压器的典型电路

3．电路的优、缺点

三端可调集成稳压器的线性调整率和负载调整率比标准的三端固定式集成稳压器好，其内置过载保护、安全区保护等多种保护电路。通常它们不需要外接电容，除非输入滤波电容到稳压器 W117/W317 输入端的连线超过 6in（约 15cm）。使用输出电容能改变瞬时响应。调整端使用滤波电容能得到比标准三端集成稳压器高得多的纹波抑制比。

前述三端集成稳压器的缺点：调整管总工作在线性放大状态，管压降大，流过的电流也大（大于负载电流），所以功耗很大，效率较低（一般为 40%～60%），且需要庞大的散热装置；输入、输出之间必须维持 2～3V 的电压差才能正常工作，在电池供电的装置中不能使用。例如，7805 在输出 1.5A 时自身的功耗达到 4.5W，不仅浪费能源还需要散热器散热；电源变压器的工作频率为 50Hz，频率低，使得变压器体积大、重量大。

若将调整管工作在开关状态，当其截止时，因电流 I_{CEO} 很小而管耗较小；当其饱和导通时，因管压降 U_{CES} 很小而管耗较小，这将大大提高电路的效率。

6.3　开　关　电　源

开关型稳压电源主要由开关调整管、储能变压器、稳压控制电路、激励脉冲产生电路组成，它直接把交流电整流成约 300V 的直流电压，半导体器件作为开关，通过控制开关的占空比把 300V 直流电压变换成各种所需的直流输出电压。

开关型稳压电源具有体积小、重量轻、功耗小、效率高、稳压范围宽、可靠性高等优点。但同时也存在电路复杂，维修麻烦，高次谐波辐射易对电路构成干扰等缺点。

按开关管与负载的连接方式可将开关型稳压电源分为串联型开关稳压电源和并联型开关稳压电源两种类型。

6.3.1 串联型开关稳压电源的基本结构与工作原理

串联型开关稳压电路中的串联调整管工作在开关状态（即饱和导通与截止两种状态）。由于管子饱和导通时管压降 U_{CES} 和截止时管子的电流 I_{CEO} 都很小，管耗主要发生在状态转换过程中，电源效率可提高到 80%～90%，所以它的体积小、重量轻。它的主要缺点是输出电压中所含纹波较大。由于优点突出，目前应用日趋广泛。

串联型开关稳压电路原理图如图 6.16 所示。

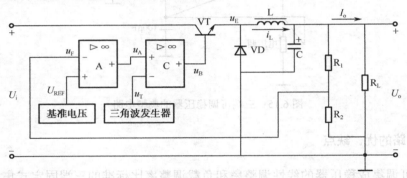

图 6.16　串联型开关稳压电路原理图

基准电压电路提供稳定基准电压 U_{REF}，比较放大器 A 对取样电压 U_F 与基准电压 U_{REF} 的差值进行放大，其输出电压 U_A 送到电压比较器 C 的同相输入端。三角波振荡器产生频率固定的三角波 U_T，它决定了电源的开关频率。U_T 送到电压比较器 C 的反相输入端，与 U_A 进行比较。当 $U_A > U_T$ 时，C 输出电压 U_B 为高电平，调整管 VT 饱和导通；当 $U_A < U_T$ 时，输出电压 U_B 为低电平，调整管 VT 截止。U_A、U_T 和 U_B 波形如图 6-17（a）、（b）所示。

设开关调整管的导通时间为 t_{on}，截止时间为 t_{off}（如图 6.17（c）所示），脉冲波形的占空比定义为

$$q = \frac{t_{on}}{T} = \frac{t_{on}}{t_{on} + t_{off}} \tag{6-12}$$

当开关调整管饱和导通时，忽略饱和压降，$U_E \approx U_i$，则输出电压平均值为

$$U_o = qU_i \tag{6-13}$$

电路采用 LC 滤波，VD 为续流二极管。当调整管 VT 导通时，二极管 VD 截止；当 VT 截止时，电感 L 的自感电动势为 e_L，自感电动势 e_L 加在 R_L 和 VD 的回路上，二极管 VD 导通（电容 C 同时放电），负载 R_L 中继续保持原方向电流。续流滤波波形如

图 6.17（d）所示。设输出电压 U_o 升高，取样电压同时增大，比较放大器 A 输出电压 U_A 下降，调整管 VT 导通时间 t_{on} 减小，占空比 q 减小，输出电压 U_o 随之减小，结果使 U_o 基本不变。调节过程可用如下过程表示：

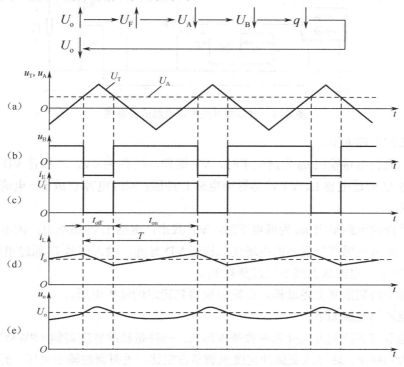

图 6.17　串联型开关稳压电路波形图

调整管开关周期为 T，显然在不计调整管和二极管的管压降及电感 L 的直流压降时，输出电压的平均值（即直流电压）U_o 由下式计算：

$$U_o = \frac{t_{on}}{T}(U_i - U_{CES}) + (-U_D)\frac{t_{off}}{T} \approx \frac{t_{on}}{T}U_i = DU_i$$

t_{on}/T 为占空比，用 D 表示。可见对于一定的 U_i 值，当开关转换周期 T 不变时，通过调节占空比即可调节输出电压 U_o 的大小，因此又称这种电路为脉宽调制式降压型开关稳压电源。

串联型开关稳压电源的最佳开关频率 f_T 为 10～100kHz。提高 f_T，可使电感、电容这类滤波元件的值减小，稳压电源的尺寸、重量和成本都降低，但同时也会使调整管的功耗增大，效率降低。随着微电子技术的发展，开关型稳压电源已经实现了集成化，外部只需数量不多的元件即可构成开关型稳压电源。

6.3.2　并联型开关稳压电源的基本结构与工作原理

并联型开关稳压电源是目前绝大多数电工电子产品使用的工作电源。

并联型开关稳压电源的原理图如图 6.18 所示，图中 VT 为开关调整管，VD 为续流二极管，L 为滤波电感，C 为滤波电容，R_1、R_2 为取样电阻，控制电路的组成与串联型开关稳压电源相同。

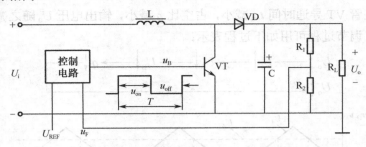

图 6.18　并联型开关稳压电源的原理图

分析工作原理如下。

（1）当控制电路输出 u_B 为高电平时，VT 饱和，U_c 约为 0V，二极管 VD 截止，此时输入信号 U_i 通过电感 L、VT 晶体管给电感 L 冲磁；同时电容 C 放电，电流从上到下流过负载 R_L。

（2）当控制电路输出 u_B 为低电平时，VT 截止，电感 L 冲磁结束，因电感电流 i_L 不能突变，此时电感产生反向的电场使二极管 VD 导通，输入信号 U_i 通过电感 L、VD 给负载 R_L 冲电，电流从上到下流过负载 R_L。

此后每个周期重复上述过程，在输出端得到稳定的输出电压。

开关电源的发展如下。

开关电源按其控制方式分为两种基本形式：一种是脉冲宽度调制（PWM），其特点是固定开关的频率，通过改变脉冲宽度来调节占空比，进而调控输出电压；另一种是频率调制（PFM），其特点是保持开关管导通时间不变，通过改变开关频率来调控输出电压。二者的电路不同，但都属于时间比率控制方式（TGC），其作用效果一样，均可达到稳压的目的。目前的开关电源大多数采用 PWM 方式，但也有少数采用 PFM 方式。

采用集成 PWM 电路是开关电源的发展趋势，特点是：能使电路简化、使用方便、工作可靠、性能提高。它将基准电压源、三角波电压发生器、比较器等集成到一块芯片上，做成各种封装的集成电路，习惯上又称为集成脉宽调制器。

使用 PWM 的开关电源，既可以降压，又可以升压，既可以把市电直接转换成需要的直流电压（AC-DC 变换），还可以用于使用电池供电的便携设备（DC-DC 变换）。

MAX668 使 MAXIM 公司的产品，被广泛用于便携产品中。该电路采用固定频率、电流反馈型 PWM 电路，脉冲占空比由 $(U_{out}-U_{in})/U_{in}$ 决定，其中 U_{out} 和 U_{in} 是输出、输入电压。输出误差信号是电感峰值电流的函数，内部采用双极性和 CMOS 多输入比较器，可同时处理输出误差信号、电流检测信号及斜率补偿纹波。MAX668 具有低的静态电流（220μA），工作频率可调（100～500kHz），输入电压范围 3～28V，输出电压可高达 28V。用于升压的典型电路如图 6.18 所示，该电路把 5V 电压升至 12V，该电路在输出电流为 1A 时，转换效率高于 92%。

SG3524 是美国硅通用公司生产的双端输出式脉宽调制器，工作频率高于 100kHz，工作温度为 0～70℃，适宜构成 100～500W 中功率推挽输出式开关电源。SG3524 采用了先进的脉宽调制（PWM）控制，工作频率高于 100kHz；工作电压范围为 6～40V，片内基准电压为 5V，基准源负载能力达 50mA；片内开路集电极、发射极驱动管的最大输出电流为 100mA；工作温度范围为 0～+70℃。

20 世纪 70 年代发展起来的用分立元件构成的开关电源，虽然在体积、效率、工作环境等方面的性能有了明显的提高，但由于其控制电路比较复杂、瞬态响应较差、测试困难而难以推广。直到 70 年代末期，随着集成电路技术的发展，对开关电源的控制部分实行了集成化之后，这种新型节能电源才显示出强大的生命力。

复习与思考

1．直流稳压电源由整流电路、滤波电路和稳压电路组成。整流电路将交流电压变为脉动的直流电压，滤波电路可减小脉动使直流电压平滑，稳压电路的作用是在电网电压波动或负载发生变化时保持输出电压基本不变。

2．按输出波形不同可分半波整流和全波整流。最常见的整流电路是单向桥式整流电路，其输出电压约为 $0.9U_2$（U_2 为变压器副边电压有效值）。

3．滤波电路可分电容滤波、电感滤波、复合滤波。当 R_LC 足够大时，桥式（全波）整流电容滤波电路的输出电压约为 $1.2U_2$。负载电流较小时，可采用电容滤波；负载电流较大时，应采用电感滤波；对滤波效果要求较高时，可采用复合滤波。

4．并联型稳压电路依靠稳压管的电流调节作用和限流电阻的电压调节作用，使输出电压稳定。其电路结构简单，但输出电压不可调，只适用于负载电流较小且其变化范围也较小的场合。

5．串联型直流稳压电路主要由基准电压电路、取样电路、比较放大电路和调整管四部分组成。调整管接成射极输出形式，引入深度电压负反馈，从而使输出电压稳定。由于调整管始终工作于线性放大状态，功耗较大，因而效率较低。

6．三端集成稳压器只有三个引出端：输入端、输出端和公共端（或调整端）。使用时要注意不同型号集成稳压器管脚排列及其功能的差异，同时要注意电压、电流及耗散功率等参数不能高于其极限值。

7．开关型稳压电路中的调整管工作于饱和导通与截止两种状态，本身功耗小，效率高，但一般输出纹波电压较大，电压调节范围较小。脉宽调制式（PWM）开关型稳压电路是在控制脉冲频率不变的情况下，通过电压反馈调节其占空比，进而改变调整管饱和导通的时间来稳定输出电压的。

习　题　6

6.1　在如题图 6.1 所示的电路中，已知交流电源频率 $f = 50Hz$，负载电阻

$R_L = 100\Omega$，直流输出电压 $U_o = 30V$。求：

（1）直流负载电流 I_o。

（2）二极管的整流电流 I_D 和反向电压 U_{DR}。

（3）选择滤波电容的容量。

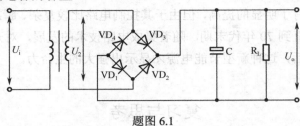

题图 6.1

6.2 分析电路工作原理，求出如题图 6.2 所示各电容两端电压。

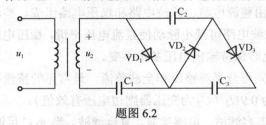

题图 6.2

6.3 稳压电路如题图 6.3 所示，改正图中错误使输出电压为正电压。

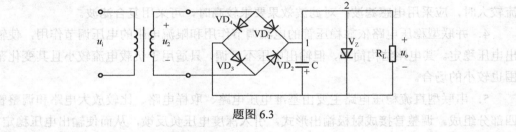

题图 6.3

6.4 串联型直流稳压电源如题图 6.4 所示，求：

（1）改正图中两处错误。

（2）简述电容 C_1、稳压管 V_Z、三极管 VT 各主要作用。

（3）求出输出电压 U_o 的可调范围。

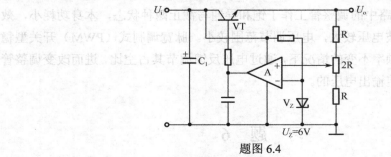

题图 6.4

6.5 电路如题图 6.5 所示，求输出电压 U_o。

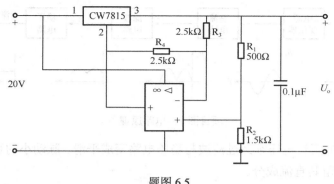

题图 6.5

6.6 试将题图 6.6 中三部分电路正确连接起来。设变压器副边电压的有效值 $U_2 = 10\text{V}$ ，求 U_i 和 U_o 。

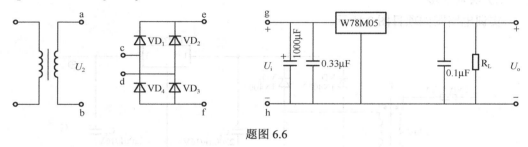

题图 6.6

实 训 项 目

5V 直流稳压电源制作与调试

1．实训目的

（1）熟悉桥式整流的应用，熟悉三端集成稳压器的使用方法。

（2）掌握直流稳压电源的制作方法。

2．实训电路及原理

1）电路原理

电子设备一般都需要直流电源供电。这些直流电除了少数直接利用干电池和直流发电机外，大多数是采用把交流电（市电）转变为直流电的直流稳压电源，如项目图 1 所示。

（1）电网供电电压交流 220V（有效值）、50Hz，要获得低压直流输出，首先必须采用电源变压器将电网电压降低，获得所需要交流电压。

（2）降压后的交流电压通过整流电路变成单向直流电，但其幅度变化大（即脉动大）。

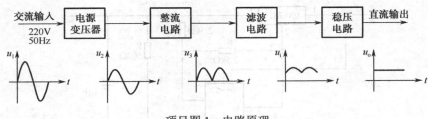

项目图1　电路原理

（3）脉动大的直流电压须经过滤波与稳压电路变成平滑、脉动小的直流电，即将交流成分滤掉，保留其直流成分。

（4）滤波后的直流电压再通过稳压电路稳压，便可得到基本不受外界影响的稳定直流电压输出，供给负载 R_L。

2）实训电路

实训电路图如项目图2所示。

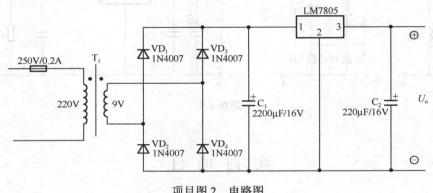

项目图2　电路图

变压器后面由4个二极管组成一个桥式整流电路，整流后就得到一个电压波动很大的直流电源，所以在这里接一个2200μF/16V的电解电容。

变压器输出端的9V电压经桥式整流及电容滤波，在电容 C_1 两端大约会有11V多一点的电压。三端集成稳压器是一种集成电路元件，内部由一些三极管和电阻等构成，因为要输出5V的电压，所以选用7805，7805前面的字母可能会因生产厂家不同而不同。LM7805最大可以输出1A的电流，内部有限流式短路保护，短时间内，如几秒钟的时间，输出端对地（2脚）短路并不会使7805烧坏，当然如果时间很长就有可能烧坏，虽然7805最大电流是1A，但实际使用一般不要超过500mA，否则发热很大，容易烧坏。一般负载电流在200mA以上时需要散热，实训时需接散热片。

三端集成稳压器输出端接一个220μF/16V的电容，这个电容有滤波和阻尼作用。最后在输出电压 U_o 处（即 C_2 两端）接一个输出电源的插头，可用于与其他用电器连接，如MP3等。

注意：这个低压直流电源的插头要跟自己所需要的来配，如圆形的有外径2.5mm和3.5mm等几种，内孔多数是负极，外边是正极，也有一些是相反的，必须根据负载来决定，接反的话有可能会烧坏用电器。

3．实训内容

（1）焊接元件，焊接元件时要对照原理图，不能错接线或漏接线。不明白之处要向实训指导老师请教。

（2）电路调试

焊接完后先自己对照原理图再检查一遍，然后送给实训指导老师检查，经同意后再接入 AC 220V 电源。

测试输出电压，检查是否为 DC 5V。

4．元件清单

元件清单如项目表 1 所示。

项目表 1　元件表单

名　称	规格/型号	单　位	数　量
万能试验板		块	1
电源线		根	1
变压器	AC 220V 输入，AC 9V 输出	个	1
整流二极管	1N4007	个	4
熔断器	220V/2A	个	1
电容	2200μF，16V	个	2
三端集成稳压器	LM7805	个	1

5．实训报告

（1）书写规范，版面整洁。

（2）说明焊接过程中遇到了哪些问题？你是如何解决的？

（3）说明焊接完成后调试是否成功？如果没有成功，问题出在哪里，你又是如何解决的？

（4）按照教师指定的时间完成并上交实训报告。

第7章　电子信息系统的综合

7.1　传感器简介

1. 传感器的定义

传感器是一种以一定的精确度把被测量转换为与之有确定对应关系的、便于应用的某种物理量的测量装置，能完成检测任务；它的输入量是某一被测量，可能是物理量，也可能是化学量、生物量等；它的输出量是某种物理量，这种量要便于传输、转换、处理、显示等，这种量可以是气、光、电量，但主要是电量；输入/输出的转换规律（关系）已知，转换精度要满足测控系统的应用要求。

传感器应用场合（领域）不同，叫法也不同。如在过程控制中叫变送器，在射线检测中则称为发送器、接收器或探头。

作为对比，下面介绍一下敏感器：它是一种把被测的某种非电量转换为传感器可用非电量的器件或装置。设：

x——被测非电量；

z——传感器可用非电量；

y——传感器输出电量。

敏感器传输函数：
$$z = \psi(x)$$

传感器传输函数：
$$y = \varphi(z)$$

敏感器传感器复合函数：
$$y = \varphi(z) = \varphi[\psi(x)] = f(x)$$

2. 传感器的组成

传感器由如图 7.1 所示的几部分组成。其中，敏感元件是直接感受被测量，并输出与被测量成确定关系的物理量；转换元件把敏感元件的输出作为它的输入，转换成电路参量；上述电路参数接入基本转换电路，便可转换成电量输出。

图 7.1　传感器的组成

由半导体材料制成的物性型传感器基本是敏感元件与转换元件二合一，直接能将被测量转换为电量输出，如压电传感器、光电池、热敏电阻等。

3. 传感器的分类

传感器的品种很多，原理各异，检测对象门类繁多，因此，其分类方法很多，至今尚无统一的规定。人们通常是站在不同的角度，突出某一侧面而分类的。下面介绍几种常见的分法。

1）按工作机理分类

这种分类方法将物理、化学和生物等学科的原理、规律、效应作为分类的依据，于是可分为物理型、化学型、生物型。其中按构成原理可分为结构型、物性型和复合型三大类。

结构型传感器是利用物理学的定律等构成的，其性能与构成材料关系不大。其结构的几何尺寸（如厚度、角度、位置等）在被测量作用下会发生变化，它是可获得被测非电量的电信号的敏感元件或装置。物性型传感器是利用物质的某种或某些客观属性构成的，其性能与构成材料的不同而有明显的区别。这类传感器构成材料的物理特性、化学特性或生物特性直接作用于被测非电量，它是可将被测非电量转换成电信号的敏感元件或装置。复合型传感器是指将中间转换环节与物性型敏感元件复合而成的传感器，之所以要采用中间环节是因为在大量被测非电量中，只有少数（如应变、光、磁、热、水分和某些气体）可直接利用某些敏感材料的物质特性转换成电信号。所以，为了增加非电量的测量种类，就必须将不能直接转换成电信号的非电量变换成上述少数物理量中的一种，然后再利用相应的物性型敏感元件将其转换成电信号。

这种分类方法的优点是对于传感器的工作原理分析得比较清楚，类别少，有利于从原理与设计上进行归纳性的分析和研究。

2）按能量的转换分类

按能量关系分类可将传感器分为能量控制型和能量转换型。能量控制型传感器又称为无源传感器，它本身不是一个换能装置，被测非电量仅对传感器中的能量起控制或调节作用。所以它必须具有辅助能源，这类传感器有电阻式、电容式和电感式等。无源传感器常用电桥和谐振电路等电路测量。能量转换型传感器又称换能器或有源传感器，它一般是将非电能量转换成电能量。通常它们配有电压测量和放大电路，如压电式、热电式、压阻式传感器等。

3）按输入量分类

按输入量传感器可分为常用的有机、光、电和化学等传感器，如位移、速度、加速度、力、温度和流量传感器等。

4）按输出信号的性质分类

可分为模拟式传感器和数字式传感器。

4. 传感器技术的发展方向

1）开发新的敏感、传感材料

在发现力、热、光、磁、气体等物理量都会使半导体硅材料的性能改变，从而制成力敏、热敏、光敏、磁敏和气敏等敏感元件后，我们应更重视基础研究，寻找发现具有新原理、新效应的敏感元件和传感元件。没有深入细致的研究，就没有新传感元件的问世，也就没有新型传感器，组成不了新型测试系统。

2）开发研制新型传感器及组成新型测试系统

（1）MEMS 技术要求研制微型传感器。如用于微型侦察机的 CCD 传感器、用于管道爬壁机器人的力敏、视觉传感器。

（2）研制仿生传感器。

（3）研制海洋探测用传感器。

（4）研制成分分析用传感器。

（5）研制微弱信号检测传感器。

3）研究新一代的智能化传感器及测试系统

如电子血压计，智能水、电、煤气、热量表。它们的特点是传感器与微型计算机有机结合构成智能传感器。系统功能最大限度地用软件实现。

4）传感器发展集成化

固体功能材料的进一步开发和集成技术的不断发展，为传感器集成化开辟了广阔的前景。所谓集成化，即在同一芯片上将更多同一类型的单个传感器件集成为一维线型、二维阵列型传感器；或将传感器与调节、补偿等电路集成一体化。

5）多功能与多参数传感器的研究

如同时检测压力、温度和液位的传感器已逐步走向市场。

5. 传感器的应用

传感器是把一种能量转换成另一种能力的装置，把被测信号转化成电信号的装置，它在人们生产、生活和科研方面都有非常广泛的用途，大到军事、天文方面的应用，小到人们日常生活的煮饭、洗衣等自动化方面的应用。可以说，传感器的应用已经深入到了整个社会生活的方方面面。

1）传感器在生产中的应用

在工业自动化生产中，随着现代技术的发展，对安全生产的要求越来越高，对在生产过程中各种量的检测和控制的自动化水平也越来越强，传感器在钢铁、造纸、石化、医药、食品等企业中得到了广泛的应用。如差压传感器在医药方面的应用，光纤传感器在智能复合材料中和热加工生产中的应用，红外传感器在皮带运输机安全警示系统中的应用，电涡流传感器在印刷品厚度检测中的应用，距离传感器在判断车辆运动速度方面的应用等。湿度传感器在纺织印染生产中的应用很广。在纺织印染生产中，因为对湿度的要求非常高，常常需要对生产环境的湿度进行准确测量。起先是采用湿度计来进行，但随着现代科学技术的发展，加上湿度测量本身比较复杂，这种仅靠湿度计来测量湿度的方法已经远远不能胜任。湿度传感器通过湿敏元件把空气中的水蒸气转换成电信号输出，湿度传感器具有反应迅速、测量准确等优点，被大量地应用到纺织印染生产中，提高了生产的质量。

2）传感器在生活中的应用

传感器在日常生活中更是无处不在，它正在改变着人们的生活方式，充分显示出它给人们生活带来的方便、安全和快捷。例如，人们夏天使用的空调，它能让房间保持在一个设定的温度。这是因为空调中有一个用热敏电阻制成的感应头，当周围空气的温度发生变化时，热敏电阻的阻值就会随之而发生相应的改变，通过电路转换为电流信号从而控制压缩机的工作。又如烟雾报警器，它就是利用烟敏电阻来测量烟雾浓度，达到一定浓度即引起报警系统工作，从而达到报警的目的。还有光敏路灯、声控路灯等也是利用传感器来自动控制开关的通和断的。在人们的生活中用到传感器的地方还很多，如自动门、手机触摸屏、鼠标、数码相机、电子天平、话筒、电子温度计、自动洗衣机、红外线报警器等。

7.2 信号调理电路

7.2.1 信号调理电路简介

模拟传感器可测量很多物理量，如温度、压力、光强等，但由于传感器信号不能直接转换为数字数据，因为传感器输出的是相当小的电压、电流或电阻变化，因此，在变换为数字信号之前必须进行调理。调理就是放大、缓冲或定标模拟信号等，使其适合模数转换器（ADC）的输入。然后，ADC 对模拟信号进行数字化，并把数字信号送到MCU 或其他数字器件，以便用于系统的数据处理。

信号调理将数据采集设备转换成一套完整的数据采集系统，这是通过直接连接到广泛的传感器和信号类型（从热电偶到高电压信号）实现的。关键的信号调理技术可以将数据采集系统的总体性能和精度提高 10 倍。

信号调理简单地说就是将待测信号通过放大、滤波等操作转换成采集设备能够识别的标准信号。它是利用内部的电路（如滤波器、转换器、放大器等）来改变输入的信号类型并输出。因为工业信号有些是高压、过流、浪涌等，不能被系统正确识别，所以必须进行调整。

一般的采集卡上都带有可编程的增益，但具体要不要做信号调理，要视待采信号的特点而定，若信号很小，则要经过放大操作将信号调理到采集卡能够识别的范围，若信号干扰较大，就要考虑在采集之前进行滤波。

7.2.2 信号调理电路技术

1. 放大

放大器提高输入信号电平以更好地匹配模数转换器（ADC）的范围，从而提高测量精度和灵敏度。此外，使用放置在更接近信号源或转换器的外部信号调理装置，可以通过在信号被环境噪声影响之前提高信号电平来提高测量的信噪比。

2．衰减

衰减，即与放大相反的过程，在电压（即将被数字化的）超过数字化仪输入范围时是十分必要的。这种形式的信号调理降低了输入信号的幅度，从而使经调理的信号处于ADC 范围之内。衰减对于测量高电压是十分必要的。

3．隔离

隔离信号调理设备通过使用变压器、光或电容性的耦合技术，无须物理连接就可将信号从它的源传输至测量设备。除了切断接地回路之外，隔离也阻隔了高电压浪涌及较高的共模电压，从而不仅保护了操作人员也保护了昂贵的测量设备。

4．多路复用

通过多路复用技术，一个测量系统可以不间断地将多路信号传输至一个单一的数字化仪，从而提供一种节省成本的方式来极大地扩大系统通道数量。多路复用对于任何高通道数的应用是十分必要的。

5．过滤

滤波器是在一定的频率范围内去除不希望的噪声。几乎所有的数据采集应用都会受到一定程度的 50Hz 或 60Hz 的噪声干扰（来自于电线或机械设备）。大部分信号调理装置都包括了最大程度上为抑制 50Hz 或 60Hz 噪声而专门设计的低通滤波器。

6．激励

激励对于一些转换器是必需的。例如，应变计、电热调节器和 RTD 需要外部电压或电流激励信号。通常 RTD 和电热调节器测量都是使用一个电流源来完成的，这个电流源将电阻的变化转换成一个可测量的电压。应变计是一个超低电阻的设备，它通常是利用一个电压激励源来作用于惠斯登（Wheatstone）电桥。

7．冷端补偿

冷端补偿是一种用于精确热电偶测量的技术。任何时候，当一个热电偶连接至一个数据采集系统时，必须知道连接点的温度（因为这个连接点代表测量路径上另一个"热电偶"，并且通常会在测量中引入一个偏移），从而计算热电偶正在测量的真实温度。

实 训 项 目

简易电子秤电路的安装调试

1. 设计要求

（1）秤重最大 50kg。
（2）电子显示，显示 4 位。
（3）设计电源电压 5V。
（4）误差 5%。

2. 设计框图

数字电子秤由以下五部分组成：传感器、信号放大系统、模数转换系统、显示器和量程切换系统，其原理框图如项目图 1 所示。

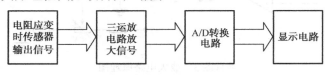

项目图 1　数字电子秤框图

电子秤的测量过程实际是通过传感器将被测物体的重量转换成电压信号输出，放大系统把来自传感器的微弱信号放大，放大后的电压信号经过模数转换把模拟信号转换成数字量，数字量通过显示器显示重量。

3. 单元电路设计

1）传感器

电子秤传感器的测量电路通常使用桥式测量电路，如项目图 2 所示，它将应变电阻值的变化转换为电压或电流的变化。电桥电路有 4 个电阻，其中任何一个都可以是电阻应变片电阻，电桥的一条对角线接入工作电压 U，另一条对角线为输出电压 U_o。其特点是：当 4 个桥臂电阻达到相应的关系时，电桥输出为 0，否则就有电压输出，可利用灵敏检流计来测量，所以电桥能够精确地测量微小的电阻变化。

测量电路是电子秤设计电路中一个重要的环节，在制作的过程中应尽量选择合理的元件，调整好测量的范围和精确度，以减小测量数据的误差。

各种性能指标如下：

激励电压为 DC 9～12V；灵敏度为 2±0.1mV/V；输入阻抗为 405±10Ω；输出阻抗为 350±3 Ω；极限过载范围为 150%；安全过载范围为 120%；使用温度范围为-20～+60℃。

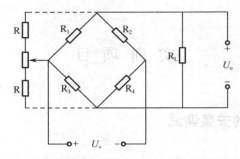

项目图 2　全桥测量电桥图（其中 U_o 输出为 0～2mV）

2）运放组成放大电路

如项目图 3 所示，采用运放组成放大电路。传感器输出的模拟信号很微弱，必须通过一个模拟放大器对其进行一定倍数的放大，才能满足 A/D 转换器对输入信号电平的要求。

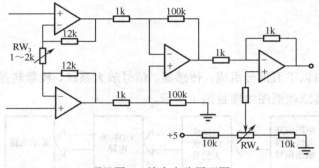

项目图 3　放大电路原理图

采用全桥测量电路时，传感器要求较高的激励电压，同时输出较低的满量程差动电压，约为 2mV/V。传感器的输出通常由仪表放大器加以放大。

3）A/D 转换器

间接比较型 A/D 转换器是先将模拟信号电压变换为相应的某种形式的信号，然后再将这个中间信号变换为二进制代码输出。双积分式 ADC 就是一种首先将输入的模拟信号变换成与其成正比的时间间隔，然后再在这段时间间隔内对固定频率的时钟脉冲信号进行计数的 A/D 转换器，所获得的计数值就是正比于输入模拟信号的数字量。

双积分 ADC 电路由积分器、比较器、计数器、参考电压源、电子切换开关、逻辑控制及 CP 信号几部分组成，框图如项目图 4 所示。积分波形如项目图 5 所示。

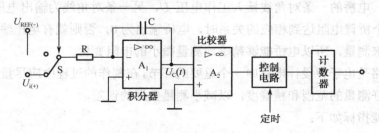

项目图 4　原理图

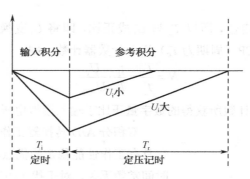

项目图 5　积分波形图

如项目图 6 所示为双积分 ADC 原理图。

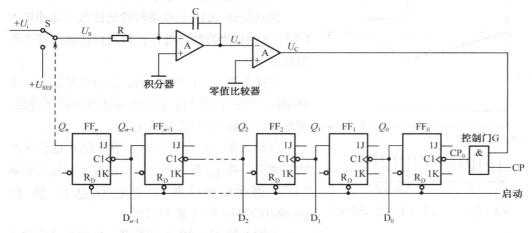

项目图 6　双积分 ADC 原理图

转换开始前，令转换控制信号 $U_s=0$，计数器和附加触发器均置 0，S 闭合，电容充分放电，$U_{01}=0$。当 $U_s=1$ 以后，S 断开，A/D 转换开始，具体过程分下面两个阶段。

通过 2 次积分将 U_i 转换成相应的时间间隔，转换开始时 $t=0$，S 与 U_i 接通，U_i 通过 R 对 C 充电，积分器输出电压负向线性变化，积分器对 U_i 在 $0\sim t_1$ 时间积分。

当 $t=t_1$ 时，有

$$U_{01}(t_1)=-\int_0^{t_1}U_i\mathrm{d}t=-\frac{U_i}{RC}t_1$$

式中，U_i 为 $0\sim t_1$ 时的输入模拟电压的值。

量化编码阶段是利用计数器对已知的时钟脉冲计数至 t_2，完成 A/D 转换。从 $t=t_1$ 开始，S 与参考电压 U_{REF} 接通，通过 R 对 C 反向充电，U_{01} 逐渐上升，经 t_2-t_1 时间间隔，$U_0=0$。

$$U_{01}(t_2)=U_{01}(t_1)+\int_{t_2}^{t_1}U_{REF}\mathrm{d}t=-\frac{U_i}{RC}(t_1)+\frac{U_{REF}}{RC}(t_2-t_1)=0$$

所以　　　　　　　　　　　　　　$$T_2=t_2-t_1=\frac{t_1}{U_{REF}}U_i$$

因为 U_{REF} 和 t_1 为定值，所以 T_2 与 U_i 成正比，即将 U_i 变换为与它成正比的时间间隔。在 T_2 阶段，将 CP（周期为 T_c）送入计数器计数，则

$$N = \frac{T_2}{T_c} = \frac{t_1}{T_c} \cdot \frac{U_i}{U_{REF}}$$

由此可见，计数器计数所获得的数字量正比于输入模拟电压。

双积分 A/D 转换器工作波形如项目图 7 所示。它具有工作性能稳定的优点，输出数字量与积分器时间常数无关，对干扰（如工频干扰等）有很强的抑制作用，但该电路转换速度低。

4）CT74LS290 计数器介绍

由双积分 A/D 装换器转换出的数字脉冲进入 CT74LS290 计数器中进行计数进位计算，其工作原理如下。

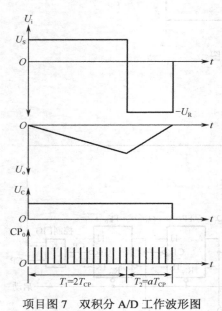

项目图 7　双积分 A/D 工作波形图

当输入第 1～9 个脉冲时，百分位片计数；十分位片、个位片、十位片的 CP_0 未出现脉冲下降沿，因而保持计数 "0" 状态不变。

当输入第 10 个脉冲时，百分位片返回计数 "0" 状态，其 Q_3 输出一个下降沿使十分位片计数 "1"，因此输出读数为 $Q_3'Q_2'Q_1'Q_0'Q_3 Q_2 Q_1 Q_0=00010000$，即计数 "0.10"。

当输入第 11～19 个脉冲时，仍由百分位片计数，而十分位片保持 "1" 不变，即计数为 "11～19"；当输入第 20 个脉冲时，个位片返回计数 "0" 状态，其 Q_3 输出一个下降沿使十位片计数 "2"，即计数为 "0.20"，以此类推。

当输入第 101～109 个脉冲时，十分位片计数；个位片的 CP_0 未出现脉冲下降沿，因而保持计数 "0" 状态不变。

当第 110 个脉冲时，十分位片返回计数 "0" 状态，Q_3'' 输出一个下降沿使个位片计数 "1"，因此输出读数为 $Q_3''Q_2''Q_1''Q_0''Q_3'Q_2'Q_1'Q_0'Q_3 Q_2 Q_1 Q_0=000100000000$，即计数 "1.00"。

当输入第 111～119 个脉冲时，仍由十分位片计数，而个位片保持 "1" 不变，即计数为 "111～119"；当输入第 120 个脉冲时，十分位片返回计数 "0"。状态 Q_3'' 输出一个下降沿使十位片计数 "2"，即计数为 "2.00"。以后以此类推。

由个位向十位进位时步骤和上面一样。

综上所述，该电路构成 10000 进制四位异步加法计数器，工作原理图如项目图 8 所示。

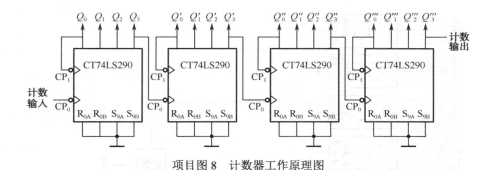

项目图8　计数器工作原理图

5）集成二进制—七段译码驱动器

如项目图 9 所示，$Q_3'''\cdots Q_0$ 输出的信号分别进入集成二进制—七段译码驱动器中，集成二进制—七段译码驱动器的使用端 BI/RBO、LT 和 RB 的功能如下所述。

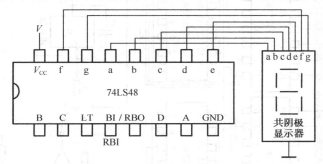

项目图 9　74LS48 驱动共阴极数码管原理图

消隐（灭灯）：输入 BI 在低电平时有效。当 BI 为低电平时，不论其余输入状态如何，所有输出无效，数码管七段全暗，无显示。可用来使显示的数码闪烁，或与某一信号同时显示。在译码时，BI 应接高电平或悬空（TTL）。

灯测试（试灯）：输入 LT 在低电平时有效。在 BI/RBO 为高电平的情况下，只要 LT 为低电平，无论其输入时是什么状态，所有输出全有效，数码管七段全亮。可用来检验数码管、译码器和有关电路有无故障。在译码时，LT 应接高电平或悬空（TTL）。

脉冲消隐（动态灭灯）：输入 RBI 高电平或悬空（TTL）时，对译码器无影响。在 BI 和 LT 全为高电平的情况下，当 RBI 为低电平时，若输入的数码是十进制的 0，即 0000，则七段全暗，不加以显示；若输入的数码不是十进制的 0，则照常显示。

显示数码时，有些 0 可不显示。例如，003.80 中百位的 0 可不显示，则十位的 0 也可不显示。小数点后第 2 位的 0，如不考虑有效数字的 0，则称为冗余 0。

脉冲消隐输入 RBI 为低电平，就可使冗余 0 消隐。

4．总电路图

总电路图如项目图 10 所示。

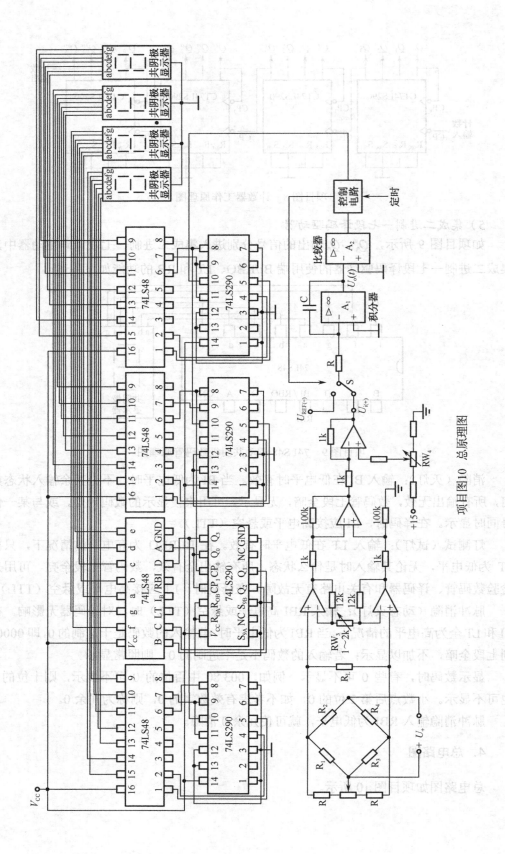

项目图图10 总原理图

第8章　现代电子电路分析与设计技术介绍

计算机辅助设计软件随着计算机、电子系统设计、集成电路的飞速发展应运而生，其辅助分析与仿真技术为电子电路功能的设计、仿真分析和验证开辟了一条快捷高效的新途径。目前进入我国并具有广泛影响的 EDA 软件是系统设计软件辅助类和可编程芯片辅助设计软件，如 Protel、Altium Designer、PSPICE、Multisim 12、OrCAD、PCAD、LSIIogic、MicroSim、ISE、Modelsim、Matlab 等。这些工具都有较强的功能，一般可用于几个方面，如进行电路设计与仿真，PCB 自动布局布线，输出多种网表文件和第三方软件接口等。本章主要介绍在模拟电路仿真中广泛应用的 Multisim 软件。

Multisim 是美国国家仪器（NI）有限公司推出的以 Windows 为基础的仿真工具，适用于板级的模拟/数字电路板的设计工作。它包含了电路原理图的图形输入、电路硬件描述语言输入方式，具有丰富的仿真分析能力。工程师们可以使用 Multisim 交互式地搭建电路原理图，并对电路进行仿真。Multisim 提炼了 SPICE 仿真的复杂内容，这样工程师无须懂得深入的 SPICE 技术就可以很快地进行捕获、仿真和分析新的设计，这也使其更适合电子学教育。通过 Multisim 和虚拟仪器技术，PCB 设计工程师和电子学教育工作者可以完成从理论到原理图捕获与仿真再到原型设计和测试这样一个完整的综合设计流程。

本章通过晶体管共射单管放大器和音频信号放大的设计和仿真实例，展开介绍 Multisim 12 的基本操作、电子电路的设计实现和教学中的应用，阐述了 Multisim 12 仿真软件在电路仿真实现中的重要作用。

目前 Multisim 系列软件的发展还有很大的空间，可以扩充元件库、添加更多的功能，并在电路仿真中进行应用。给用户提供一个操作便捷、使用方便、效果突出的仿真平台。

1. Multisim 12 概貌

Multisim 软件以图形界面为主，采用菜单、工具栏和热键相结合的方式，具有一般 Windows 应用软件的界面风格，用户可以根据自己的习惯自如使用。

1）Multisim 12 的界面

Multisim 12 打开后的界面如图 8.1 所示，界面由多个区域构成，主要包括菜单栏、标注工具栏、视图工具栏、主工具栏、仿真开关、元件工具栏、仪器工具栏、设计工具栏、电子工作区、电子表格视窗和状态栏等。通过对各部分的操作可以实现电路图的输入、编辑，并根据需要对电路进行相应的观测和分析。用户可以通过菜单或工具栏改变主窗口的视图内容。

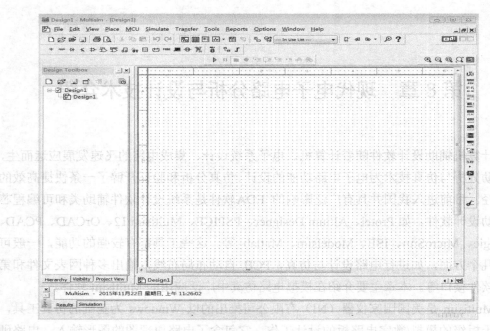

图 8.1　Multisim 12 主窗口界面

2）菜单栏

菜单栏位于界面的上方，如图 8.2 所示，菜单栏中的分类集中了软件的所有功能及命令。通过菜单可以对 Multisim 的所有功能进行操作。Multisim 12 的菜单栏包含了12 个菜单，分别为文件（File）菜单、编辑（Edit）菜单、视图（View）菜单、放置（Place）菜单、MCU 菜单、仿真（Simulate）菜单、文件输出（Transfer）菜单、工具（Tools）菜单、报告（Reports）菜单、选项（Options）菜单、窗口（Window）菜单和帮助（Help）菜单。以上每个菜单下都有一系列选项，用户可以根据需要在相应的菜单下寻找。

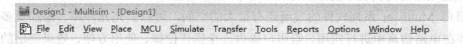

图 8.2　Multisim 12 菜单栏

3）元件工具栏

Multisim 12 提供了多种工具栏，可以层次化的模式加以管理，用户可以通过"View"菜单中的选项方便地将顶层的工具栏打开或关闭，再通过顶层工具栏中的按钮来管理和控制下层的工具栏。通过工具栏，用户可以直接地使用软件的各项功能。

电路是由不同的元件组成的，要对电路进行仿真，组成电路的每个元件都必须有自己的仿真模型，Multisim 把有仿真模型的元件组合在一起构成元件库，在取用其中某一个元件符号时，实质上是调用了该元件的数学模型。

Multisim 12 的元件工具栏包括 16 种元件分类库，如图 8.3 所示，每个元件库放置同一类型的元件，元件工具栏还包括放置层次电路和总线的命令。元件工具栏从左到右的模块分别为：电源库、基本元件库、二极管库、晶体管库、模拟器件库、TTL 器件库、CMOS 元件库、杂合类数字元件库、混合元件库、功率元件库、杂合类元件库、高级外围元件库、RF 射频元件库、机电类元件库、微处理模块元件库、层次化模块和总线模块。其中，层次化模块是将已有的电路作为一个子模块加到当前电路中。

图 8.3　Multisim 12 元件库工具栏

4）仪器工具栏

仪器工具栏包含各种对电路工作状态进行测试的仪器仪表及探针，如图 8.4 所示，仪器工具栏从左到右分别为：数字万用表、函数信号发生器、瓦特表、双通道示波器、四通道示波器、波特图仪、频率计、字信号发生器、逻辑分析仪、伏安特性分析仪、失真分析仪、频谱分析仪、网络分析仪、安捷伦函数发生器、安捷伦示波器、泰克示波器、测量探针、LabVIEW 虚拟仪器和电流探针。

图 8.4　仪器工具栏

本节主要对 Multisim 12 的概况做简单介绍，包括 Multisim 12 仿真软件的基本界面、元件和仪表工具栏，为以后在各种电路仿真中的应用与分析打下基础，其他工具栏读者可参阅其他教材掌握。

2. 电路创建与电路分析

为了更好地说明 Multisim 12 在电路设计、电路仿真及实际电路搭建等方面的应用，下面通过模拟电路中常见的一个实例，由浅入深地介绍 Multisim 12 创建电路、协助电路设计、进行电路仿真、利用虚拟仪表观察、分析电路性能等方面的内容。

创建分压偏置式共发射极放大仿真电路图，如图 8.5 所示，便可以利用 Multisim 提供的多种仿真工具对电路进行仿真及分析。

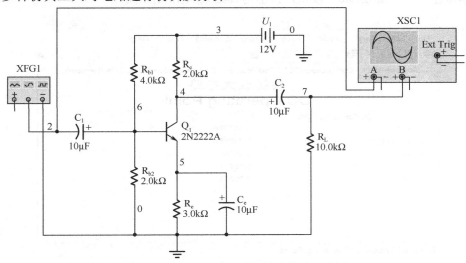

图 8.5　创建好的共发射极放大电路测试图

（1）直流工作点分析（DC Operating Point）过程如下。

执行"Simulate→Analyses→DC Operating Point"命令，弹出"DC Operating Point Analysis"对话框，在"Output"选项卡的"Variable in circuit"列表框中罗列了电路中的所有变量，在"Selected variables for analysis"列表框中显示了用于分析的变量。选择本例中需要的5个变量，如图8.6所示，单击"Add"按钮，被选择的5个变量即可添加到右边列表中。

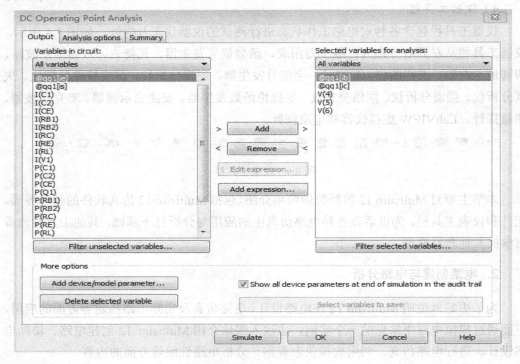

图8.6　静态分析对话框

单击左下方"Simulate"按钮，弹出仿真结果如图8.7所示。

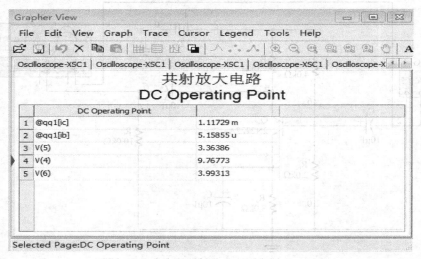

图8.7　静态分析仿真结果

由表 8.1 中数据分析可知,电路的 4 个理论设计值和直流工作点分析结果基本相符。

表 8.1　理论设计结果与直流工作点分析结果对比

静态工作点	理论设计值	仿真分析值
I_{BQ}	5μA	5.16μA
I_{CQ}	1.08mA	1.12mA
U_{BEQ}	0.6V	0.63V
U_{CEQ}	7.68V	6.40V

（2）利用示波器观察输入/输出波形的步骤如下。

在 Multisim 12 电路仿真工作区的右侧仪表列中选择"Function Generator"（函数发生器），将其作为信号源接入放大电路输入端。按如图 8.8 所示设置参数。

然后，在仪表列中选择"Oscilloscope"（示波器），将放大电路的输入端和输出端分别接到通道 A 和通道 B。单击仿真按钮，或执行"Simulate→Run"命令，再双击示波器面板，调节示波器面板上的参数，以便清晰显示图像，单击仿真暂停按钮。仿真结果如图 8.9 所示。

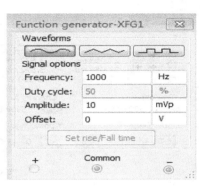

图 8.8　输入函数发生器参数设置

从图 8.9 中测量数值可知，仿真结果和设计指标是相符的。

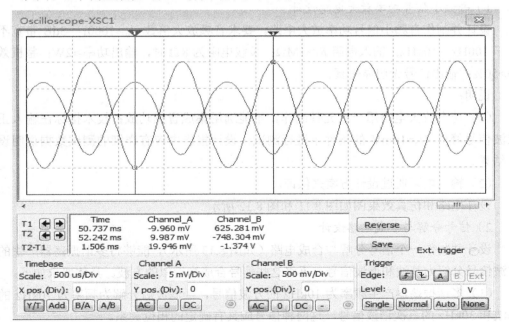

图 8.9　示波器的测试结果

改变 R_{b2} 参数大小，输出仿真图形发生了变化，由图 8.10 可看出，波形出现了饱和失真。

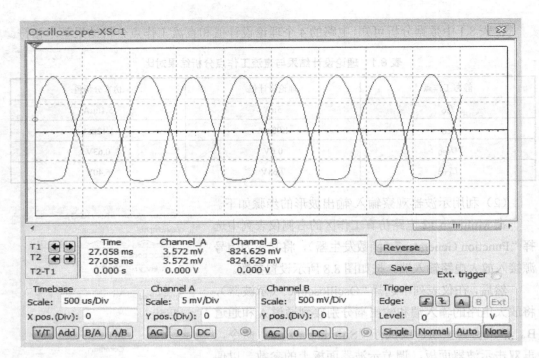

图 8.10 R_{b2}=7kΩ的时仿真波形

3. 电路设计与仿真实例

1）音频小信号功率放大电路设计

设计并制作音频小信号功率放大电路。要求音频放大倍数 A_u≥1000；−3dB 带宽不小于 100Hz～10kHz；输入电阻 R_I≥1MΩ；负载电阻为 8Ω 时，输出功率≥2W；整机效率>50%；输出信号无明显失真。

说明：

（1）功率放大电路用分立元件制作，不能选用集成音频功放；技术指标在输入正弦波信号峰值 U_p=10mV 的条件下进行测试；设计报告中应有详细的测试数据说明设计结果。

（2）输入电阻通过设计方案来保证。

设计电路和仿真效果图如图 8.11 和图 8.12 所示。

2）信号分解与合成电路设计

设计并制作一个信号分解与合成电路（如图 8.13 所示），能够将多谐振荡器产生的方波信号分解为基波和谐波信号，再将这些信号合成为近似的方波。具体要求如下：

（1）多谐振荡器产生频率为 10kHz 的方波信号，经滤波后分解为频率为 10kHz 的基波和 30kHz 的三次谐波信号，这两种信号应具有确定的相位关系。

（2）产生的信号波形无明显失真。

（3）制作一个由移相器和加法器构成的信号合成电路，将分解产生的 10kHz 和 30kHz 正弦波信号合成为一个近似方波。

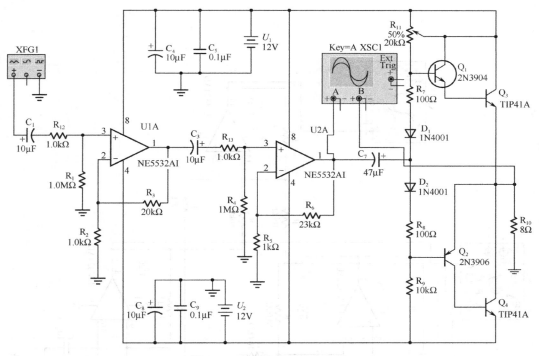

图 8.11　音频小信号放大电路

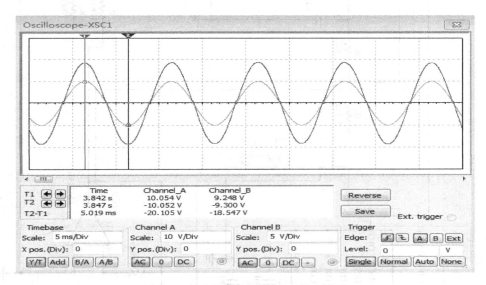

图 8.12　音频小信号放大电路仿真波形

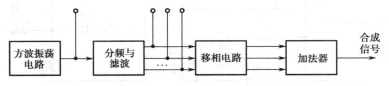

图 8.13　信号分解与合成电路框图

设计电路图和仿真效果图如图 8.14 和图 8.15 所示。

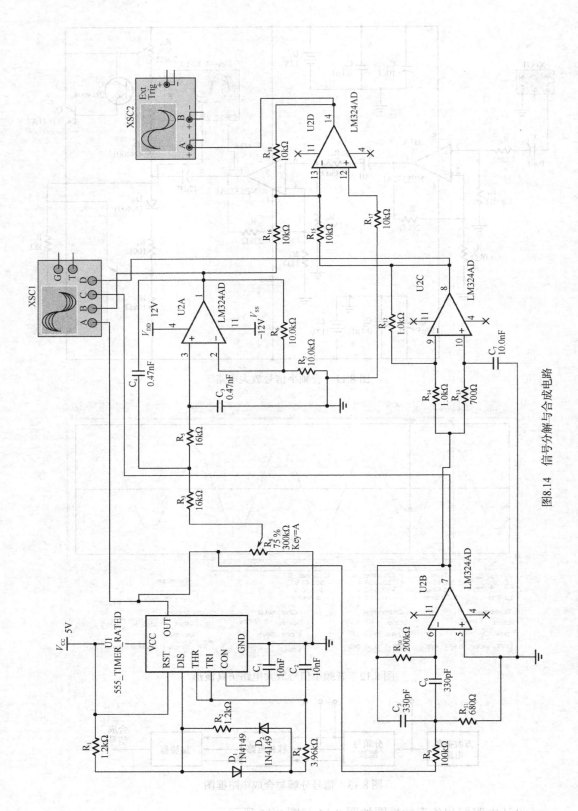

图8.14 信号分解与合成电路

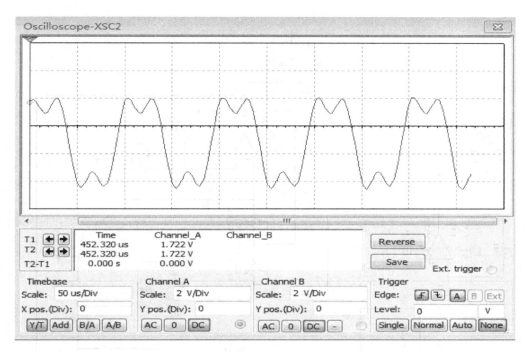

图 8.15　信号分解与合成电路仿真结果

3）集成运放的应用

设计低频信号源产生 500Hz 的正弦波信号 u_{i1}，同时设计三角波产生器。然后按图 8.16 所示的电路进行处理，要求加法器的输出电压 $u_{i2}=10×u_{i1}+u_{o1}$；u_{i2} 经滤波器滤除 u_{o1} 频率分量，选出 500Hz 的正弦波信号为 u_{o2}，u_{o2}（为峰-峰值）等于 9V，用示波器观察无明显失真。u_{o2} 信号再经比较器后在 1kΩ 负载上得到峰-峰值为 2V 的输出电压 u_{o3}。

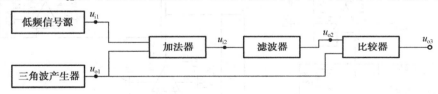

图 8.16　信号处理电路

设计电路图和仿真效果图如图 8.17 和图 8.18 所示。

4）交通灯控制电路

设计并制作一个交通信号灯控制器。在由主干道和支干道汇成十字路口，主、支干道分别装有红、绿、黄三色信号灯。红灯亮禁止通行，绿灯亮允许通行，黄灯亮则停止行驶（给行驶中的车辆有时间停在禁行线以外）。具体要求如下：

（1）主、支干道交替允许通行，主干道每次放行 45s，支干道每次放行 25s。

（2）由绿灯亮转换到红灯亮时，黄灯要先亮 5s。

注：用红、绿、黄发光二极管作为信号指示灯。

设计交通灯控制电路效果图如图 8.19 所示。

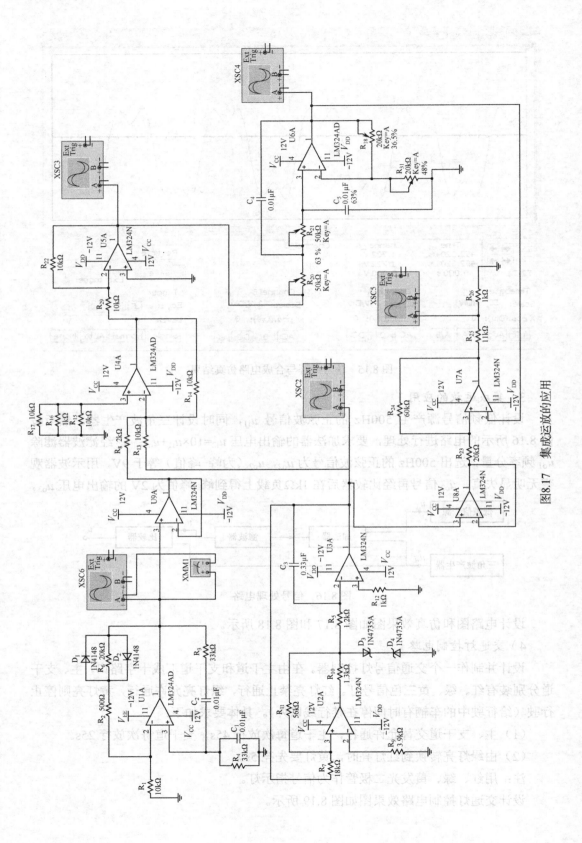

图8.17 集成运放的应用

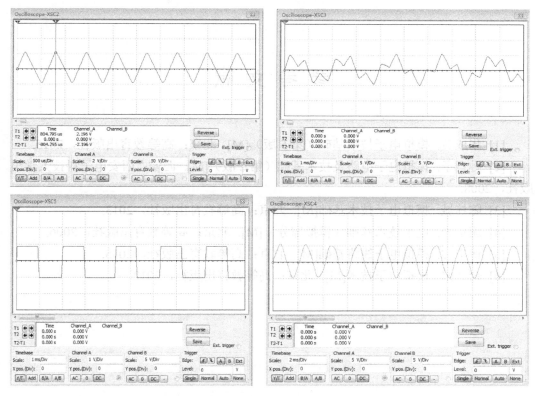

图 8.18　集成运放的应用 u_{o1}、u_{i2}、u_{o2}、u_{o3} 输出波形

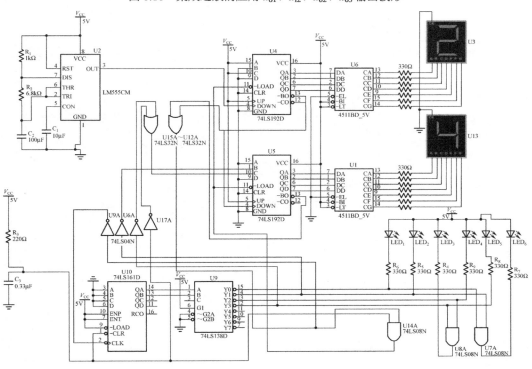

图 8.19　交通灯控制电路设计及仿真效果图

参 考 文 献

[1] 华成英. 模拟电子技术基础（第 5 版）[M]. 北京：高等教育出版社，2015.

[2] 孙肖子. 模拟电子电路及技术基础（第 2 版）[M]. 西安：西安电子科技大学出版社，2008.

[3] 陈梓城. 模拟电子技术基础[M]. 北京：高等教育出版社，2013.

[4] 康华光. 电子技术基础（模拟部分）[M]. 北京：高等教育出版社，2006.

[5] 傅丰林. 模拟电子线路基础[M]. 北京：高等教育出版社，2015.

[6] 余红娟. 模拟电子技术[M]. 北京：高等教育出版社，2012.